Protel DXP 2004 电路设计基础项目教程

主 编 程 翔
副主编 高云华 聂秀珍

北京理工大学出版社
BEIJING INSTITUTE OF TECHNOLOGY PRESS

版权专有　侵权必究

图书在版编目（CIP）数据

Protel DXP 2004 电路设计基础项目教程 / 程翔主编 . —北京：北京理工大学出版社，2017.5（2021.2重印）

ISBN 978 – 7 – 5682 – 3973 – 8

Ⅰ．①P… Ⅱ．①程… Ⅲ．①印刷电路–计算机辅助设计–应用软件–高等学校–教材 Ⅳ．①TN410.2

中国版本图书馆 CIP 数据核字（2017）第 114762 号

出版发行 / 北京理工大学出版社有限责任公司
社　　　址 / 北京市海淀区中关村南大街 5 号
邮　　　编 / 100081
电　　　话 / （010）68914775（总编室）
　　　　　　（010）82562903（教材售后服务热线）
　　　　　　（010）68948351（其他图书服务热线）
网　　　址 / http：//www.bitpress.com.cn
经　　　销 / 全国各地新华书店
印　　　刷 / 三河市天利华印刷装订有限公司
开　　　本 / 787 毫米 × 1092 毫米　1/16
印　　　张 / 19.5　　　　　　　　　　　　　责任编辑 / 刘永兵
字　　　数 / 458 千字　　　　　　　　　　　文案编辑 / 张　雪
版　　　次 / 2017 年 5 月第 1 版　2021 年 2 月第 3 次印刷　　责任校对 / 孟祥敬
定　　　价 / 48.00 元　　　　　　　　　　　责任印制 / 李志强

图书出现印装质量问题，请拨打售后服务热线，本社负责调换

随着现代电子科学技术的发展，在日常的生产和设计中，EDA 软件的使用范围日益广泛，这其中以 Protel 的使用最为普遍。Protel DXP 2004 是 Altium 公司于 2003 年推出的基于 Windows 平台的全 32 位的电路板设计软件，它的主要的功能包括电路原理图设计、印刷电路板设计、自动布线、可编程逻辑器件设计和混合信号仿真等，它具有强大的设计能力和友好的操作界面。

本教材以培养职业院校学生的专业技术能力和可持续发展能力为原则编写，体现了职业教育的性质、任务和目标，具有明显的职业教育特色，符合职业教育的基本要求、特点和规律。

本教材根据作者多年的教学经验编写，在内容的选择上按照印刷电路板设计的一般步骤来进行整体设计。本教材采用任务驱动的实训项目模式进行编写，注重从实际出发，突出职业教育的特点和技能训练的基本思想。本教材在每个任务的后面都提供一定数量的技能练习题来帮助学生巩固所学知识点，以方便教师进行相关知识点和技能的考核。任务的设置由易到难，由简单到综合，循序渐进地逐步深化学生对 Protel DXP 2004 的使用。因为任务的编排是按照印刷电路板设计的一般步骤来进行的，所以在有些任务中使用了相同的电路，但这些任务在知识点的编排上是不同的，力求使学生掌握使用 Protel DXP 2004 的基本方法和技巧。

本教材共有 21 个任务，主要内容包括 Protel DXP 2004 的基础知识、电路原理图的设计、电路原理图元器件符号的制作、PCB 电路板的设计、元器件封装的制作等，在书后的附录中还提供了常用电路原理图元器件的符号及封装、电气规则检查的中英文对照以及一些常用的快捷键，供学生在使用时查阅。而且本教材提供适应教学要求的课件，可以减轻教师的教学负担。此外，提供的操作演示视频分步讲解每个任务的操作过程，能帮助学生更好地掌握基本操作。

本教材由唐山职业技术学院的程翔担任主编，唐山职业技术学院的高云华和山西轻工职业技术学院的聂秀珍担任副主编。具体分工如下：程翔编写了项目二、项目五的内容；高云华编写了项目四、项目六的内容；聂秀珍编写了项目一、项目三的内容。本教材在编写过程中，还得到了其他很多老师的大力帮助和指导，在此表示感谢。

在本教材的编写过程中，编者查阅和参考了较多的相关文献，受益良多，在此向这些文献资料的作者致以诚挚的谢意。

由于时间仓促，编者水平有限，错误与不足之处在所难免，恳请广大读者提出宝贵意见，以使本书更臻完善。

编　者

| 项目一 | 掌握 Protel DXP 2004 的基础知识 | 1 |

1.1 任务1 认识 Protel DXP 2004 1
1.1.1 Protel DXP 2004 的发展 1
1.1.2 Protel DXP 2004 的功能 2
1.2 任务2 Protel DXP 2004 的安装与卸载 5
1.2.1 Protel DXP 2004 的安装 5
1.2.2 Protel DXP 2004 的卸载 9
1.3 任务3 Protel DXP 2004 的启动与关闭 10
1.3.1 Protel DXP 2004 的启动 10
1.3.2 Protel DXP 2004 的关闭 11
1.3.3 Protel DXP 2004 的汉化 11
1.4 任务4 认识工作主窗口 13
1.4.1 菜单栏 13
1.4.2 工具栏 14
1.4.3 任务选择区 14
1.4.4 工作区面板和面板控制区 15
1.5 任务5 文档管理 18
1.5.1 文档组织结构 18
1.5.2 文档管理 19
1.5.3 技能训练 36

项目二 设计电路原理图 37
2.1 任务1 绘制单管放大电路原理图 37
2.1.1 认识原理图的设计界面 38
2.1.2 设置图纸参数 46
2.1.3 添加和删除元件库 49
2.1.4 查找和放置元器件 52
2.1.5 放置导线和线路节点 62
2.1.6 放置电源符号和接地符号 65
2.1.7 绘制单管放大电路的原理图 68

2.1.8	技能训练	68
2.2	**任务2 绘制单片机应用系统的电路原理图**	**71**
2.2.1	查找和放置元器件	73
2.2.2	放置网络标签	76
2.2.3	放置总线分支线	79
2.2.4	放置总线	81
2.2.5	绘制单片机应用系统电路原理图	82
2.2.6	技能训练	82
2.3	**任务3 绘制门控电路原理图**	**89**
2.3.1	放置多部件元器件	89
2.3.2	元器件的布局	93
2.3.3	绘制门控报警电路原理图	95
2.3.4	元器件自动编号	95
2.3.5	放置文本	100
2.3.6	绘制标题栏	105
2.3.7	技能训练	107
2.4	**任务4 绘制LED调光器电路原理图**	**110**
2.4.1	调整元器件的引脚	111
2.4.2	绘制LED调光器电路原理图	112
2.4.3	电气规则检查	113
2.4.4	生成网络表	118
2.4.5	生成元件清单	121
2.4.6	打印原理图	124
2.4.7	技能训练	125
2.5	**任务5 绘制红外信号报警电路原理图**	**128**
2.5.1	认识层次原理图	128
2.5.2	自上而下层次原理图的设计	130
2.5.3	自下而上层次原理图的设计	138
2.5.4	技能训练	144
项目三	**制作电路原理图元器件符号**	**149**
3.1	**任务1 认识电路原理图元器件编辑器**	**149**
3.1.1	打开元器件编辑器	150
3.1.2	认识元器件编辑器	151
3.2	**任务2 制作单部件元器件符号**	**156**
3.2.1	制作电容符号	157
3.2.2	修改电容符号	162

3.2.3　制作芯片符号 ………………………………………………………… 163
　　3.2.4　使用自制的元器件符号 ……………………………………………… 166
　　3.2.5　技能训练 ……………………………………………………………… 167
3.3　任务3　制作多部件元器件符号 …………………………………………… 168
　　3.3.1　制作集成电路SN74HC86 …………………………………………… 168
　　3.3.2　利用已有元器件符号制作新符号 …………………………………… 172
　　3.3.3　技能训练 ……………………………………………………………… 174

项目四　设计PCB电路板 ……………………………………………………… 180
4.1　任务1　PCB设计的基础知识 ……………………………………………… 180
　　4.1.1　认识印制电路板 ……………………………………………………… 181
　　4.1.2　认识PCB设计编辑器 ………………………………………………… 184
　　4.1.3　认识元器件封装 ……………………………………………………… 187
4.2　任务2　设计单管放大电路单面板 ………………………………………… 188
　　4.2.1　规划电路板 …………………………………………………………… 188
　　4.2.2　同步原理图 …………………………………………………………… 195
　　4.2.3　元器件布局 …………………………………………………………… 200
　　4.2.4　设置布线规则 ………………………………………………………… 202
　　4.2.5　手工布线 ……………………………………………………………… 202
　　4.2.6　放置定位孔 …………………………………………………………… 204
　　4.2.7　技能训练 ……………………………………………………………… 205
4.3　任务3　设计单片机最小系统电路双面板 ………………………………… 208
　　4.3.1　规划电路板 …………………………………………………………… 208
　　4.3.2　同步原理图 …………………………………………………………… 211
　　4.3.3　元器件布局 …………………………………………………………… 215
　　4.3.4　设置布线规则 ………………………………………………………… 217
　　4.3.5　自动布线和手工调整 ………………………………………………… 225
　　4.3.6　双向更新 ……………………………………………………………… 228
　　4.3.7　补泪滴与覆铜 ………………………………………………………… 230
　　4.3.8　技能训练 ……………………………………………………………… 231

项目五　制作元器件封装 ……………………………………………………… 235
5.1　任务1　制作元器件封装的基础知识 ……………………………………… 235
　　5.1.1　认识PCB库工作区面板 ……………………………………………… 236
　　5.1.2　认识PCB元件编辑器 ………………………………………………… 237
5.2　任务2　手工制作10脚双列直插式元器件的封装 ………………………… 238
　　5.2.1　放置焊盘 ……………………………………………………………… 238
　　5.2.2　绘制外形轮廓 ………………………………………………………… 239

  5.2.3 设置元件封装参考点 ··· 240
  5.2.4 技能训练 ·· 241
 5.3 **任务 3 利用向导制作 10 脚双列直插式元器件的封装** ························· 242
  5.3.1 制作 10 脚双列直插式元器件的封装 ····································· 242
  5.3.2 修改封装 ·· 245
  5.3.3 放置丝印 ·· 247
  5.3.4 技能训练 ·· 248

项目六 综合设计 ·· 250

 6.1 **任务 1 时钟电路的 PCB 设计** ·· 250
  6.1.1 新建项目文件 ·· 253
  6.1.2 自制元器件符号 ·· 253
  6.1.3 绘制时钟电路原理图 ·· 259
  6.1.4 PCB 单面板的设计 ·· 259
 6.2 **任务 2 八路抢答器电路的 PCB 设计** ··· 266
  6.2.1 新建项目文件 ·· 268
  6.2.2 绘制八路抢答器电路原理图 ·· 269
  6.2.3 自制元器件封装 ·· 273
  6.2.4 PCB 双面板的设计 ·· 277
 附录 1 常用的元器件原理图的图形符号及其封装 ································· 283
 附录 2 电气规则检查中英文对照 ·· 293
 附录 3 常用快捷键 ··· 297
 参考文献 ··· 301

项目一

掌握 Protel DXP 2004 的基础知识

【学习目标】

1. 了解 Protel DXP 2004 的功能与发展。
2. 会安装与卸载 Protel DXP 2004。
3. 会启动与关闭 Protel DXP 2004。
4. 熟悉 Protel DXP 2004 的工作主窗口。
5. 会操作常用的菜单栏和工具栏。
6. 熟悉 Protel DXP 2004 的文档组织结构。
7. 会创建与删除项目文件、原理图文件、PCB 文件等。

Protel 软件是目前最常用、最流行的计算机辅助设计软件之一，是一款功能强大、操作快捷、界面友好的开发工具，它将原理图设计、印刷电路板设计与电路仿真设计融为一体。Protel DXP 2004 是 Altium 公司在 Protel 2004 的基础上进一步完善的版本。

本项目从认识 Protel DXP 2004 入手，介绍 Protel DXP 2004 的基础知识，目的是掌握 Protel DXP 2004 的基本应用，为后续学习做好准备。

1.1　任务1 认识 Protel DXP 2004

1.1.1　Protel DXP 2004 的发展

Protel 系列软件是 Protel 公司在 20 世纪 80 年代末推出的电子设计自动化（EDA）软件。它很早就被引入国内，在国内的普及率很高。

1985 年，诞生了 DOS 版本的 Protel。

1991 年，随着 Windows 系统的日益流行，Protel 公司发布了基于 Windows 的 Protel。这

是世界上第一款基于 Windows 系统的 EDA 设计软件。

1997 年，Protel 公司推出了 Protel 98。这是首个将 5 种核心 EDA 工具集成于一体化设计环境中的 32 位软件。这 5 种核心 EDA 工具包括原理图输入、可编程逻辑器件（PLD）设计、模拟仿真、电路板设计和自动布线。

1999 年后，Protel 公司又相继推出了 Protel 99 和 Protel 99SE，给设计人员提供了一个集成的设计环境，让设计人员可以直观地对文件进行管理，构成了从电路设计到电路板分析的完整体系。

2002 年，Protel 公司改名为 Altium 公司，并推出了 Protel 99SE 的升级版本 Protel DXP，其设计界面更友好，操作更便捷。

2003 年，Altium 公司推出了 Protel DXP 2004，对 Protel DXP 进一步加以完善。

2005 年，Altium 公司又推出了 Altium Designer 6.0，这是电子产品开发系统完全一体化的一个新版本，是首个将设计流程、PCB 设计、可编程逻辑器件设计和基于处理器设计的嵌入式软件开发功能整合在一起的产品，其可以同时进行印刷电路板、现场可编程门阵列器件设计和嵌入式设计，具有将设计方案从概念转变为最终成品所需要的全部功能。

2008 年之后，Altium 公司相继推出了 Altium Designer Summer 8.0、Altium Designer Summer 09 和 Altium Designer 10 等产品，集成了现代设计数据管理功能。

在国内，Protel 99SE 作为一个经典版本被广泛应用，但随着 Protel DXP 2004 的出现，其已被逐步取代，尽管 Altium 系列的产品功能更加强大，但对计算机的硬件要求较高，部分功能相比其他软件并不普及，所以本书以 Protel DXP 2004 为基础，重点介绍原理图设计和 PCB 设计。

1.1.2 Protel DXP 2004 的功能

Protel DXP 2004 是一款非常好用的电子电路设计软件，因为功能强大、界面友好以及简单易学，从而得到了广泛的应用。在实际应用中，主要用到以下几个功能。

1. 电路原理图设计

该功能主要通过选取元件的原理图符号及封装，并正确进行电气连接来完成实际电路电气连接的正确描述。它提供了各种原理图绘制工具、丰富的元件库、实用的电气规则检查功能，原理图编辑器界面如图 1 - 1 - 1 所示。

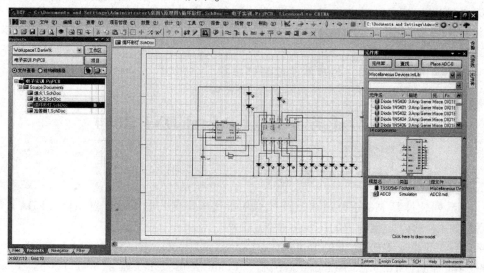

图 1 - 1 - 1　原理图编辑器界面

2. 原理图元件设计

该功能可以让设计人员根据需要，方便快捷地创建符合特定要求的新元件符号，并把自己创建的新元件添加到元件库中备用。原理图元件库编辑器界面如图1-1-2所示。

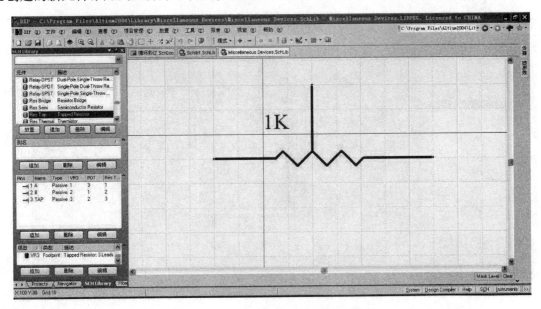

图1-1-2 原理图元件库编辑器界面

3. PCB 设计

该功能根据原理图的设计来完成电路板的制作，包括规划电路板的外形、元器件的布局、布线及覆铜。它提供了多种布局、布线方式，灵活的电路板设计规则及检查等。印刷电路板编辑器界面如图1-1-3所示。

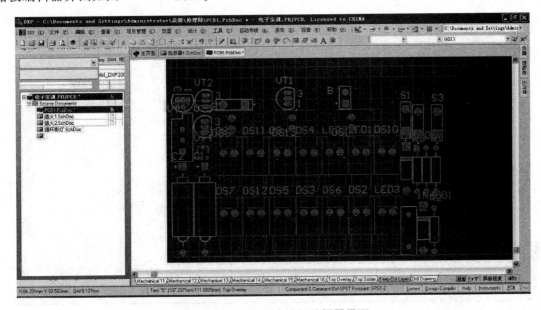

图1-1-3 印刷电路板编辑器界面

4. PCB 元件封装设计

该功能可以让设计人员根据需要，方便快捷地设计符合特定要求的元件封装。PCB 库文件编辑器界面如图 1-1-4 所示。

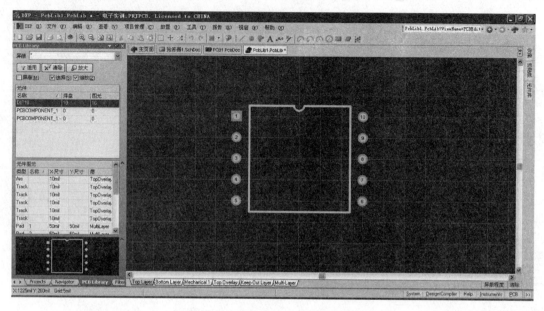

图 1-1-4　PCB 库文件编辑器界面

5. 电路仿真分析

该功能主要用于对设计的电路进行仿真测试、绘制测试点波形以及初步验证电路功能能否实现。Protel DXP 2004 可以进行模拟、数字及模数混合仿真。电路仿真界面如图 1-1-5 所示。

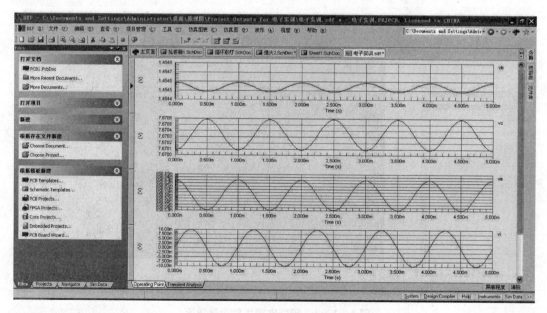

图 1-1-5　电路仿真界面

绘制电路原理图和 PCB 设计是 Protel DXP 2004 的最主要的功能，也是本书介绍的重点。

1.2 任务 2 Protel DXP 2004 的安装与卸载

1.2.1 Protel DXP 2004 的安装

Protel DXP 2004 与大多数应用程序一样，安装方法十分简单，只需要按照安装向导的提示，适当修改安装选项即可。具体的安装步骤如下：

步骤 1：在安装文件所在路径下找到 Setup 文件夹，如图 1-2-1 所示。

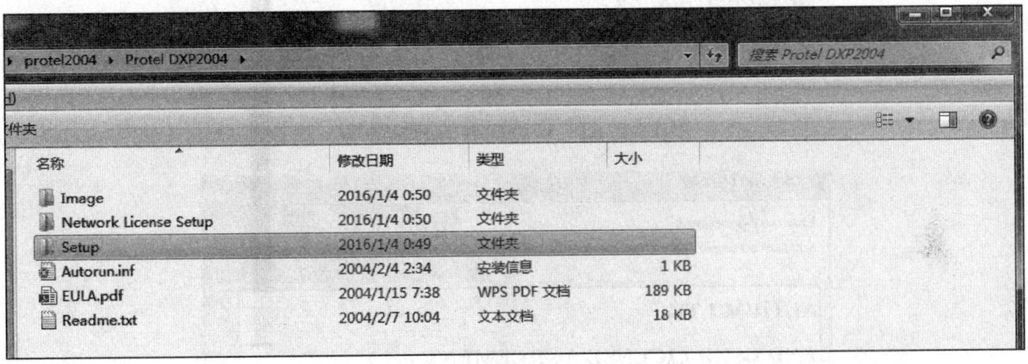

图 1-2-1　Setup 文件夹

步骤 2：在 Setup 文件夹中找到 Setup.exe 文件，如图 1-2-2 所示。双击此文件就可以开始运行安装程序，进入 Protel DXP 2004 安装向导的开始界面，如图 1-2-3 所示。

图 1-2-2　安装文件 Setup.exe

步骤 3：单击【Next】按钮，进入安装的下一步，如图 1-2-4 所示，要求设计人员选择是否接受软件使用协议。选择"I accept the license agreement"（我接受协议）即可。如果选择了"I do not accept the license agreement"（我不接受协议），将不能继续进行软件的安装。

步骤 4：单击【Next】按钮，进入安装的下一步，如图 1-2-5 所示，要求填写设计人员的名称、所属单位并设置软件使用权限。选择"Anyone who use this computer"即可。

步骤 5：填写好信息之后，单击【Next】按钮，进入安装的下一步，如图 1-2-6 所示，选择软件的安装位置。默认安装位置是 C:\\Program Files\\Altium2004。如果需要改变安装位置，可以单击【Browse】按钮进行安装位置的选择。

5

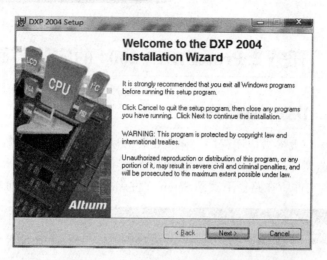

图1-2-3　安装向导的开始界面

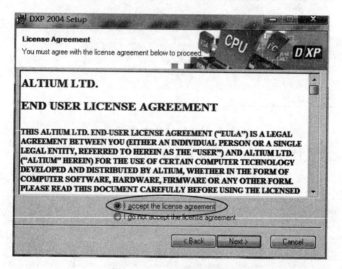

图1-2-4　安装协议

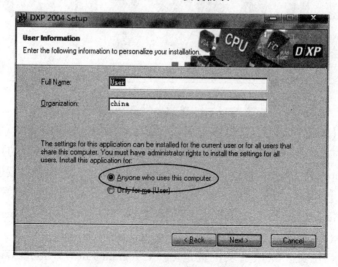

图1-2-5　填写设计人员信息

项目一　掌握 Protel DXP 2004 的基础知识

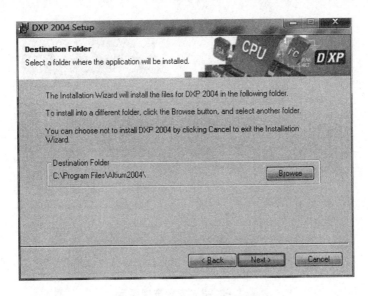

图 1-2-6　安装位置的选择

步骤6：选择好安装位置后，单击【Next】按钮，进入安装准备界面，如图1-2-7所示。继续单击【Next】按钮，开始进行软件的安装，并显示安装的进度和剩余时间，如图1-2-8所示。安装过程中，可以单击【Cancel】按钮随时取消安装。

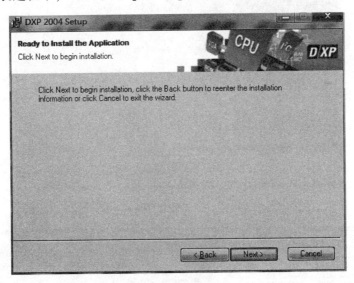

图 1-2-7　安装准备界面

步骤7：安装完毕后，安装向导将显示安装成功的提示，如图1-2-9所示。单击【Finish】按钮完成安装。

步骤8：运行安装文件夹中的 DXP2004SP2.exe 文件，安装 SP2 补丁。

步骤9：运行安装文件夹中的 DXP2004SP2_IntegratedLibraries.exe 文件，安装 SP2 元件库。

安装完成后，会在【开始】-【程序】菜单中自动生成 Protel DXP 2004 软件启动的快捷方式以及 Altium 的目录，目录中包含3个选项：Examples（软件自带的例子）、DXP 2004（软件启动的快捷方式）以及 Readme 2004（软件说明文档），如图1-2-10所示。

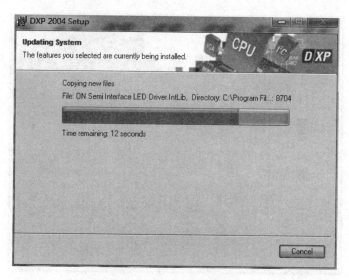

图1-2-8　安装进度显示

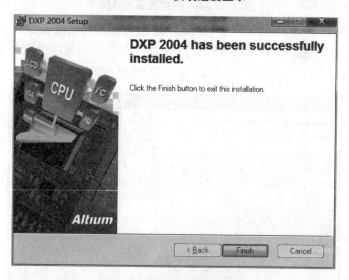

图1-2-9　安装完成提示

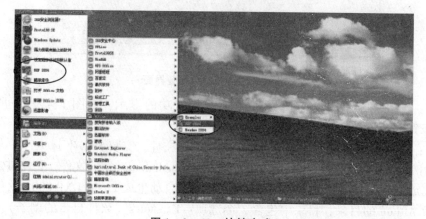

图1-2-10　快捷方式

1.2.2 Protel DXP 2004 的卸载

Protel DXP 2004 的卸载与其他软件类似，具体的卸载步骤如下：

步骤1：单击计算机左下角的【开始】-【控制面板】-【程序】-【程序和功能】，弹出图1-2-11所示的对话框。

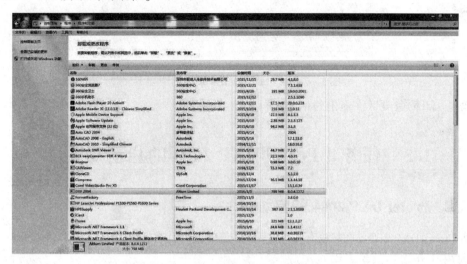

图1-2-11 卸载或更改程序对话框

步骤2：单击选中【DXP 2004】，用鼠标右键单击【DXP 2004】，弹出图1-2-12所示的快捷菜单。单击选中【卸载】命令，弹出卸载确认对话框，如图1-2-13所示。

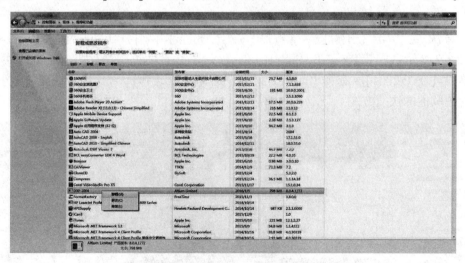

图1-2-12 快捷菜单

图1-2-13 卸载确认对话框

步骤3：单击【是】按钮，开始进行软件的卸载，并显示卸载的进度和剩余时间，如图1-2-14所示。在卸载过程中，可以单击【Cancel】按钮随时取消卸载。

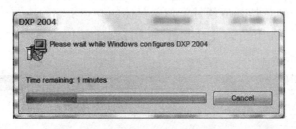

图1-2-14 卸载进度和剩余时间显示

步骤4：卸载完成后，退出对话框。

1.3　任务3 Protel DXP 2004的启动与关闭

1.3.1　Protel DXP 2004的启动

启动Protel DXP 2004的方法有很多，下面介绍最常用的两种方法。

1. 利用【开始】菜单启动

（1）方法一：单击【开始】，选择图1-3-1所示的快捷方式启动软件。

图1-3-1　快捷方式图标

（2）方法二：单击【开始】-【程序】-【Altium】-【DXP 2004】，即可启动软件，如图1-3-2所示。安装Protel DXP 2004时，默认不在桌面创建快捷方式，此处可以用鼠标右键单击【DXP 2004】，在弹出的快捷菜单中选择【发送到】-【桌面快捷方式】，即可在桌面创建软件的快捷方式。

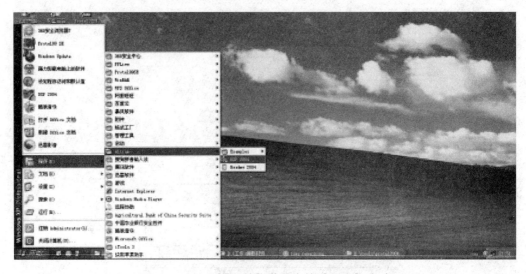

图1-3-2　用【开始】菜单中的【程序】启动

2. 利用桌面上的快捷方式启动

双击桌面上的 Protel DXP 2004 的快捷方式图标 ，即可启动 Protel DXP 2004。也可以用鼠标右键单击该图标，在弹出的快捷菜单中选择【打开】命令来启动 Protel DXP 2004。启动画面如图 1-3-3 所示。

图 1-3-3 启动画面

1.3.2　Protel DXP 2004 的关闭

在 Protel DXP 2004 启动后，可以通过以下 3 种方式来关闭。

（1）单击软件右上角的 ✕ 按钮进行关闭。

（2）单击菜单栏中的【File】，在下栏菜单中单击【Exit】按钮退出软件。

（3）利用快捷键【Alt + F4】关闭软件。

1.3.3　Protel DXP 2004 的汉化

启动 Protel DXP 2004 后的工作主窗口如图 1-3-4 所示。

Protel DXP 2004 首次启动后，默认是英文版本。对于英文基础较差的设计人员，使用起来有一定的难度。为了方便有需要的设计人员，可以对其进行汉化，具体操作步骤如下：

步骤 1：单击菜单中的【DXP】，在下拉菜单中选样【Preferences】命令，弹出图 1-3-5 所示的参数设置对话框。

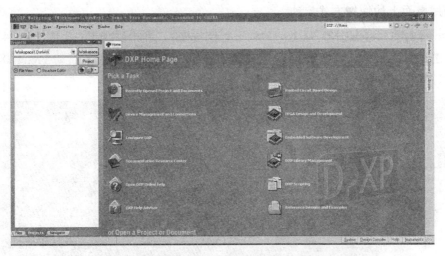

图1-3-4　Protel DXP 2004 的工作主窗口

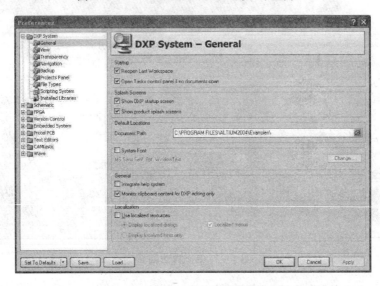

图1-3-5　参数设置对话框

步骤2：在默认界面中，选中最下方的【Use localized resources】复选框，弹出图1-3-6所示的确认对话框，单击【OK】按钮确认。

图1-3-6　汉化确认对话框

步骤3：单击参数设置对话框下面的【OK】按钮，退出对话框。
步骤4：关闭软件，重新启动后，菜单和对话框都进行了汉化，如图1-3-7所示。针对大多数读者的实际需要，本书使用汉化版本进行介绍。

项目一 掌握 Protel DXP 2004 的基础知识

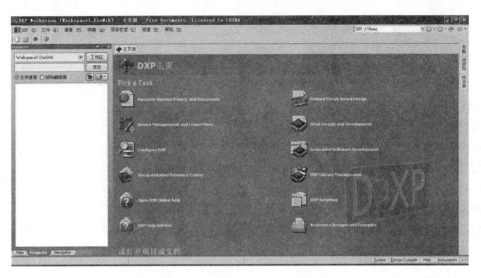

图 1-3-7 汉化后的工作主窗口

1.4 任务 4 认识工作主窗口

Protel DXP 2004 启动后的工作主窗口如图 1-4-1 所示，包含菜单栏、工具栏、任务选择区、工作区面板和面板控制区等。

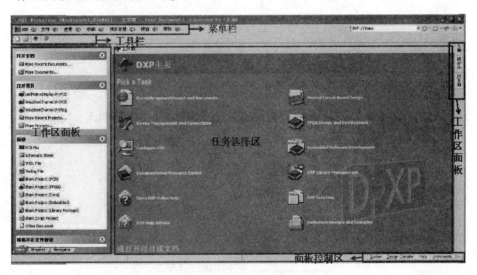

图 1-4-1 工作主窗口

1.4.1 菜单栏

Protel DXP 2004 的菜单栏包含【DXP】、【文件】、【查看】、【收藏】、【项目管理】、【视窗】和【帮助】7 部分，如图 1-4-2 所示。菜单栏具有系统参数设置、命令操作和提供帮助等功能。菜单栏中菜单的数量和功能会随着打开的文档类型不同而有所改变。

图 1-4-2 菜单栏

工作主窗口界面中的菜单功能如下：
【DXP】：系统参数的设置。
【文件】：文件的管理。
【查看】：显示管理菜单、工具栏等。
【收藏】：添加和管理收藏。
【项目管理】：项目管理的命令。
【视窗】：窗口布局管理。
【帮助】：帮助文件。
单击某一个菜单，将弹出其下拉菜单。

1.4.2　工具栏

工具栏是菜单的快捷启动键，主要用于打开、添加、删除文件等操作。将光标移动到某图标上，会显示该图标的功能。工作主窗口界面中的工具栏如图 1-4-3 所示。

图 1-4-3　工具栏

工具栏中快捷键的数量和功能会随着打开的文档类型不同而有所改变，但不管怎么改变，所有的快捷功能都能在菜单中找到。

执行【查看】-【工具栏】命令，可以对工具栏进行管理，如图 1-4-4 所示。

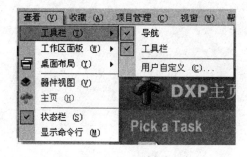

图 1-4-4　管理工具栏

1.4.3　任务选择区

任务选择区包含多个图标，单击对应的图标可以执行相应的功能，任务选择区图标的功能见表 1-4-1。

表1-4-1　任务选择区图标的功能

图标	功能
Recently Opened Project and Documents	最近打开的项目或文件
Device Management and Connections	设备管理
Configure DXP	系统配置
Documentation Resource Center	打开文档库
Open DXP Online help	打开帮助索引
DXP Help Advisor	打开帮助搜索
Printed Circuit Board Design	新建 PCB 设计
FPGA Design and Development	创建 FPGA 项目
Embedded Software Development	打开嵌入式软件
DXP Library Management	管理 DXP 库文件
DXP Scripting	打开 DXP 脚本
Reference Designs and Examples	参考案例

1.4.4　工作区面板和面板控制区

1. 工作区面板

Protel DXP 2004 为设计人员提供了丰富的工作区面板，设计人员可以通过设置工作区面板，方便快捷地打开、查看和编辑文件等。工作区面板分为两大类：一类是在特定的编辑环境中才会出现的特定面板，如 Navigator 面板；另一类是在各种编辑环境中都会出现的通用面板，如元件库面板。

2. 面板控制区

任务选择区的底部是编辑器特定的和通用的面板控制区，它是面板的开关。单击标签栏中的任一标签，就可以从弹出的列表中选择一个工作区面板加到工作主窗口的常用面板中。已经打开的工作区面板会出现在任务选择区的左边或右边，如图 1-4-1 所示。通过执行【查看】-【工作区面板】命令也可以控制工作区面板的开关。

任务选择区左边的工作区面板默认包括文件、项目和帮助建议面板，单击面板底部的标签可以进行切换。

任务选择区右边的工作区面板默认包括收藏、剪贴板和元件库，其中元件库是最重要的面板。

将光标移动到工作区面板的标题栏上，按住鼠标左键不放，将面板拖动到一个想放置面板的位置，松开鼠标左键，即可将面板移动。

3. 工作区面板的显示

工作区面板有 3 种显示状态：锁定显示、自动隐藏和浮动显示。3 种显示状态的区别如图 1-4-5 所示。

图 1-4-5 3 种显示状态

（a）锁定显示状态；（b）自动隐藏状态；（c）浮动显示状态

1）锁定显示状态

锁定显示状态下的工作区面板会一直出现。任务选择区左边的面板默认是锁定显示状态。单击工作区面板标题栏中的 图标，可以将该工作区面板由锁定显示状态转换成自动隐藏状态。

2）自动隐藏状态

任务选择区右边的工作区面板默认是自动隐藏状态。如果想显示某一工作区面板，将光标移动到相应的标签或者单击该标签，面板会自动显示。在工作区双击，工作区面板会自动隐藏。单击工作区面板标题栏中的 图标，可以将该工作区面板由自动隐藏状态转换成锁定显示状态。

3）浮动显示状态

将某一锁定显示状态或者自动隐藏状态下的工作区面板拖动到设计人员希望的位置，则该面板处于浮动显示状态。用鼠标将该工作区面板拖到工作主窗口的边缘，松开鼠标即可将此面板转换成锁定显示状态或者自动隐藏状态。

4. 桌面布局

工作主窗口的外观会随着工作区面板布局的不同而不同。可以通过执行【查看】－【桌面布局】－【Default】（默认）或者【Startup】（启动）命令来进行还原设置。

Protel DXP 2004 的人性化设计可以让设计人员保存针对标签摆放方式的个人偏好。

步骤1：单击菜单【查看】－【桌面布局】－【Save layout】，打开图1－4－6 所示的保存路径对话框。

图1－4－6　保存路径对话框

步骤2：选择好保存路径，定义好布局名称，如 mylayout。单击【保存】按钮，即可保存桌面布局的个人偏好。

在自定义的保存文件夹中，会生成名为 mylayout.TLT 的文件，即布局文件。

再次单击【查看】－【桌面布局】，会看见桌面布局中出现了图1－4－7 所示的名为 mylayout 的个人偏好布局文件。

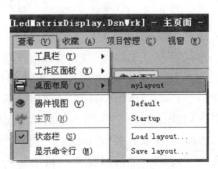

图1－4－7　mylayout 布局文件

步骤3：单击【查看】－【桌面布局】－【mylayout】，可以加载已经保存的布局文件。

1.5 任务5 文档管理

不同于Protel 99SE的设计数据库（.ddb），Protel DXP 2004引入了工程项目组（扩展名为PrjGrp）的概念。设计数据库包含了所有的设计数据文件，如原理图文件、印刷电路板文件以及各种文本文件和仿真波形文件等，有时就显得比较大。而Protel DXP 2004的设计是面向一个工程项目组的，一个工程项目组可以由多个项目工程文件组成，通过项目工程组管理进行设计，可以更加方便、简洁。

1.5.1 文档组织结构

在Protel DXP 2004中，是以项目设计文件为单位进行管理的，设计项目可以包含电路原理图文件、印制电路板文件、源程序文件等。该种组织结构以树的形式显示在Projects工作区面板中，如图1-5-1所示。

图1-5-1 文档组织结构

设计人员可以把所有的文件都包含在项目工程文件中，其中主要有印制电路板文件，可以建立多层子目录。在以PrjGrp（项目工程组）、PrjPCB（PCB设计工程）、PrjFpg（FPGA设计工程）等为扩展名的项目工程中，所有的电路设计文件都接受项目工程组的管理和组织，设计人员打开项目工程组后，Protel DXP 2004会自动识别这些文件。相关的项目工程文件可以存放在一个项目工程组中以便于管理。当然，设计人员也可以不建立项目工程文件，而直接建立一个原理图文件，PCB文件或者其他单独的、不属于任何工程文件的自由文件，这在以前版本的Protel中是无法实现的。也可以将那些自由文件添加到期望的项目工程文件中，从而使文件管理更加灵活、便捷。

Protel DXP 2004以项目设计文件为单位，对这些存储在不同的地方的文件进行设计和管理。一个设计项目中可以包含若干个类型相同或不相同的设计文件，这些文件可以存储在不同的地方。

一般，当设计人员在 Protel DXP 2004 中开始一个新的设计时，首先为这个设计建立一个单独的文件夹，然后将所有与这个设计有关的文件都存放在这个文件夹内。

Protel DXP 2004 中主要的设计文件扩展名见表 1-5-1。

表 1-5-1　Protel DXP 2004 中主要的设计文件扩展名

扩展名	文件类型	扩展名	文件类型
PrjPCB	PCB 工程文件	PrjFpg	FPGA 工程文件
SchDoc	电路原理图文件	PcbDoc	印制电路板文件
SchLib	原理图库文件	PcbLib	PCB 元器件封装库文件
IntLib	系统提供集成式元器件库文件	NET	网络表文件
REP	输出报表文件	XLS	Excel 表格式文件
XRP	元器件交叉参考表文件	SDF	仿真输出波形文件

1.5.2　文档管理

1. 自动备份

Protel DXP 2004 的人性化设计还体现在它具有自动备份的功能，当设计人员遭遇停电、死机等意外，迫使软件或计算机关闭时，可以到自定义的备份路径中找回设计文件。激活文件自动备份功能的具体步骤如下：

步骤 1：单击【DXP】-【优先设定】，弹出图 1-5-2 所示的对话框。

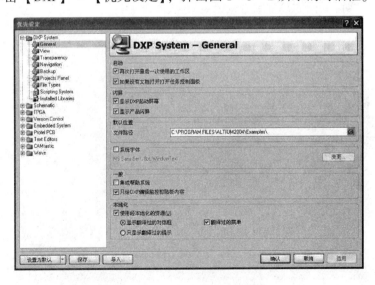

图 1-5-2　【优先设定】对话框

步骤 2：选择【DXP System】下的【Backup】，在右侧勾选【自动保存】复选框。还可以自定义自动保存的时间间隔以及保存路径等，如图 1-5-3 所示。

步骤 3：单击【确认】按钮，完成自动备份功能的激活。

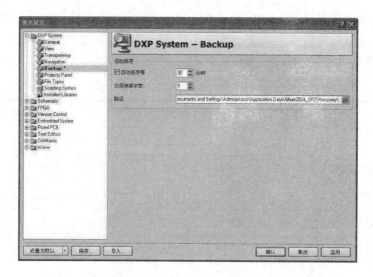

图 1-5-3　自动备份对话框

2. 文档的建立

在 Protel DXP 2004 中，一个项目工程包括所有文件夹的连接和与设计有关的设置。一个项目工程文件，只是一个文本文件，用于列出在项目里有哪些文件、各个文件之间的关系以及有关输出的配置。

建立一个新项目的步骤对各种类型的项目都是相同的，本节以 PCB 项目为例，介绍主要设计文件的创建过程。

1) PCB 项目工程的建立

步骤 1：PCB 项目工程的建立有 3 种常用方法。

（1）方法一：运行 Protel DXP 2004，在任务选择区的【Pick a Task】中，单击【Printed Circuit Board Design】，进入图 1-5-4 所示的【Printed Circuit Board Design】界面。

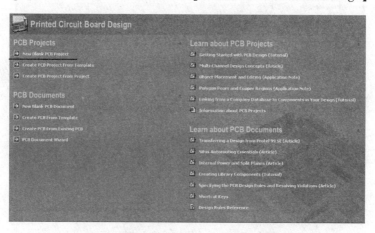

图 1-5-4　【Printed Circuit Board Design】界面

单击【PCB Projects】下的【New Blank PCB Project】即可。

（2）方法二：在工作主窗口左边的 Files 面板中的【新建】菜单下，单击【Blank Project (PCB)】命令即可，如图 1-5-5 所示。

图1-5-5 从【Files】面板创建项目工程文件

(3) 方法三：单击【文件】-【创建】-【项目】-【PCB项目】即可，如图1-5-6所示。

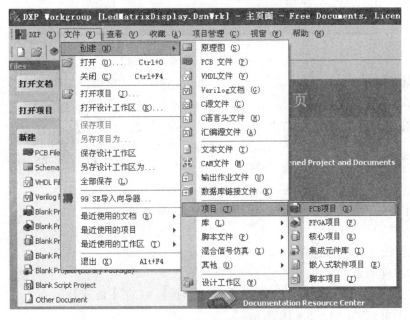

图1-5-6 从【文件】菜单创建项目工程文件

不管使用上述哪种方法，都会在【Projects】面板中出现新的空项目文件，该文件使用软件默认的文件名"PCB_Project1.PrjPCB"，并与"No Documents Added"文件夹一起列出，如图1-5-7所示。

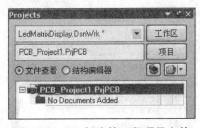

图1-5-7 新建的工程项目文件

步骤2：单击【文件】-【保存项目】，弹出图1-5-8所示的保存工程项目对话框。设计人员可以在此对话框中选择保存路径并输入文件名。

图1-5-8 保存工程项目对话框

默认的保存路径为：C:\\Program Files\\Altium2004\\Examples。将工程项目文件名改为 My_Project.PrjPCB，单击【保存】按钮，可以看到在右左边的【Projects】面板中，此前的"PCB_Project1.PrjPCB"已经更新成了"My_Project.PrjPCB"，如图1-5-9所示。

创建了空工程后，可以在工程中添加很多类型的文件，如原理图设计文件、PCB设计文件、原理图库文件和PCB库文件等。

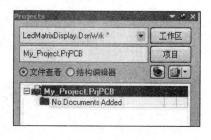

图1-5-9 之前的工程项目文件名改为"My_Project.PrjPCB"

2）原理图设计文件的建立

步骤1：原理图设计文件的建立有两种常用方法。

（1）方法一：在工作主窗口左边的【Files】面板中的【新建】菜单下，单击【Schematic Sheet】即可，如图1-5-10所示。

图1-5-10 从【Files】面板创建原理图设计文件

2）方法二：单击【文件】-【创建】-【原理图】即可，如图1-5-11所示。

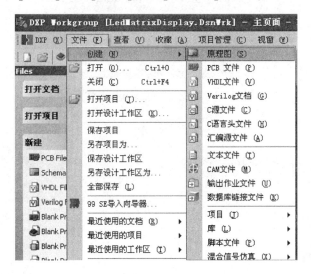

图1-5-11　从【文件】菜单创建原理图设计文件

不管使用上述的哪种方法，一个名为"Sheet1.SchDoc"的空原理图设计文件都会在任务选择区中打开，如图1-5-12所示。

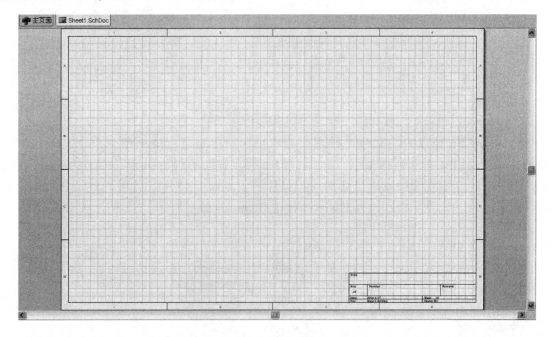

图1-5-12　原理图设计界面

软件会将该原理图设计文件自动地添加到当前工程项目中，如图1-5-13所示。

步骤2：单击【文件】-【保存】，或者利用快捷键【Ctrl+S】，弹出图1-5-14所示的保存原理图设计文件的对话框。设计人员可以在此对话框中选择保存路径并输入文件名。

图1-5-13 新建的原理图设计文件

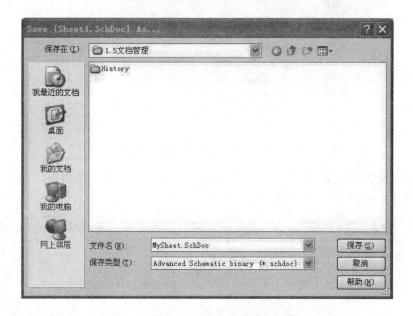

图1-5-14 保存原理图设计文件的对话框

默认的原理图设计文件保存路径为当前项目的保存路径。将原理图设计文件名改为"MySheet.SchDoc",单击【保存】按钮。可以看到左边的【Projects】面板中,此前的"Sheet1.SchDoc"已经更新成了"MySheet.SchDoc",如图1-5-15所示。

图1-5-15 将原理图设计文件名改为"MySheet.SchDoc"

随着原理图设计文件的创建和打开,工作主窗口自动切换到了原理图编辑器的界面,菜单栏和工具栏都随之发生了相应的变化,如图1-5-16所示。

图1-5-16 原理图编辑器的菜单栏和工具栏

3) PCB 设计文件的建立

步骤 1：PCB 设计文件的建立有两种常用方法。

（1）方法一：在工作主窗口左边的【Files】面板中的【新建】菜单下，单击【PCB File】即可，如图 1-5-17 所示。

（2）方法二：单击【文件】-【创建】-【PCB 文件】即可，如图 1-5-18 所示。

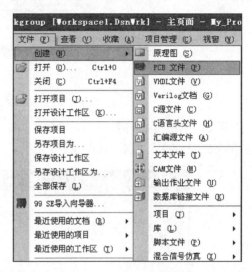

图 1-5-17 从【Files】面板创建 PCB 设计文件　　图 1-5-18 从【文件】菜单创建 PCB 设计文件

不管使用上述哪种方法，一个名为 PCB1.PcbDoc 的空 PCB 设计文件都会在任务选择区中打开，如图 1-5-19 所示。

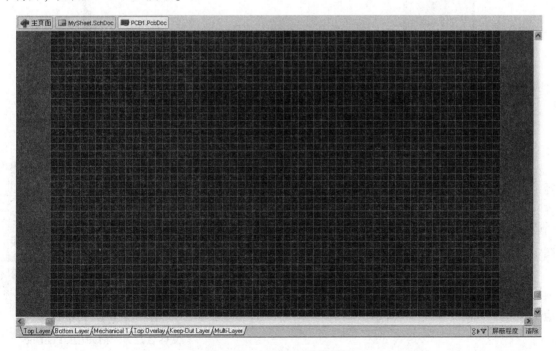

图 1-5-19　PCB 设计界面

软件会将该 PCB 设计文件自动地添加到当前工程项目中，如图 1-5-20 所示。

图 1-5-20　新建的 PCB 设计文件

步骤 2：单击【文件】-【保存】或者利用快捷键【Ctrl+S】，弹出图 1-5-21 所示的保存 PCB 设计文件的对话框。设计人员可以在此对话框中选择保存路径并输入文件名。

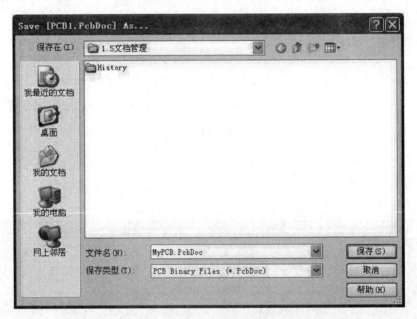

图 1-5-21　保存 PCB 设计文件的对话框

默认的 PCB 设计文件保存路径为当前项目的保存路径。将 PCB 设计文件名改为"MyPCB.PcbDoc"，单击【保存】按钮。可以看到在左边的【Projects】面板中，此前的"PCB1.PcbDoc"已经更新成了"MyPCB.PcbDoc"，如图 1-5-22 所示。

随着 PCB 设计文件的创建和打开，工作主窗口自动切换到了 PCB 编辑器界面，菜单栏和工具栏都随之发生了相应的变化，如图 1-5-23 所示。

图 1-5-22　PCB 设计文件名改为"MyPCB.PcbDoc"

图 1-5-23　PCB 编辑器的菜单栏和工具栏

4）原理图库文件的建立

步骤1：原理图库文件的建立有两种常用方法。

（1）方法一：单击【文件】-【创建】-【库】-【原理图库】即可，如图 1-5-24 所示。

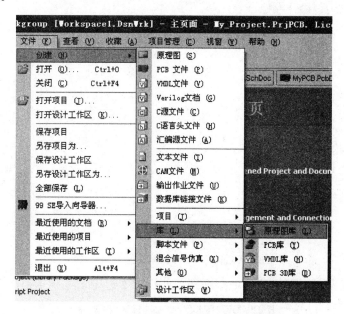

图 1-5-24　从【文件】菜单创建原理图库文件

（2）方法二：在原理图编辑器或者 PCB 编辑器界面的菜单栏中，单击【项目管理】-【追加新文件到项目中】-【Schematic Library】即可，如图 1-5-25 所示。

图 1-5-25　从【项目管理】菜单创建原理图库文件

不管使用上述哪种方法，一个名为 Schlib1.SchLib 的空原理图库文件都会在任务选择区中打开，如图 1-5-26 所示。

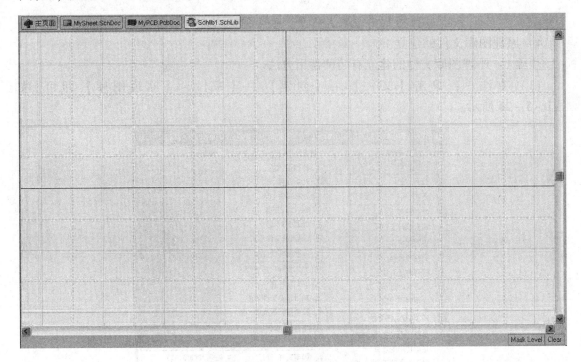

图 1-5-26　原理图库文件编辑界面

软件会将该原理图库文件自动地添加到当前工程项目中，如图 1-5-27 所示。

图 1-5-27　新建的原理图库文件

步骤 2：单击菜单【文件】-【保存】，或者利用快捷键【Ctrl+S】，弹出图 1-5-28 所示的保存原理图库文件的对话框。设计人员可以在此对话框中选择保存路径并输入文件名。

默认的原理图库文件保存路径为当前项目的保存路径。将原理图库文件名改为"MySchlib.SchLib"，单击【保存】按钮。可以看到左边的【Projects】面板中，此前的"Schlib1.SchLib"已经更新成了"MySchlib.SchLib"，如图 1-5-29 所示。

随着原理图库文件的创建和打开，工作主窗口自动切换到了原理图库文件编辑器的界面，菜单栏和工具栏都随之发生了相应的变化，如图 1-5-30 所示。

图 1-5-28　保存原理图库文件的对话框

图 1-5-29　原理图库文件名改为"MySchlib.SchLib"

图 1-5-30　原理图库文件编辑器的菜单栏和工具栏

5）PCB 库文件的建立

步骤 1：PCB 库文件的建立有两种常用方法。

（1）方法一：单击【文件】-【创建】-【库】-【PCB 库】即可，如图 1-5-31 所示。

（2）方法二：在原理图编辑器或者 PCB 编辑器界面的菜单栏中，单击【项目管理】-【追加新文件到项目中】-【PCB Library】即可，如图 1-5-32 所示。

不管使用上述哪种方法，一个名为 PcbLib1.PcbLib 的空 PCB 库文件都会在任务选择区窗口中打开，如图 1-5-33 所示。

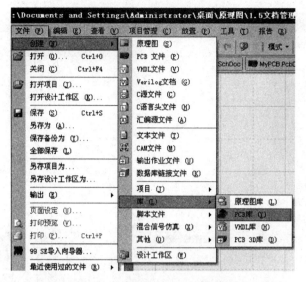

图1-5-31 从【文件】菜单创建PCB库文件

图1-5-32 从【项目管理】菜单创建PCB库文件

图1-5-33 PCB库文件编辑界面

软件会将该PCB库文件自动地添加到当前工程项目中，如图1-5-34所示。

图1-5-34　新建的PCB库文件

步骤2：单击【文件】-【保存】或者利用快捷键【Ctrl+S】，弹出图1-5-35所示的保存PCB库文件的对话框。设计人员可以在此对话框中选择保存路径并输入文件名。

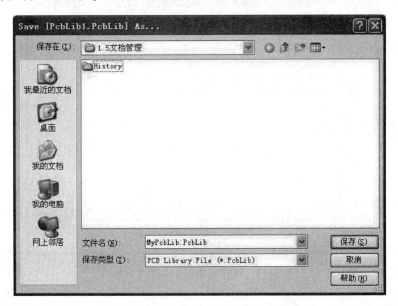

图1-5-35　保存PCB库文件的对话框

默认的PCB库文件保存路径为当前项目的保存路径。将PCB库文件名改为"MyPcbLib.PcbLib"，单击【保存】按钮，可以看到左边的【Projects】面板中，此前的"PcbLib1.PcbLib"已经更新成了"MyPcbLib.PcbLib"，如图1-5-36所示。

随着PCB库文件的创建和打开，工作主窗口自动切换到了PCB库文件编辑器的界面，菜单栏和工具栏都随之发生了相应的变化，如图1-5-37所示。

3．文档的打开和切换

1）文档的打开

单击【文件】-【打开】，或者利用快捷键【Ctrl+O】，弹出图1-5-38所示的文件打开选择对话框，选择好需要打开的文件后，单击【打开】按钮，即可打开文件。

图1-5-36 PCB库文件名改为"MyPcbLib.PcbLib"

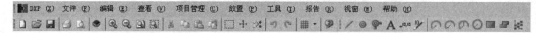

图1-5-37 PCB库文件编辑器的菜单栏和工具栏

图1-5-38 文件打开选择对话框

如果已经打开了一个项目工程，则双击图1-5-39所示的项目工程面板中的文件名，就可以打开该文件。

图1-5-39 项目工程面板

2）文档的切换

如果打开了多个文件，文件名则会在编辑器上方的文件标签栏中并排列出，如图 1-5-40 所示。单击文件标签栏中的文件名，可以在不同的文件之间进行切换。

图 1-5-40　文件标签栏

用鼠标右键单击某文件名，可以选择关闭当前文件、关闭全部文件、保存当前文件以及隐藏该文件等操作，如图 1-5-41 所示。

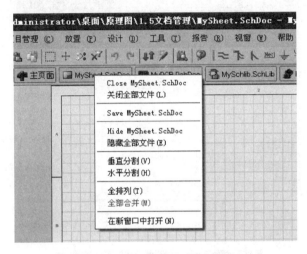

图 1-5-41　文件标签快捷菜单

4. 文档的删除

在项目（Projects）工作区面板中，用鼠标右键单击需要删除的文件，弹出图 1-5-42 所示的快捷菜单，单击选择【从项目中删除】命令，弹出图 1-5-43 所示的文件移除确认对话框，单击【Yes】按钮，则将该文件从项目工程中移除。

从项目工程中删除的文件，并不会被真正从计算机中删除，只是从项目工程中被移除，变成一种自由文件（Free Documents），游离于项目工程文件之外，如图 1-5-44 所示。

如果需要将文件从计算机中彻底删除，则需要删除其对应的磁盘文件。

5. 文档的添加

将一个自由文件添加到当前的项目工程中，有如下 3 种方法：

（1）方法一：在项目工作区面板中，用鼠标右键单击项目文件名，弹出图 1-5-45 所示的快捷菜单，单击选择【追加已有文件到项目中】命令，或者单击菜单栏中的【项目管理】-【追加已有文件到项目中】，都会弹出文件添加选择对话框，选择需要添加的文件，单击【打开】按钮，即可完成添加。

（2）方法二：打开需要添加的自由文件，项目工作区面板中将显示该自由文件，单击该自由文件名，并按住不放，拖动该文件到项目工程文件上，松开鼠标左键即可完成添加。

图 1-5-42 文件操作菜单

图 1-5-43 文件移除确认对话框

图 1-5-44 自由文件

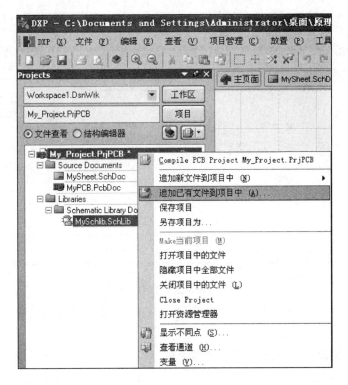

图 1-5-45 添加已有文件

(3) 方法三：添加新文件。在项目工作区面板中，用鼠标右键单击项目文件名，在弹出的快捷菜单中选择【追加新文件到项目中】命令，或者单击菜单栏中的【项目管理】-【追加新文件到项目中】，选择需要添加的新文件到当前项目工程中即可。

6. 文档的保存

在设计项目的过程中要形成定时保存文件的习惯。

不论是在项目工作区面板中，还是在文件标签栏中，当文件名后面出现"*"标识时，表示该文件内容已被修改，需要及时保存。常用的保存方法有 3 种。

(1) 方法一：在项目工作区面板中，用鼠标右键单击需要保存的文件，在弹出的快捷菜单中选择【保存】即可命令。

(2) 方法二：在文件标签栏中，用鼠标右键单击需要保存的文件，在弹出的快捷菜单中选择【Save …】命令即可。

(3) 方法三：将需要保存的文件切换到当前编辑窗口，利用快捷键【Ctrl+S】可以进行保存。

在关闭项目工程文件或者关闭软件时，都会弹出确认保存对话框，其中列出了项目工程中已经被修改而没有保存的文件，如图 1-5-46 所示。

对话框下方提供了 5 个按钮，其具体功能说明如下：

【全部保存】：保存全部文件。

【不保存】：不保存任何文件。

【保存被选文件】：只保存被选中的文件。例如，将图 1-5-46 中的第二个文件后面的选项更改成【不保存】，第二个文件将不会被保存。

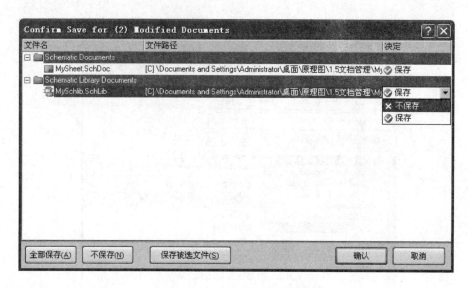

图1-5-46 确认保存对话框

【确认】：选择前面三项中的一个，单击【确认】按钮后，关闭当前项目工程或者关闭软件。

【取消】：放弃关闭项目工程文件或者关闭软件的操作。

1.5.3 技能训练

1. 文档的创建

（1）在C盘中建立一个名为"文件管理"的文件夹，要求接下来创建的文件全部保存在此文件夹中。

（2）新建一个名为"文档管理.PrjPCB"的项目工程文件；新建一个名为"文档管理.SchDoc"的原理图设计文件；新建一个名为"文档管理.PcbDoc"的PCB设计文件；新建一个名为"文档管理.SchLib"的原理图库文件；新建一个名为"文档管理.PcbLib"的PCB库文件。

2. 文件的删除

（1）将名为"文档管理.SchLib"的原理图库文件从项目工程中移除，使之成为自由文件；

（2）将名为"文档管理.PcbDoc"的PCB设计文件彻底从计算机中删除。

3. 文件的添加

（1）将名为"文档管理.SchLib"的自由文件，添加到项目工程文件"文档管理.PrjPCB"中；

（2）在项目工程文件"文档管理.PrjPCB"中，添加一个名为"新文档管理.PcbDoc"的新文件。

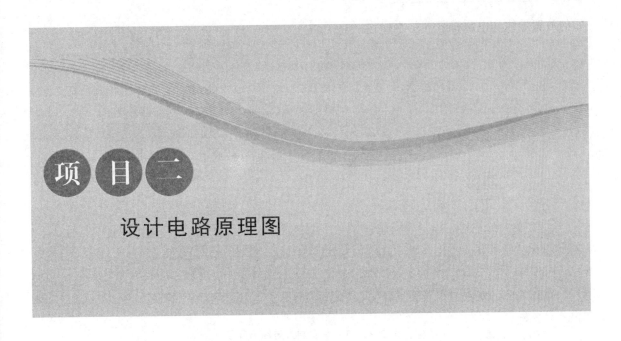

项目二

设计电路原理图

【学习目标】

1. 掌握绘制电路原理图的一般步骤和原则。
2. 会设置电路原理图的图纸参数。
3. 会加载、删除和使用元件库。
4. 会查找和放置元器件,并设置元器件的属性。
5. 会编辑元器件。
6. 会放置导线、电源端口及节点。
7. 会放置总线和网络标号。
8. 会放置文本。
9. 会使用自上而下和自下而上两种设计方法绘制层次原理图。
10. 会对电路原理图进行电气规则检查。
11. 会生成各种报表。

电路原理图(以下简称"原理图")设计是电路设计的基础,只有在设计好原理图的基础上才可以进行印制电路板的设计和电路仿真等。本项目通过5个任务,循序渐进地详细介绍如何设计原理图、编辑修改原理图。通过本项目的学习,应掌握原理图设计的基本步骤和技巧。

2.1 任务1 绘制单管放大电路原理图

本任务通过绘制一个图2-1-1所示的单管放大电路,来说明原理图绘制的基本过程,并介绍如何设置原理图的图纸参数、如何加载和使用元件库、如何放置和编辑元器件,以及如何放置导线和电源符号等基本操作。

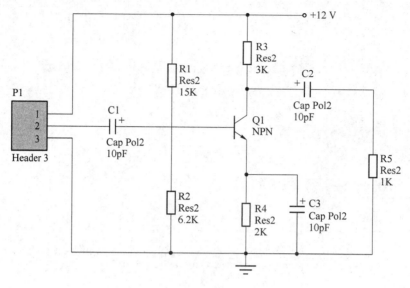

图 2-1-1　单管放大电路原理图

2.1.1　认识原理图的设计界面

在绘制原理图之前，先在计算机中建立一个名为"单管放大电路"的文件夹，用来存放单管放大电路原理图文件以及相关设计文件。

按照 1.5.2 中介绍的方法新建一个名为"单管放大电路.PrjPCB"的项目工程文件，并在其中添加一个名为"单管放大电路.SchDoc"的原理图设计文件，将其都保存在"单管放大电路"文件夹内，如图 2-1-2 所示。

图 2-1-2　创建单管放大电路原理图文件

新建或打开原理图文件后，工作主窗口会自动切换到原理图编辑器的界面。原理图编辑器的界面与工作主窗口界面类似，主要由菜单栏、工具栏、原理图编辑器区、文件标签栏、工作区面板等组成，如图 2-1-3 所示。

1. 菜单栏

Protel DXP 2004 原理图编辑器的菜单栏包含【DXP】、【文件】、【编辑】、【查看】、【项目管理】、【放置】、【设计】、【工具】、【报告】、【视窗】和【帮助】11 部分，如图 2-1-4 所示。其具有系统参数设置、命令操作和提供帮助等功能。

项目二　设计电路原理图

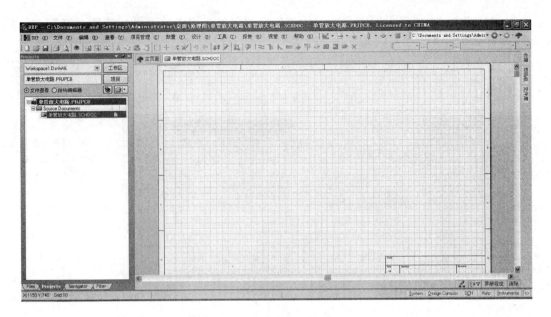

图 2-1-3　原理图编辑器的界面

图 2-1-4　原理图编辑器的菜单栏

（1）【DXP】：可以进行系统参数的设置，如图 2-1-5 所示。

（2）【文件】：可以进行项目工程和文件的新建、打开、保存以及关闭，Protel 99SE 文档的导入、打印等操作，如图 2-1-6 所示。

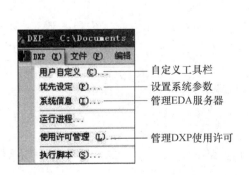

图 2-1-5　【DXP】菜单

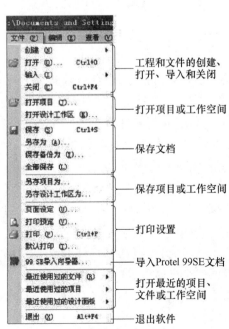

图 2-1-6　【文件】菜单

(3)【编辑】：可以进行编辑器区的相关操作，例如，操作的恢复与撤销、复制、粘贴、裁剪、查找和替换文本、选择和取消选择等，如图2-1-7所示。

(4)【查看】：可以进行编辑器区的缩放、工具栏管理、桌面布局管理、切换单位等操作，如图2-1-8所示。

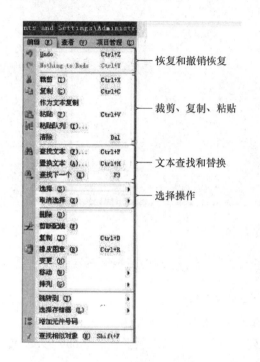
图2-1-7 【编辑】菜单

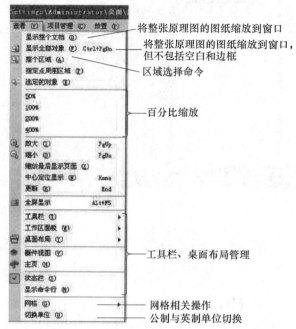
图2-1-8 【查看】菜单

【显示整个文档】：用来查看并调整整张原理图的布局。单击后，编辑器区内将显示整张原理图，包括边框和标题栏。

【显示全部对象】：用来查看整张原理图的全部对象，单击后，将在编辑器区内以最大比例显示原理图中的所有元器件和对象，不包括空白和边框。

【整个区域】：区域选择命令，单击后，光标变成"十"字状，在编辑器区内单击确定一个矩形区域的起始点，移动鼠标，拉出一个矩形区域，再次单击，确定终点，区域内容将放大至整个编辑器区内显示。

【指定点周围区域】：单击后，光标变成"十"字状，在编辑器区内单击确定一个矩形区域的中心点，拖动鼠标，拉出一个矩形区域，再次单击，确定终点，矩形区域中的内容将放大至整个编辑器区内显示。

【选定的对象】：将选中的对象放大到整个编辑器区内显示。先选中对象，然后执行此命令，窗口中将只放大显示选中的对象。

【50%】~【400%】：按实际尺寸的百分比显示整张原理图。

【放大】：以光标为中心放大当前画面，以便清晰地观察某一局部原理图。快捷键是PgUp。

【缩小】：以光标为中心缩小当前画面，以便查看原理图的全貌。快捷键是PgDn。

【中心定位显示】：将光标所指的点重新移动到画面的中心。快捷键是 Home。
【更新】：刷新当前画面。快捷键是 End。
【全屏显示】：执行此命令后，编辑器区将全屏显示。再次执行此命令，窗口将返回原来的状态。
【网格】：可以设置捕获栅格、可视栅格和电气栅格。
①【切换捕获网格】：可以进行捕获网格的切换，默认在 1mil、5mil、10mil 之间进行切换。快捷键是 G，可以依次从小到大切换。
②【切换捕获网格】：可以进行捕获网格的切换，默认在 1mil、5mil、10mil 之间进行切换。利用快捷键【Shift + G】，可以依次从大到小切换。
③【切换可视网格】：可以设置可视网格的显示和隐藏。
④【切换电气网格】：可以设置电气网格的激活和禁用。
⑤【设定捕获网格】：可以自定义捕获网格的数值。
(5)【项目管理】：可以进行项目工程的管理，如图 2 – 1 – 9 所示。
(6)【放置】：可以放置元件、导线、总线、电源端口、节点、网络标签、文本以及图形，如图 2 – 1 – 10 所示。

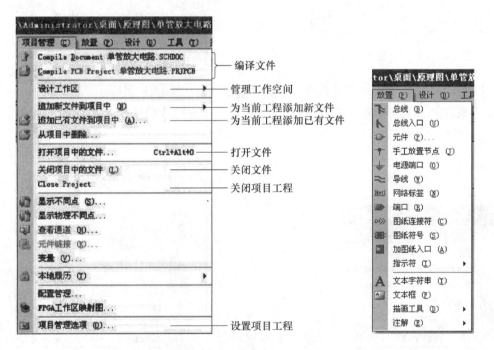

图 2 – 1 – 9 【项目管理】菜单　　　　图 2 – 1 – 10 【放置】菜单

(7)【设计】：可以进行元件库的管理、生成网络表、进行仿真以及文档选项设置等，如图 2 – 1 – 11 所示。
(8)【工具】：可以查找元件、切换电路图层次、标注元件、设置原理图选项等，如图 2 – 1 – 12 所示。

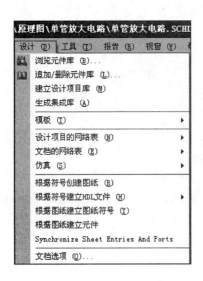
图2-1-11 【设计】菜单

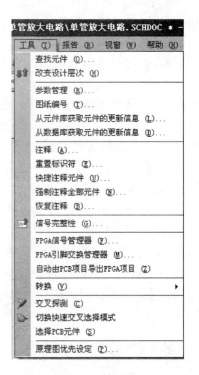
图2-1-12 【工具】菜单

(9)【报告】：可以生成元器件报表等，如图2-1-13所示。

(10)【视窗】：可以对窗口进行操作，例如，窗口的排列和切换、文件的关闭等，如图2-1-14所示。

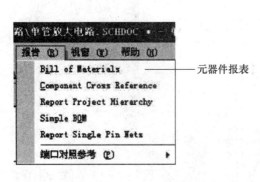
图2-1-13 【报告】菜单

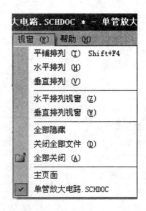
图2-1-14 【视窗】菜单

(11)【帮助】：可以为设计人员提供不同方式的帮助、入门教程、弹出式菜单和版本信息等，如图2-1-15所示。

2. 工具栏

工具栏是菜单的快捷启动键，主要用于打开、添加、删除文件等操作。将光标移动到某图标上会显示该图标的功能说明。原理图编辑器的工具栏如图2-1-16所示。

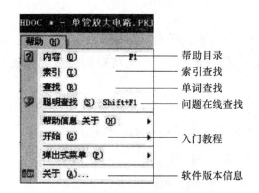

图 2-1-15 【帮助】菜单

图 2-1-16 原理图编辑器的工具栏

1）主工具栏

▯：作用是创建任意文件，单击后会打开文件工作区面板。快捷键是【Ctrl+N】。

▯：作用是打开已存在的文件。单击后会打开文件选择对话框，选择文件存放的路径和需要的文件类型后，在列表中单击要选择的文件，再单击【打开】按钮即可打开文件。快捷键是【Ctrl+O】。

▯：作用是保存当前编辑器区中打开的文件。快捷键是【Ctrl+S】。

▯：作用是直接打印编辑器区中打开的文件。

▯：作用是生成当前编辑器区中打开的文件并打印预览。

▯：作用是显示全部对象，将整张原理图缩放到窗口，但不包括边框和空白部分。快捷键是【Ctrl+PgDn】。

▯：作用是缩放整个区域。单击后光标会变成"十"字状，在编辑器区内单击确定一个矩形区域的起始点，拖动鼠标，拉出一个矩形区域，再单击鼠标确定区域，区域中的内容将放大至整个窗口。

▯：作用是缩放选定的对象。将选中的对象放大到整个编辑器区中。先选中对象，然后单击该图标，编辑器区中将只放大显示被选中的对象。

▯：作用是裁剪。快捷键是【Ctrl+X】。

▯：作用是复制。快捷键是【Ctrl+C】。

▯：作用是将此前裁剪或者复制的内容粘贴到编辑器区一次。快捷键是【Ctrl+V】。

▯：橡皮图章。先选中对象，然后单击该图标，可以将此对象进行多次粘贴。快捷键是【Ctrl+R】。

▯：作用是选中区域内的对象。单击后光标将变成"十"字状，在编辑器区内单击确定一个矩形区域的起始点，拖动鼠标，拉出一个矩形区域，再次单击确定，即可选中矩形区域内的所有对象。

：作用是移动选中的对象。单击后光标将变成"十"字状，将光标移动到选中的对象上单击，选中的对象将悬浮在光标上，将对象移动到合适的位置后，再次单击即可完成移动。

：作用是取消选择。如果编辑器区内有选中的对象，则单击该图标后将取消选择。

：作用是取消当前的筛选功能。快捷键是【Shift + C】。

：作用是撤销前一个操作。快捷键是【Ctrl + Z】。

：作用是恢复撤销的前一个操作。快捷键是【Ctrl + Y】。

：作用是在层次原理图之间进行切换。

：作用是查找选中的元件所对应的 PCB 设计中的封装方式，但需要打开 PCB 设计文件。

：作用是打开元件库工作区面板。

：作用是在线查找问题进行帮助。快捷键是【Shift + F1】。

2）电气连接工具栏

：作用是放置导线。

：作用是放置总线。

：作用是放置总线入口。

：作用是放置网络标签。

：作用是放置地线端口。

：作用是放置电源端口。

：作用是放置元件。单击后会弹出元件选择对话框，如图 2 – 1 – 17 所示。

图 2 – 1 – 17　元件选择对话框

：作用是放置图纸符号。

：作用是放置图纸入口符号。

▣：作用是放置端口。

✕：作用是放置忽略电气规则检查的标识。

3）实用工具栏

✎：实用绘图工具。单击后会弹出下拉菜单，展示多种绘图工具，如图2-1-18所示，包括放置直线、多边形、椭圆弧、贝塞尔曲线、文本、文本框、矩形、圆边矩形、椭圆形、饼形、图片以及设置粘贴队列。

图2-1-18 实用绘图工具

▤：调准工具，用于将选中的对象按规定的方式对齐。单击后会弹出下拉菜单，展示多种对齐方式，如图2-1-19所示，包括左对齐排列、右对齐排列、水平中心排列、水平等距分布排列、顶部对齐排列、底部对齐排列、垂直中心排列、垂直等距分布排列、排列对象到当前网格。

⏚：电源符号。单击后会弹出下拉菜单，展示多种常用的电源符号，如图2-1-20所示。

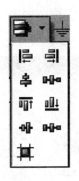

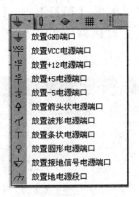

图2-1-19 调准工具　　　　　　图2-1-20 电源符号

▯：常用数字元器件符号。单击后会弹出下拉菜单，展示多种常用的元器件符号，如图2-1-21所示，包括电阻、普通电容、电解电容、与门、或门、与非门、或非门、反相器、触发器、译码器等。

◆：仿真信号源。单击后会弹出下拉菜单，展示多种常用的仿真信号源，如图2-1-22所示，包括多种常用的直流电源、正弦波发生器、方波发生器等。

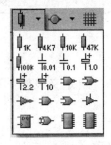

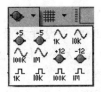

图2-1-21 常用的数字元器件符号　　　图2-1-22 仿真信号源

▦：网格设置。可以对可视栅格、捕获栅格和电气栅格进行设置。

4）文本工具栏

文本格式设置工具如图 2-1-23 所示。作用是设置工作区内选中的文本颜色、字体、字号等。

图 2-1-23　文本格式设置工具

3. 原理图编辑器区

绘制原理图的各种操作就是在原理图编辑器区内完成的。通过【查看】菜单下的命令可以对此区域进行放大、缩小等操作。

2.1.2　设置图纸参数

要绘制电路原理图，在创建了项目工程和原理图设计文件之后，首先就是对原理图的图纸进行设置。单击【设计】-【文档选项】，会弹出图 2-1-24 所示的【文档选项】对话框。在此对话框中可以对图纸的大小、颜色、名称、系统字体以及参数等进行设置。

图 2-1-24　【文档选项】对话框

1. 图纸大小

Protel DXP 2004 为设计人员提供了"标准风格"和"自定义风格"两种方式来设置图纸大小。默认为 A4 大小的标准图纸。

1）标准风格

单击标准风格，会弹出图 2-1-25 所示的下拉菜单，单击选中需要的图纸大小即可。

2）自定义风格

勾选【使用自定义风格】复选框，即可激活图 2-1-26 所示的设置选项。改变其中的参数值，就可以自定义图纸的大小。如果没有选中复选框，则只能在【标准风格】下拉菜单中选择一个系统提供的标准图纸大小。

图 2-1-25 标准图纸

图 2-1-26 自定义图纸大小

2. 图纸方向

Protel DXP 2004 为设计人员提供了两种图纸方向，通过图 2-1-27 所示的下拉菜单可以进行选择。"Landscape"表示水平放置，"Portrait"表示垂直放置。系统默认为水平放置。

图 2-1-27 图纸方向

3. 图纸颜色

设计人员可以分别为边框和图纸背景进行颜色的设置。系统默认边框为黑色，图纸背景为白色。

单击右侧的颜色条，弹出图 2-1-28 所示的【选择颜色】对话框。Protel DXP 2004 为设计人员提供了 239 种基本颜色，还可以通过【标准】和【自定义】来设置其他颜色。

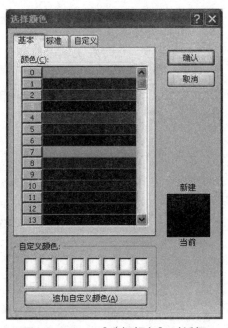
图 2-1-28 【选择颜色】对话框

4. 字体

单击图 2-1-24 中的【改变系统字体】按钮，弹出图 2-1-29 所示的【字体】对话框。在对话框中可以设置字体、字形、字号、颜色以及效果等。系统默认【字体】为"Times New roman"、【字形】为"常规"、【大小】为"10号"。

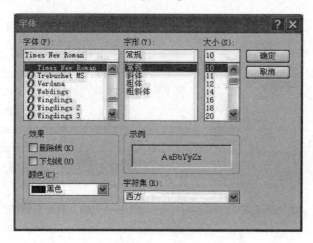

图 2-1-29 【字体】对话框

5. 网格

1）捕获

在原理图设计的过程中，放置和拖动元器件以及布线时，鼠标在图纸上能捕捉到的最小步长默认为 10mil。鼠标在拖动元器件时，元器件将以 10mil 为基本单位，沿着鼠标拖动的方向移动。

mil 为英制长度单位。Protel DXP 2004 中习惯用英制单位，其与公制单位的换算关系如下：

$$1\,000\text{mil} = 1\text{inch}（英寸）= 25.4\text{mm}$$

可以通过执行【查看】—【切换单位】命令在英制单位和公制单位之间进行切换。

2）可视

在原理图编辑器中，设计人员在图纸上可以看见由纵向线和横向线交错而成的栅格。可视网格一般与捕获网格设置相同大小参数，默认为 10mil。

6. 电气网格

当选中【有效】复选框时，系统在放置导线时，会以光标为圆心，以电气网格设定值为半径，来搜索电气节点。如果在这个范围内能找到最近的节点，则系统会把光标自动移动到该节点上，并在该节点上显示一个"✕"，单击鼠标可以将导线连接到这个节点上。电气网格值一般小于捕获网格值的二分之一，默认为 4mil。如果不勾选此复选框，则系统不会自动寻找电气节点。

7. 标题栏

勾选【图纸明细表】复选框，表示在图纸的右下角将显示标题栏。系统为设计人员提供了两种标题栏的样式：Standard（标准格式）和 ANSI（美国国家标准协会支持格式），可以通过右侧的下拉列表进行选择，如图 2-1-30 所示。具体样式如图 2-1-31 和图 2-1-32 所示示。如果设计人员对系统提供的两种样式都不满意，可以先取消选择复选框，然后通过绘制线和文本自定义标题栏。

图 2－1－30　设置标题栏

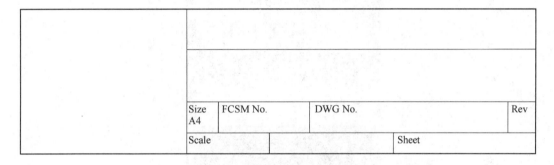

图 2－1－31　Standard（标准格式）标题栏

图 2－1－32　ANSI（美国国家标准协会支持格式）标题栏

8. 其他

（1）【文件名】：可以设置电路图纸的名称。本任务中可以设置为"单管放大电路"。

（2）【显示参考区】：选择是否显示图纸的参考边框。

（3）【显示边界】：选择是否显示图纸的边框。

所有参数设置完毕后，单击【确认】按钮保存设置。

2.1.3　添加和删除元件库

在安装 Protel DXP 2004 时，它所附带的元件库也被同时安装到了计算机中。在软件的安装目录下，有一个名为 Library 的文件夹，其中专门存放了这些元件库。这些元件库是按照生产元件的厂家来分类的，比如，Texas Instruments 文件夹中包含了德州仪器公司所生产的一些元件，而 Toshiba 文件夹中则包含了东芝公司所生产的元件。

在绘制原理图的过程中，设计人员需要把使用的元器件所在的库加载进来。由于加载进来的每个元件库都要占用系统资源，会影响应用程序的执行速度，所以在加载元件库时，最好的做法是只装载那些必要而且常用的元件库，其他一些不常用的元件库仅在需要时再加载。使用得最多的元件库是电气元件杂项库 Miscellaneous Devices.IntLib 和常用的接插件杂项库 Miscellaneous Connectors.IntLib，前者包含了一些常用的元器件，如电阻、电容、二极管、三极管、电感、开关等，而后者包含了一些常用的接插件，如插座等。

Altium 公司已经为设计人员提供了很多公司的库文件，而且 Altium 公司的网站上也提供元件库文件的实时更新，设计人员可以根据自己的需要自行下载使用。

1. 元件库的添加

步骤1：单击编辑器区右侧的元件库，打开元件库工作区面板，如图2-1-33所示。

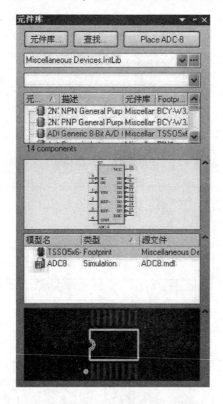

图2-1-33　元件库工作区面板

步骤2：单击元件库工作区面板上方的【元件库】按钮，弹出图2-1-34所示的【可用元件库】对话框。在编辑器界面下，不需打开元件库工作区面板，单击【设计】-【追加/删除元件库】也可以打开【可用元件库】对话框。

步骤3：在【安装】选项卡中，列出了已经安装的元件库。单击【安装】按钮，弹出图2-1-35所示的元件库选择对话框。

步骤4：单击选中需要添加的元件库，再单击【打开】按钮，即可将此元件库添加到当前的项目中。

步骤5：重复步骤3和步骤4可以接着添加下一个元件库。添加完毕，单击【关闭】按钮，可以退出【可用元件库】对话框。

再次选择【可用元件库】对话框下的【安装】选项卡，可以看见刚才添加的元件库出现在列表中。单击选中元件库，使用下方的【向上移动】和【向下移动】按钮，可以调整元件库的显示顺序。

图 2-1-34 【可用元件库】对话框

图 2-1-35 元件库选择对话框

2. 元件库的删除

步骤1：打开可用元件库对话框，在【安装】选项卡下，选中需要删除的元件库，单击【删除】按钮，即可从当前项目中删除此元件库。

步骤2：重复步骤1可以删除下一个元件库。

步骤3：删除完毕，单击【关闭】按钮，可以退出【可用元件库】对话框。

再次选择【可用元件库】对话框下的【安装】选项卡，可以看见刚才删除的元件库已

51

经不在列表中了。

删除元件库只是从当前项目中删除,并没有真正从计算机中删除元件库文件。需要时,可以再次添加此元件库到项目中。

2.1.4 查找和放置元器件

Protel DXP 2004 中包含了丰富的元件库和数以千计的原理图符号。尽管常用的元器件已经在默认的安装元件库中,但快速熟练地找到元器件还是很重要的。

1. 元件库工作区面板

Protel DXP 2004 的元件库工作区面板及其功能如图 2-1-36 所示。

【元件库】、【查找】、【Place ADC-8】3 个按钮表示了元件库管理的三大功能:添加和删除元件库、查找元器件、放置元器件。

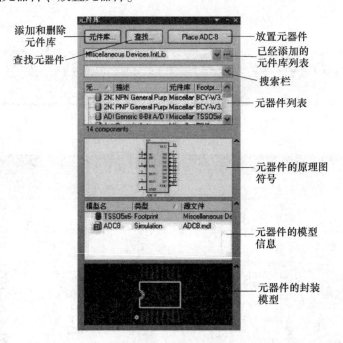

图 2-1-36 元件库工作区面板及其功能

元件库列表列出了已经添加到当前项目工程中的所有元件库,可以在下拉列表中进行选择。默认已经添加了 Miscellaneous Devices.IntLib 和 Miscellaneous Connectors.IntLib 两个元件库。

选择库文件后,通过搜索栏来设置筛选条件,可以更加快捷地查找到所需要的元器件。默认是通配符"*",下方的元器件列表中将显示出该元件库中所有的元器件。如果在搜索栏中输入"C"(不区分大小写),则在下方的元器件列表中将显示所有以"C"开头的元器件的名称和描述。

中间的显示区域展示选中元器件的原理图符号。

下方显示选中元器件的封装模型、仿真模型等信息。

最下方显示选中元器件的封装模型。

2. 元器件的查找

1）利用元件库工作区面板的搜索栏

如果已经知道需要查找的元器件所在的元件库，可以使用元件库工作区面板的搜索栏来进行查找。如果知道元器件名，则可在搜索栏中输入文件名或者元器件名的首字母，然后在下方的元器件列表中选择需要的元器件。

下面以添加电解电容为例进行介绍。

步骤1：已经知道电解电容在 Miscellaneous Devices. IntLib 元件库中。在元件库列表中，单击选中此元件库，如果列表中没有此元件库，则需要通过【元件库】按钮添加之后再进行选择。

步骤2：在搜索栏中输入"CAP"，将在下方的元器件列表中列出所有以"CAP"开头的元器件。在搜索栏中输入的内容越详细，得到的结果越精确。在查找元器件时，可以使用通配符"*"和"?"。"*"代表不确定的一个或多个任意字符，"?"只能代表一个字符。如果只记得电解电容元器件名中的字母"C"和"P"，则可以在搜索栏中输入"C*P"，在输入的过程中，系统将自动对信息进行筛选匹配。

步骤3：元器件在列表中是按照字母顺序排列的，可以先单击选中一个元器件，然后使用 ↑ 键和 ↓ 键来浏览所有的元器件。

2）利用元件库工作区面板的【查找】按钮

如果不知道需要查找的元器件所在的元件库，可以使用元件库工作区面板的【查找】按钮来进行查找，先找到元器件所在的元件库，然后进行添加并使用。

下面以添加 NPN 型三极管为例进行介绍。

步骤1：单击元件库工作区面板上的【查找】按钮，弹出图 2-1-37 所示的【元件库查找】对话框。

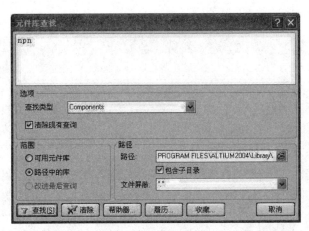

图 2-1-37　【元件库查找】对话框

步骤2：勾选【清除现有查询】复选框，再单击下方的【清除】按钮，可以清除文本框中原有的查询内容。

步骤3：在对话框上部的文本框中输入需要查找的元器件名称或部分名称，此处输入"NPN"。可以使用通配符"*"和"?"。合理使用通配符，可以更好地得到搜索结果。输入当前查询内容后，可以单击下方的【帮助器】按钮进入系统提供的查询帮助对话框，如

图 2-1-38 所示。在该对话框中，可以输入一些与查询内容有关的过滤语句表达式，以提高查询的精确度。

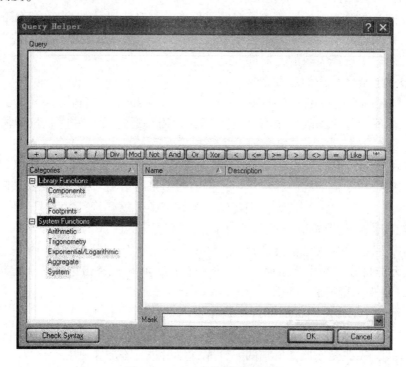

图 2-1-38 查询帮助对话框

单击下方的【履历】按钮，会打开图 2-1-39 所示的【表达式管理器】对话框，里面存放了所有的查询记录。对于需要保存的内容，单击【加入收藏】按钮，就可以将之放入收藏中，以便下次查询时直接使用。

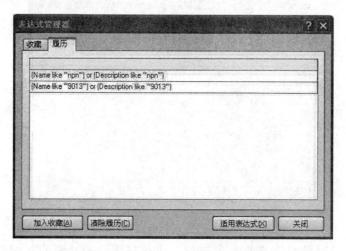

图 2-1-39 【表达式管理器】对话框

步骤 4：选择查找类型为"Components"（元件）。"Protel Footprints"表示 Protel 封装，"3d Models"表示 3D 模式。

步骤 5：设置查找范围为"路径中的库"，表示可以在某一路径下的文件夹中查找元器件。如果选择"可用元件库",则系统将在已经添加的元件库中查找元器件。

步骤6:设置路径为系统提供的默认路径,也可以单击后面的图标,进行搜索路径的自定义。

步骤7:勾选【包含子目录】复选框。这表示进行元器件搜索时,会同时搜索该路径下子目录中的元件库。如果不勾选,则只搜索主目录下的元件库,不搜索该路径下子目录中的元件库。

步骤8:单击【查找】按钮,开始查找与"NPN"有关的元器件。在查找的过程中,元件库工作区面板上的【元件库】按钮处于灰色不可用状态。如果需要停止查找,可以单击【Stop】按钮。搜索结果会在元件库工作区面板中显示。符合条件的元器件会在列表中被一一列出,供设计人员选用。

3. 元器件的放置

Protel DXP 2004 为设计人员提供了两种放置元器件的方法。

1)使用元件库工作面板

打开元件库工作区面板,进行元器件的查找。在查找结果中单击选中一个元器件,然后单击上方的【Place】按钮,或者直接双击选中的元器件就可进行放置。如果元器件所在的元件库没有被添加到当前项目中,会弹出图 2-1-40 所示的元件库添加确认对话框。如果单击【是】按钮,则元件库会被添加到当前的项目工程中。如果单击【否】按钮,则只是使用这个元器件而不添加元器件所在的元件库到当前的项目工程中。

图 2-1-40　元件库添加确认对话框

元器件的原理图符号会自动出现在原理图编辑器区内的光标上,并随着光标移动到合适的位置,单击鼠标左键可以完成元器件的一次放置,同时在光标上又自动出现一个相同的元器件,可以进行连续的放置,单击鼠标右键可以退出放置元器件的状态。

2)利用菜单命令

利用菜单命令放置元器件有 4 种方法:

方法一:单击【放置】菜单下的【元件】命令。

方法二:在编辑器区的空白处单击鼠标右键,弹出图 2-1-41 所示的快捷菜单,单击【放置】-【元件】。

方法三:利用快捷键【Ctrl + P】。

方法四:单击工具栏中的按钮。

使用上述任意一种方法,都会弹出图 2-1-42 所示的【放置元件】对话框。在该对话框中,可以设置要放置的元器件的有关属性。

图2-1-41 快捷菜单

图2-1-42 【放置元件】对话框

【库参考】：元器件在元件库中的标识名称。
【标识符】：元器件在原理图中的标识符。
【注释】：对元器件的说明。
【封装】：元器件的封装形式。

使用【放置元件】对话框有3种情况。

(1) 已经知道元器件的标识名称和相关属性。

在【库参考】后面的文本框中输入元器件的标识名称，在其他文本框中输入相关属性。单击【确认】按钮后，元器件的原理图符号会自动出现在原理图编辑器区内的光标上，并随着光标移动到合适的位置，单击鼠标左键可以完成元器件的一次放置，同时在光标上又自动出现一个相同的元器件，以便进行连续的放置，单击鼠标右键可以退出放置元器件的状态。

(2) 不知道元器件的准确标识名称，但知道元器件所在的元件库。

可以使用浏览选择的方法，具体操作如下：

步骤1：单击【库参考】右侧的【…】按钮，弹出图2-1-43所示的【浏览元件库】对话框。

步骤2：在【库】的下拉菜单中选择元器件所在的元件库，在【屏蔽】文本框中可以输入元器件名的一部分来缩小查找的范围。

步骤3：在下面的列表中选择所需要的元器件，单击【确认】按钮。

步骤4：相应的元器件及其他相关属性在【放置元件】对话框中已经自动填好。单击【确认】按钮，便可进行元器件的放置。

步骤5：如果需要继续放置其他元器件，可以重复上述操作，如果不再放置，则单击【取消】按钮退出操作。

单击【库参考】右侧的【履历】按钮后，会弹出一个放置元器件的记录窗口，其记录了已经放置的所有元器件，以方便设计人员再次使用。

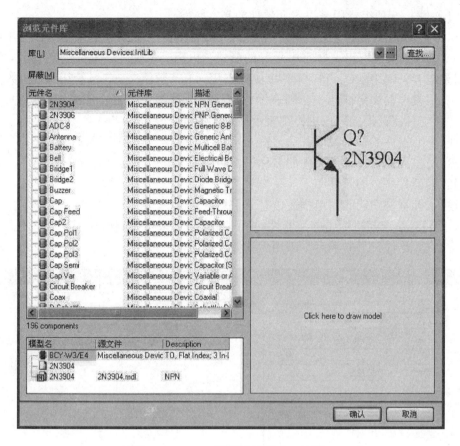

图2-1-43 【浏览元件库】对话框

(3) 既不知道元器件的标识名称,也不知道元器件所在的元件库。

步骤1:单击【库参考】右侧的【…】按钮,弹出图2-1-43所示的【浏览元件库】对话框。

步骤2:单击【查找】按钮,弹出【元件库查找】对话框,进行查找。

4. 元器件属性的设置

要设置元器件的属性,需要打开【元件属性】对话框,有以下几种方法:

方法一:在未放置元器件时或元器件处于悬浮状态时,按Tab键。

方法二:放置元器件后,双击该元器件。

方法三:放置元器件后,用鼠标右键单击该元器件,在弹出的快捷菜单中选择【属性】命令。

方法四:放置元器件后,单击【编辑】-【变更】,这时光标会变成"十"字状,单击元器件。

建议设计人员使用第一种方法。Protel DXP 2004 在放置下一个相同元器件时会自动沿用前一个元器件的相关属性,并将标识符后面的数字自动加1,这可以提高绘制大型电路图的工作效率。

使用上述方法打开图2-1-44所示的【元件属性】对话框进行属性设置。对话框中有5个选项组:【属性】、【子设计项目链接】、【图形】、【Parameters】和【Models】。

(1)【属性】选项组：用来设置元器件的基本属性。

【标识符】：元器件在原理图中的序号，为元器件的唯一标识，必须填写而且不能重复。一般使用"大写英文字符串+数字序号"的形式，电阻一般使用"R+数字"，本例中填写 R1。如果是电容，则用"C+数字"，集成电路用"U+数字"，三极管用"Q+数字"。其后的【可视】复选框如果被选中，则表示标识符在原理图中可见；如果没被选中，则表示不可见。【锁定】复选框如果选中，则表示标识符不可修改。

【注释】：元器件的补充说明，通常输入元器件的名字，可采用默认值。

【库参考】：元器件在元件库中的名称。本例中为 Res2，建议不要修改。

【库】：元器件所在的元件库。

【描述】：元器件功能的简单描述信息。采用默认值。

【唯一 ID】：系统随机给出的元器件的唯一编号，用来与印制电路板同步，不需要修改。

【类型】：元器件符号的类型。采用默认值。

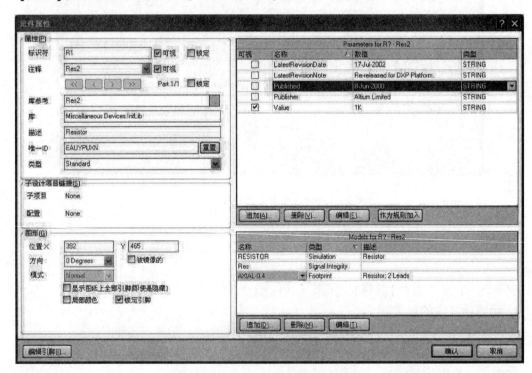

图 2-1-44 【元件属性】对话框

(2)【子设计项目链接】选项组：用来说明连接到当前原理图的元器件的子设计项目，不用设置。

(3)【图形】选项组：用来设置元器件的图形属性。

【位置 X 和 Y】：用来精确定位元器件在原理图中的位置，可以直接输入坐标值。

【方向】：用来设置元器件在原理图中的放置方向，有 4 种选择：0 Degrees、90 Degrees、180 Degrees 和 270 Degrees。也可以通过按空格键进行方向转换。系统默认为 0 Degrees。

【模式】：元器件在原理图中的绘图风格，一般不可选。

【显示图纸上全部引脚】：选中此复选框后，将在原理图中显示元器件的全部引脚，包括隐藏的引脚。

【局部颜色】：选中此复选框后，会激活颜色设置选项，默认采用元器件本身的颜色设置，可以根据需要进行更改。

【锁定引脚】：选中此复选框后，元器件的引脚不可以单独移动或编辑。建议选中。

（4）【Parameters】选项组：用来定义元器件的其他参数。

【Latest Revision Date】：最新元器件模型的版本日期。

【Latest Revision Note】：最新元器件模型的版本注释。

【Published】：元器件模型的发行日期。

【Publisher】：元器件模型的发行者。

【Value】：元件的标称值。

（5）【Models】选项组：主要包括仿真模型、PCB封装形式等。

【Parameters】选项组和【模型】选项组中的各项参数并不是固定不变的。单击【追加】按钮可以根据实际需要添加一些参数；单击【删除】按钮可以删除不需要的参数；单击【编辑】按钮可以在【参数属性】对话框中编辑参数，在原理图中直接双击元器件的参数，也可以打开【参数属性】对话框设置参数。

【编辑引脚】按钮：单击该按钮后，可以打开元器件的引脚编辑器，对该元器件的引脚进行编辑，重新设置。

属性参数都设置完毕后，单击【确认】按钮确认。

5. 元器件的编辑

元器件的编辑操作种类很多，每种编辑都有好几种方法，主要通过工具栏图标、菜单命令、快捷键来实现操作。

1）选取和取消选取

（1）选取。

单击需要选中的元器件即可选中该元器件。被选中的元器件周围有绿色的虚线框，如图2-1-45所示。

图2-1-45 被选中的电阻

如果需要选中多个元器件，则需要按住Shift键或者执行【编辑】-【选择】-【切换选择】命令，然后依次单击需要选中的元器件即可。也可以按住鼠标左键，拖动鼠标拉出一个矩形区域，则矩形区域内的所有元器件都会被选中。或者单击【编辑】-【选择】-【区域内对象】（【区域外对象】），这时光标会变成"十"字状，在原理图编辑器区内单击确定一个矩形区域的起始点，拖动鼠标，再次单击确定矩形区域，则矩形区域内（外）的所有元器件都会被选中。

如果需要选中原理图中的所有元器件，可以使用快捷键【Ctrl + A】，即可选中原理图中的所有元器件，或者单击【编辑】-【选择】-【全部对象】也可以完成同样的操作。

（2）取消选取。

单击原理图的空白处，或者使用快捷键【X - A】，或者单击【编辑】-【取消选择】-【全部当前文档】，即可取消当前原理图中的所有选中操作。

如果只想取消部分选中操作，可以按住Shift键或者单击【编辑】-【取消选择】-【切换选择】，然后依次单击需要取消选取的元器件即可。也可以单击【编辑】-【取消选择】-【区域内对象】（【区域外对象】），这时光标会变成"十"字状，在原理图编辑器区内单击确定一个矩形区域的起始点,拖动鼠标,再次单击确定矩形区域,则矩形区域内(外)的所有元器件都会被取消选中。

2)移动

为了便于连线操作,也为了使电路原理图的布局清晰、美观,有时需要对元器件的位置进行调整。

方法一:选中需要移动的一个或多个元器件并按住鼠标左键不放,移动元器件到合适的位置,松开鼠标左键即可。

方法二:单击工具栏中的✥图标,这时光标会变成"十"字状,移动光标到选中的元器件附近单击,所有选中的元器件会随着光标一起移动到合适的位置,再次单击鼠标左键,完成移动。

方法三:使用【编辑】-【移动】中的各个命令来执行。其主要在一个元器件将另一个元器件遮住,需要移动位置来调整它们之间的上、下、前、后关系时使用,上下移动也称为"层移"。

在放置元器件时,为了布局的需要,有时需要调整元器件参数的位置。用鼠标左键按住需要调整位置的参数,将之拖动到合适的位置,松开鼠标即可,如图2-1-46所示。在调整的过程中,可以通过按G键来切换捕获网格的大小,默认在1mil、5mil、10mil之间进行切换,建议设置为1mil,如果设置为5mil或10mil,则很难进行微调。捕获网格的大小可以通过窗口左下角状态栏中Grid的值进行查看,如图2-1-47所示。

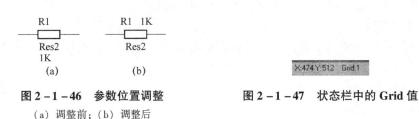

图2-1-46 参数位置调整　　　　图2-1-47 状态栏中的Grid值
(a)调整前;(b)调整后

3)复制

选中需要复制的元器件,单击【编辑】-【复制】或者利用快捷键【Ctrl+C】即可完成复制。

4)剪切

选中需要剪切的元器件,单击【编辑】-【裁剪】或者利用快捷键【Ctrl+X】即可完成剪切。

5)粘贴

执行此操作之前必须已经执行了复制或剪切操作。单击【编辑】-【粘贴】或者利用快捷键【Ctrl+V】,这时光标会变成"十"字状,粘贴对象会悬浮在光标上,并随光标一起移动,在合适的位置单击,即可完成粘贴。

6)删除

选中需要删除的元器件,接下Delete键即可将选中的元器件全部删除。也可以单击【编辑】-【删除】,这时光标会变成"十"字状,依次单击需要删除的元器件即可,完成后,单击鼠标右键即可退出删除元器件的状态。

7)旋转

(1) 在未放置元器件、元器件处于悬浮状态,或者用鼠标左键按住元器件不放使元器件变成悬浮状态时,每按空格键一次,就可以使元器件逆时针旋转90°,如图2-1-48所示。连续按4次空格键即可使元器件恢复原状。

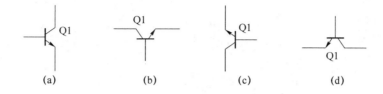

图2-1-48 按空格键使元器件旋转

(a) 元器件未旋转;(b) 按空格键一次;(c) 按空格键两次;(d) 按空格键三次

(2) 在元器件处于悬浮状态时,按 X 键,可以实现左右翻转,如图2-1-49所示。

(3) 在元器件处于悬浮状态时,按 Y 键,可以实现上下翻转,如图2-1-50所示。

图2-1-49 按 X 键翻转　　　　　图2-1-50 按 Y 键翻转

(a) 翻转前;(b) 翻转后　　　　　(a) 翻转前;(b) 翻转后

(4) 双击需要旋转的元器件,在弹出的【元件属性】对话框中的【图形】选项组中选中【被镜像的】复选框,可以将该元器件镜像,实现和 X 键翻转一样的效果。也可以通过【方向】设置旋转的角度。

单管放大电路原理图中用到的元器件见表2-1-1。

表2-1-1 元器件一览表

序号	标识符	元件名	标称值(Value)	所在元件库
1	P1	Header 3		Miscellaneous Connectors.IntLib
2	R1	Res2	15K	Miscellaneous Devices.IntLib
3	R2	Res2	6.2K	Miscellaneous Devices.IntLib
4	R3	Res2	3K	Miscellaneous Devices.IntLib
5	R4	Res2	2K	Miscellaneous Devices.IntLib
6	R5	Res2	1K	Miscellaneous Devices.IntLib
7	C1	Cap Pol2	10pF	Miscellaneous Devices.IntLib
8	C2	Cap Pol2	10pF	Miscellaneous Devices.IntLib
9	C3	Cap Pol2	10pF	Miscellaneous Devices.IntLib
10	Q1	NPN		Miscellaneous Devices.IntLib

使用本节介绍的方法将单管放大电路原理图中用到的元器件依次找出,并放置到原理图中,然后进行属性设置。元器件放置结果如图 2-1-51 所示。

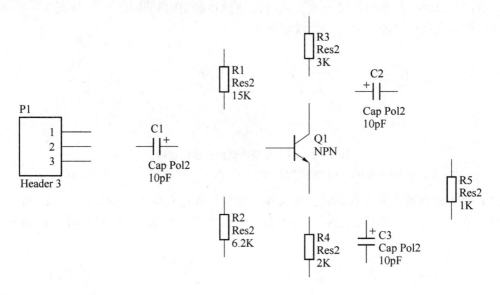

图 2-1-51　元器件放置结果

2.1.5　放置导线和线路节点

1. 放置导线

所谓绘制电路原理图就是将图纸上放置好的各个元器件连接起来,而导线的作用就是在原理图上建立元器件之间的电气连接关系,它是原理图中最重要的图元之一。直接使用导线将各个元器件连接起来的方式称为物理连接。

放置导线和绘图工具中的绘制直线不一样,绘制的直线不具有电气连接性。

将图 2-1-51 中电解电容 C1 的正极与三极管 Q1 的基极连接起来,具体操作如下:

步骤 1:调出绘制导线的命令,有 3 种方法。

方法一:执行【放置】-【导线】命令。

方法二:单击工具栏上的图标 ≈。

方法三:利用快捷键【P-W】。

步骤 2:这时光标会变成"十"字状。移动光标到需要放置导线的起点位置(只有元器件的引脚顶端具有电气连接性,引脚的其他部分不具有电气连接性),这里是电解电容 C1 的正极引脚,光标上会出现一个图 2-1-52 所示的红色"米"字标志,表示找到了元器件的一个电气节点,可以从该节点绘制导线。

步骤 3:单击确定导线的起点,拖动鼠标形成一条导线,找到要连接的另外一个元器件的引脚顶端(电气节点),这里是三极管 Q1 的基极,同样会出现一个红色"米"字标志,如图 2-1-53 所示。

步骤 4:再次单击确定导线的终点,完成两个元器件之间的电气连接,如

图 2 – 1 – 54 所示。

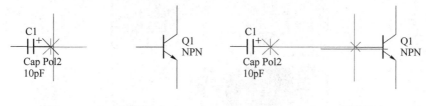

图 2 – 1 – 52　导线起点　　　　　图 2 – 1 – 53　导线终点

步骤 5：光标仍然处于导线放置状态（"十"字状），可以继续进行导线的放置，单击即可退出放置导线的状态。

如果需要进行连接的两个元器件不在一条直线上，放置导线的过程中需要单击确定导线的拐角位置，通过组合键【Shift + Space】（必须在英文输入状态下使用），可以在直角、45°角和任意角度之间进行拐角模式切换。导线放置完成后，单击鼠标右键即可退出放置导线的状态。

双击导线或在放置导线的状态下按 Tab 键，会弹出图 2 – 1 – 55 所示的导线属性设置对话框。导线属性只有颜色和宽度。

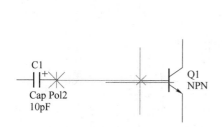
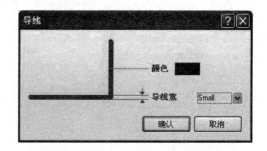

图 2 – 1 – 54　完成电气连接　　　　图 2 – 1 – 55　导线属性设置对话框

【颜色】：单击对话框中的颜色条，可以弹出图 2 – 1 – 56 所示的【选择颜色】对话框。系统为设计人员提供了 239 种基本颜色，也可以通过【标准】和【自定义】选项卡自定义所需要的颜色。系统默认是 223 号深蓝色。

【导线宽】：单击【导线宽】的下拉菜单可以选择导线的宽度。系统为设计人员提供了 4 种宽度标准：Smallest（最细）、Small（细）、Medium（中等）、Large（粗）。系统默认是 Small（细）。

在图 2 – 1 – 51 的基础上，利用导线将各个元器件连接起来，并设置好导线的属性。完成后的效果如图 2 – 1 – 57 所示。

放置导线时要注意以下几点：
(1) 导线不能与元器件的引脚重叠。
(2) 导线不能与导线重叠。
(3) 导线必须可靠连接。

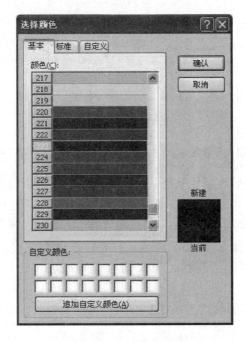

图 2-1-56 选择颜色对话框

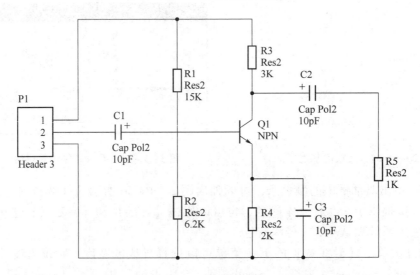

图 2-1-57 放置导线后的效果图

2. 放置线路节点

Protel DXP 2004 在默认情况下,会在导线的 T 形交叉点自动放置电气节点,表示线路在电气上是连接的,但在"十"字交叉处,系统无法判断两条导线是否具有电气连接,因此,不会自动放置电气节点。如果"十"字交叉处确实是相互连接的,则需要设计人员手动放置线路节点。在图 2-1-57 所示电路的中间,有两条导线相互交叉,系统默认没有放置节点,但在此图中,这两条导线是相互连接的,因此需要设计人员手动添加。手动放置线路节点的操作如下:

步骤 1:调出放置节点的命令,有 3 种常用方法。

方法一：单击【放置】-【手工放置节点】。
方法二：利用快捷键【P+J】。
方法三：在编辑区域内用鼠标右键单击选择【放置】-【手工放置节点】。

步骤2：这时光标会变成"十"字状，并带有一个红色的电气节点，如图2-1-58所示。移动光标到需要放置节点的位置。

步骤3：单击完成节点的放置。光标仍然处于放置节点的状态（"十"字状），可以继续进行节点的放置。

步骤4：单击鼠标右键可以退出放置节点的状态。

双击已经放置的电气节点或者在放置节点的状态下按Tab键，会弹出节点属性设置对话框，如图2-1-59所示，可以对节点的颜色、位置和尺寸进行设置。

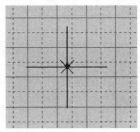

图2-1-58 放置节点

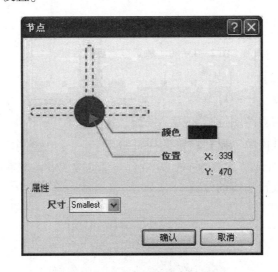

图2-1-59 节点属性设置对话框

【颜色】：选择节点的颜色。单击右侧的颜色条可以打开【选择颜色】对话框进行设置，与导线颜色设置一样。系统默认是221号深棕色。

【位置】：设置节点在原理图上的 X 轴和 Y 轴的精确坐标值。

【尺寸】：单击【尺寸】的下拉菜单可以选择节点的大小。系统为设计人员提供了4种大小的标准：Smallest（最小）、Small（小）、Medium（中等）、Large（大）。系统默认是Smallest（最小）。

在图2-1-57的基础上，为原理图中的"十"字交叉导线放置节点，并设置好节点的属性。完成后的效果如图2-1-60所示。

2.1.6 放置电源符号和接地符号

电源符号和接地符号是电路原理图中不可缺少的组成部分。在原理图中，电源符号和接地符号被当作一类部件，因此，其放置方法也是相同的。Protel DXP 2004 为设计人员提供了多种电源符号和接地符号。

步骤1：调出放置电源符号和接地符号的命令，有4种常用方法。

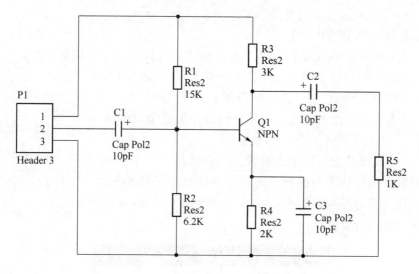

图 2-1-60 放置节点后的效果

方法一：单击【放置】-【电源端口】。
方法二：利用快捷键【P-O】。
方法三：单击工具栏上的图标 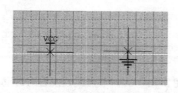 或者 。
方法四：在编辑区域内单击鼠标右键选择【放置】-【电源端口】。

步骤2：这时光标会变成"十"字状，并带有一个电源或者地的端口符号，如图2-1-61所示。移动光标到需要放置端口的位置。

图 2-1-61 放置电源和接地符号

步骤3：单击完成端口的放置。光标仍然处于放置端口的状态（"十"字状），可以继续进行端口的放置。

步骤4：单击鼠标右键可以退出放置端口的状态。

在放置端口的过程中，按空格键、X 键或者 Y 键可以对端口进行旋转，具体的操作方法与旋转元器件的方法一样。

仅以不同的形式区分电源符号和接地符号是不够的，还必须通过设置属性来区分它们的电气特性。

双击已经放置的端口或者在放置端口的状态下按 Tab 键，会弹出端口属性设置对话框，如图 2-1-62 所示，可以对颜色、位置和方向等进行设置。

【颜色】：选择端口的颜色。单击右侧的颜色条可以打开【选择颜色】对话框进行设置，与导线颜色设置一样。系统默认是221号深棕色。

【位置】：设置端口在原理图上的 X 轴和 Y 轴的精确坐标值。

【方向】：设置端口在原理图上的放置方向。单击【方向】的下拉菜单可以选择端口的

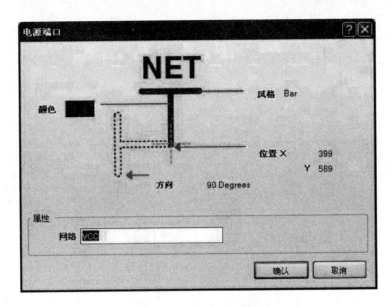

图 2-1-62 端口属性设置对话框

方向。系统为设计人员提供了 4 种方向：0 Degrees、90 Degrees、180 Degrees 和 270 Degrees。也可以通过按空格键进行方向转换。

【风格】：设置端口符号的外形。单击【风格】的下拉菜单可以进行选择，具体外形如图 2-1-63 所示。

图 2-1-63 电源符号和接地符号的外形
(a) 电源符号；(b) 接地符号

【网络】：设置端口的网络标签名称，这是端口最重要的属性。不管电源符号和接地符号的外形是否相同，只要它们的网络参数相同，就认为它们连接在同一个端口上，有电气连接关系。

在同一张原理图中，可能有多个电源和多个地，在绘制过程中，应该选用不同的风格外形加以区分，也可以设置不同的网络标签，例如"VCC""VDD"" +12V "" -12V "" +5V "或者" -5V "等，来避免混淆。

工具栏中的图标 ，为设计人员提供了一些常用的电源符号和接地符号，如图 2-1-64 所示。

在图 2-1-60 的基础上，按照要求为原理图放置电源和接地符号，并设置好相关的属性。完成后的效果如图 2-1-65 所示。

图 2-1-64 常用的电源符号和接地符号

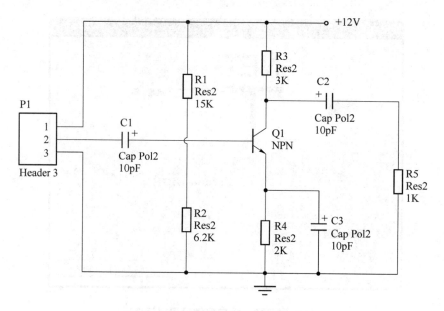

图 2-1-65　单管放大电路的原理图

2.1.7　绘制单管放大电路的原理图

根据绘制单管放大电路原理图的过程，可以总结出绘制原理图的一般步骤：
（1）新建一个项目工程和电路原理图文件。
（2）根据电路图的内容设置图纸参数。
（3）添加所需要的元件库。
（4）查找和放置元器件。
（5）对元器件进行适当的编辑，并根据需要调整元器件的位置和方向。
（6）根据电气关系，用导线将各个元器件连接起来。
（7）放置线路节点和电源端口。
（8）保存。

绘制原理图的步骤并不是固定的，在实际的绘图过程中，可以根据实际需要调整绘制的先后顺序。

一张电路原理图，不仅要保证元器件清晰，还要方便阅读与理解，因此，在绘制过程中要遵循以下原则：
（1）保证电路原理图的连线正确。
（2）整张电路原理图元器件的布局合理、连线清晰且便于以后修改。
（3）绘制导线时尽量避免导线交叉。
（4）信号流向尽量由左向右，信号的流入、流出端口尽量在图纸的边框附近。

2.1.8　技能训练

（1）绘制图 2-1-66 所示的直流稳压电源电路原理图，元器件的资料见表 2-1-2。具体设计要求如下：

①项目工程名为"直流稳压电源.PrjPCB",原理图设计文件名为"直流稳压电源.SchDoc"。

②图纸大小:宽度为700mil,高度为400mil。

③图纸颜色为淡黄色,边框为蓝色。

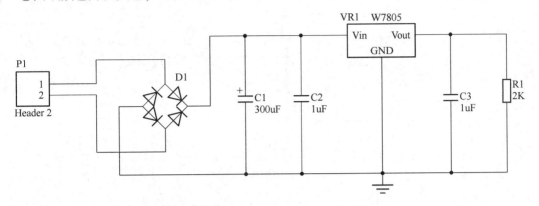

图2-1-66 直流稳压电源电路原理图

表2-1-2 直流稳压电源电路的元器件一览表

序号	标识符	元件名	标称值(Value)	所在元件库
1	P1	Header 2		Miscellaneous Connectors.IntLib
2	D1	Bridge1		Miscellaneous Devices.IntLib
3	C1	Cap Pol2	300uF	Miscellaneous Devices.IntLib
4	C2	Cap	1uF	Miscellaneous Devices.IntLib
5	C3	Cap	1uF	Miscellaneous Devices.IntLib
6	R1	Res2	2K	Miscellaneous Devices.IntLib
7	VR1	Volt Reg		Miscellaneous Devices.IntLib

操作提示:

①单击【设计】-【文档选项】,在弹出的【文档选项】对话框中设置图纸的大小和颜色。

②观察元器件一览表,所有的元器件都在 Miscellaneous Devices.IntLib 和 Miscellaneous Connectors.IntLib 两个基本元件库中,不需要再添加其他元件库。

(2)绘制图2-1-67所示的OTL功率放大器电路原理图,元器件的资料见表2-1-3。

具体设计要求如下:

①项目工程名为"OTL功率放大器.PrjPCB",原理图设计文件名为"OTL功率放大器.SchDoc"。

②图纸大小:宽度为850mil,高度为600mil。

③不显示标题栏,网格不可见。
④将手工放置的节点颜色修改为黑色。

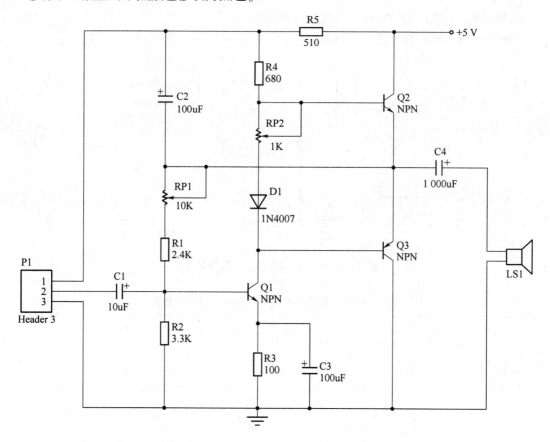

图 2-1-67　OTL 功率放大器电路原理图

表 2-1-3　OTL 功率放大器的元器件一览表

序号	标识符	元件名	标称值（Value）	所在元件库
1	P1	Header 3		Miscellaneous Connectors. IntLib
2	C1	Cap Pol2	10uF	Miscellaneous Devices. IntLib
3	C2	Cap Pol2	100uF	Miscellaneous Devices. IntLib
4	C3	Cap Pol2	100uF	Miscellaneous Devices. IntLib
5	C4	Cap Pol2	1000uF	Miscellaneous Devices. IntLib
6	RP1	RPot	10K	Miscellaneous Devices. IntLib
7	RP2	RPot	1K	Miscellaneous Devices. IntLib
8	R1	Res2	2.4K	Miscellaneous Devices. IntLib

续表

序号	标识符	元件名	标称值（Value）	所在元件库
9	R2	Res2	3.3K	Miscellaneous Devices.IntLib
10	R3	Res2	100	Miscellaneous Devices.IntLib
11	R4	Res2	680	Miscellaneous Devices.IntLib
12	R5	Res2	510	Miscellaneous Devices.IntLib
13	D1	Diode 1N4007		Miscellaneous Devices.IntLib
14	Q1	NPN		Miscellaneous Devices.IntLib
15	Q2	NPN		Miscellaneous Devices.IntLib
16	Q3	PNP		Miscellaneous Devices.IntLib
17	LS1	Speaker		Miscellaneous Devices.IntLib

操作提示：

①单击【设计】-【文档选项】，在弹出的【文档选项】对话框中设置图纸的大小、标题栏和网格的隐藏。

②观察元器件一览表，所有的元器件都在 Miscellaneous Devices.IntLib 和 Miscellaneous Connectors.IntLib 两个基本元件库中，不需要再添加其他元件库。

③双击已经放置的电气节点或者在放置节点的状态下按 Tab 键，在弹出的节点属性设置对话框中设置节点的颜色。

2.2 任务2 绘制单片机应用系统的电路原理图

上一个任务通过绘制单管放大电路的原理图介绍了设置原理图的图纸参数、加载和使用元件库、放置和编辑元器件以及放置导线和电源符号等基本操作。但更为复杂的原理图只用这些基本操作来绘制是远远不够的。在原理图的绘制中，为了清晰方便，可以使用总线、网络标号等。本任务通过绘制一个图 2-2-1 所示的单片机应用系统电路，来介绍放置网络标号、绘制总线等操作。

在绘制单片机应用系统电路原理图之前，先进行准备工作：

（1）创建名为"单片机应用系统电路.PrjPCB"的项目工程文件，在其中添加一个名为"单片机应用系统电路.SchDoc"的原理图设计文件，并将它们都保存在名为"单片机应用系统电路"的文件夹内，如图 2-2-2 所示。

（2）设置原理图的图纸参数。使用默认参数即可。

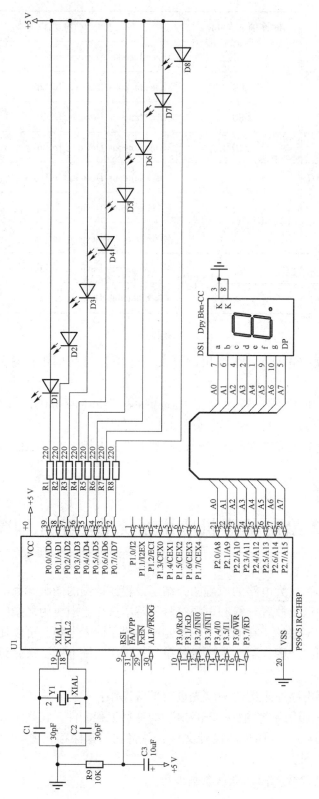

图 2-2-1 单片机应用系统电路

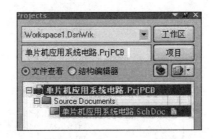

图2-2-2 创建单片机应用系统电路原理图文件

2.2.1 查找和放置元器件

单片机应用系统电路中元器件的资料见表2-2-1。默认已经添加Miscellaneous Devices. IntLib和Miscellaneous Connectors. IntLib两个基本元件库到项目工程中。

表2-2-1 单片机应用系统电路的元器件一览表

序号	标识符	元件名	标称值（Value）	所在元件库
1	U1	P89C51RC2HBP		Philips Microcontroller
2	Y1	XTAL		Miscellaneous Devices. IntLib
3	C1	Cap	30pF	Miscellaneous Devices. IntLib
4	C2	Cap	30pF	Miscellaneous Devices. IntLib
5	C3	Cap Pol2	10uF	Miscellaneous Devices. IntLib
6	R1~R8	Res2	220	Miscellaneous Devices. IntLib
7	R9	Res2	10K	Miscellaneous Devices. IntLib
8	DS1	Dpy Blue-CC		Miscellaneous Devices. IntLib
9	D1~D8	LED0		Miscellaneous Devices. IntLib

将表2-2-1中列出的元器件，依次放置到原理图中。

1. 单片机芯片

首先应该放置原理图中的关键元器件——单片机。这里以原理图中使用到的飞利浦（Philips）公司生产的P89C51RC2HBP单片机为例来构建单片机应用系统。

使用元件库工作区面板中的【查找】按钮，先勾选【清除现有查询】复选框，再单击下方的【清除】按钮清除文本框中原有的查询内容。

在文本框中输入部分元件名"89C51"，共搜索出27个结果，找到"P89C51RC2HBP"，并将其放置到原理图中，将其所在的元件库Philips Microcontroller 8-bit. IntLib根据绘图需要添加到当前项目工程中，如图2-2-3所示。

2. 放置其他元器件

1）共阴极数码管

在元件库Miscellaneous Devices. IntLib中找到共阴极数码管Dpy Blue-CC，设置其标识符为DS1，将其放置到原理图中，如图2-2-4所示。

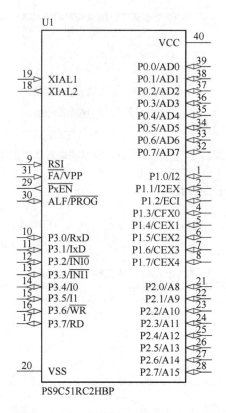

图 2-2-3 单片机 **P89C51RC2HBP**

2）晶振

在元件库 Miscellaneous Devices.IntLib 中找到晶振 XTAL，设置其标识符为 Y1，将其放置到原理图中，如图 2-2-5 所示。

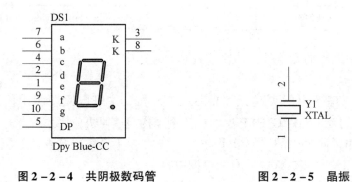

图 2-2-4 共阴极数码管　　　　　　图 2-2-5 晶振

3）发光二极管

在元件库 Miscellaneous Devices.IntLib 中找到发光二极管 LED0，设置其标识符为 D1，将其放置到原理图中，如图 2-2-6 所示。

4）电阻

在元件库 Miscellaneous Devices.IntLib 中找到电阻 Res2，设置其标识符为 R9、标称值为 10K，将其放置到原理图中，如图 2-2-7 所示。

图 2-2-6 发光二极管　　　　图 2-2-7 电阻

5）电容

在元件库 Miscellaneous Devices.IntLib 中找到普通电容 Cap 和电解电容 Cap Pol2，分别设置其标识符为 C1～C3、标称值为 30pF 和 10uF，将其放置到原理图中，如图 2-2-8 和图 2-2-9 所示。

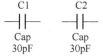

图 2-2-8 普通电容　　　　图 2-2-9 电解电容

3. 阵列粘贴

在原理图中有 8 个相同的电阻（220 Ω）和 8 个相同的发光二极管，可以使用复制、粘贴操作来完成。

对于只需要进行一次复制、粘贴的操作，使用常用的复制、粘贴操作就可以，但是，如果需要多次粘贴同一个元器件，并且同时要修改好元器件的标识符号和位置间距，就需要不断地重复执行粘贴操作，还要调整元器件的位置，这样会影响绘图的速度。使用 Protel DXP 2004 提供的阵列粘贴功能，能够一次性地按照指定的间距，将同一个元器件或对象重复地粘贴到图纸上，这极大地提高了绘图的效率。其具体操作如下：

（1）在元件库 Miscellaneous Devices.IntLib 中找到电阻 Res2，设置其标识符为 R1、标称值为 220，将其放置到原理图中，如图 2-2-10 所示。

图 2-2-10 电阻

（2）单击选中此电阻，利用快捷键【Ctrl+C】复制该电阻。

（3）调出阵列粘贴的命令，主要有 3 种方法：

方法一：单击【编辑】-【粘贴队列】。

方法二：单击工具栏中的实用工具图标 下的设定粘贴队列图标 。

方法三：利用快捷键【E-Y】。

调出阵列粘贴的命令后，会弹出图 2-2-11 所示的【设定粘贴队列】对话框。可以在此对话框中设置需要粘贴的元器件的数量、序号的递增量、元器件之间的水平和垂直间距。

【项目数】：设定需要粘贴的次数，即重复粘贴元器件的数量。系统默认为 8。本任务中根据需要更改为 7。

【主增量】：设定相邻两次粘贴之间元器件标识符的

图 2-2-11 【设定粘贴队列】对话框

数字递增量,可以是正数(递增),也可以是负数(递减)。系统默认为1。

【次增量】:设定相邻两次粘贴之间元器件引脚号的数字递增量。系统默认为1。次增量的设定用于原理图库文件编辑器中,在原理图编辑器中无效。

【水平】:设定相邻两次粘贴的元器件之间的水平位置间距,可以是正数(向右偏移),也可以是负数(向左偏移)。系统默认为0。

【垂直】:设定相邻两次粘贴的元器件之间的垂直位置间距,可以是正数(向上偏移),也可以是负数(向下偏移)。系统默认为10。本任务中根据需要更改为 -10。

(4)设置完毕后,单击【确认】按钮完成阵列粘贴参数设置。

(5)这时光标会变成"十"字状,在编辑区域中合适的位置单击,阵列即从选定的位置开始粘贴。

阵列粘贴完成后的效果如图2-2-12(b)所示。

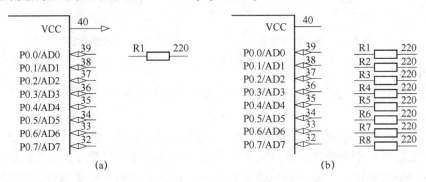

图2-2-12 阵列粘贴
(a)阵列粘贴前的效果;(b)阵列粘贴后的效果

按照上述步骤阵列粘贴8个发光二极管。【设定粘贴队列】对话框如图2-2-13所示,完成后的效果如图2-2-14所示。

2.2.2 放置网络标签

在绘制原理图的过程中,元器件之间的电气连接除了使用导线外,还可以通过放置网络标签来代替真正的导线进行电气连接。网络标签具有实际的电气连接性,具有相同网络标签的导线或元器件引脚不管在原理图上是否连接在一起,其电气关系都是连接的。

在一些大型复杂的电路图纸中,当具有电气连接关系的元器件之间的距离比较远,或者线路过于复杂而使走线困难

图2-2-13 【设定粘贴队列】对话框

时,如果直接使用导线进行连接,导线可能比较长而且会有很多"十"字交叉节点,这样会使整张原理图杂乱无章、阅读困难,在这种情况下使用网络标签可以极大地简化原理图。

下面以单片机P2口的8个引脚与数码管8个引脚之间的连接为例介绍网络标签的放置,具体操作步骤如下:

步骤1:在需要连线的两个引脚上分别放置一段延长导线,这是为之后添加网络标签做准备,如图2-2-15所示。在放置延长导线时,可以使用复制、粘贴操作。

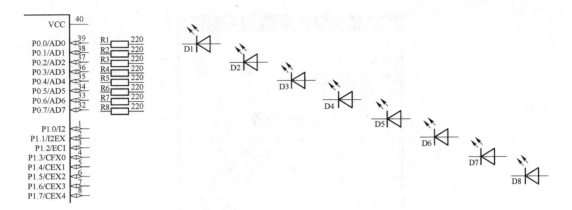

图 2-2-14 阵列粘贴发光二极管

图 2-2-15 放置延长导线

步骤2：单击【放置】-【网络标签】，或者单击工具栏中的放置网络标签图标 ，这时光标会变成"十"字状，有一个红色的网络标签会悬浮于光标上，如图2-2-16所示。

图 2-2-16 放置网络标签

步骤3：在光标悬浮时按 Tab 键，或者双击已经放置好的网络标签，会弹出图2-2-17所示的网络标签属性设置对话框。在此对话框中可以对网络标签的名称、颜色、位置、方向以及字体进行设置。属性设置完毕后单击【确认】按钮进行确认。

【网络】：网络标签的名称，是网络标签最重要的属性。在文本栏中可以直接输入名称，也可以单击下拉菜单在曾经使用过的网络标签名称中进行选择。需要注意的是用字母表示网络标签名称是区分大小写的。如果混淆了，会使得本应连在一起的元器件引脚在电气上不连接，导致后面的 PCB 印制电路板设计出现严重的错误。设置网络标签的内容后，如果最后是数字，则在继续放置的过程中将自动增加1，比如，本任务设置的网络标签为"A0"，则第2个网络标签将自动设置为"A1"，第3个网络标签将自动设置为"A2"……

【颜色】：单击颜色条，可以打开选择颜色对话框，选择设置需要的颜色。系统默认为221号棕红色。

【位置】：网络标签在原理图上的 X 轴和 Y 轴的精确坐标值。

【方向】：网络标签在原理图上的放置方向。系统为设计人员提供了4个选项：0 Degrees、90 Degrees、180 Degrees 和 270 Degrees。也可以通过按空格键进行方向转换。系统默认是 0 Degrees。

图 2-2-17　网络标签属性设置对话框

【字体】：用于网络标签名称的字体设置。单击【变更】按钮，会弹出图 2-2-18 所示的字体设置对话框，可以对字体的大小、字形、样式、颜色以及效果等进行设置。

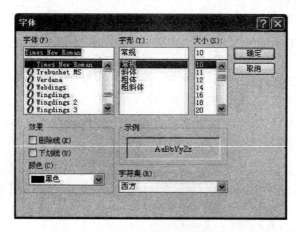

图 2-2-18　字体设置对话框

本任务中，只更改网络标签的名称为"A0"，其他属性使用默认值即可。

步骤 4：在光标悬浮，或者鼠标左键按住已经放置好的网络标签时，按空格键可以使网络标签以逆时针方向旋转 90°，按 X 键可以使网络标签左、右翻转，按 Y 键可以使网络标签上、下翻转。通过这些操作可以调整网络标签的方向。

图 2-2-19　修改属性后的网络标签

步骤 5：修改属性后的光标如图 2-2-19 所示。将光标移动到需要放置网络标签的导线处，当出现红色"米"字标志时，其表示网络标签已捕捉到该导线，此时单击即可放置一个网络标签。

步骤 6：放置一个网络标签后，光标仍然处于放置网络标签的状态（"十"字状），将光标移动到其他需要放置网络标签的位置，可以继续放置。在放置下一个网络标签之前可以按 Tab 键进行属性修改，如果不修改，则会沿用上一个网络标签的属性，但如果网络标签的名称最后是数字，则在继续放置的过程中将会自动增加 1。

步骤 7：单击鼠标右键可退出放置网络标签的状态。网络标签的放置结果如图 2-2-20 所示。

图 2-2-20 放置一组网络标签

步骤 8：重复步骤 2~步骤 7，放置另一组网络标签，放置结果如图 2-2-21 所示。

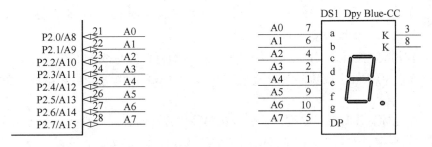

图 2-2-21 放置另一组网络标签

虽然单片机的 P2 口与数码管并没有直接用导线相连接，但是因为网络标签相同，所以它们实际上是相连接的。

如果要删除网络标签，可将光标移动到网络标签的名称上单击，选中需要删除的网络标签，被选中的网络标签会被图 2-2-22 所示的绿色虚线框包围，再按 Delete 键进行删除。

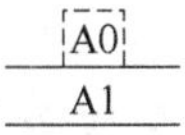

图 2-2-22 被选中的网络标签

在同一张原理图上，网络标签和同名的电源端口是相互连接的。同名的电源端口在整个项目工程中都是连通的。

2.2.3 放置总线分支线

总线是一组具有相同性质的并行导线的组合。在一些大型的复杂原理图中，如果只用导线和网络标签来完成元器件之间的电气连接，整张原理图就会显得杂乱且识读困难。为了清晰方便，可以使用总线。

在原理图编辑环境下的总线没有任何实质的电气连接意义，仅仅是为了绘图和读图的方便而采取的一种简化的连线。

总线分支线是导线与总线的连接线，总线、总线分支线和导线的关系如图 2-2-23 所示。网络标签为 A0~A7 的导线通过 8 条总线分支线汇合成一根总线。使用总线分支线把总线和具有电气特性的导线连接起来，可以使电路原理图更为美观、清晰且具有专业水准。与总线一样，总线分支线本质上也不具有任何电气连接的意义，而且它的存在并不是必须的，即便不通过总线分支线，直接把导线与总线连接起来也是正确的。绘制总线分支线主要是为了原理图的美观和可读性。总线必须与网络标签一起使用。

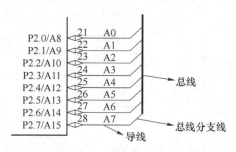

图 2-2-23　总线、总线分支线和导线的关系

总线分支线是倾斜45°或135°的短线段，长度是固定的。放置总线分支线的具体操作步骤如下：

步骤1：单击【放置】-【总线入口】，或者单击工具栏图标，这时光标会变成"十"字状，并有一段总线分支线悬浮于光标上。

步骤2：在需要连接总线分支线的导线处，单击即可放置总线分支线。

步骤3：光标仍然处于放置总线分支线的状态（"十"字状），可以继续放置下一个总线分支线。

步骤4：在光标悬浮时按Tab键，或者双击已经放置好的总线分支线，会弹出图2-2-24所示的总线分支线属性对话框。在此对话框中，可以对总线分支线的位置、颜色和线宽进行设置。

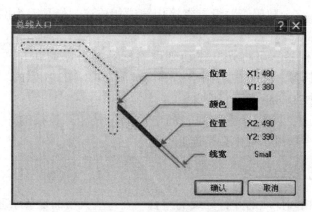

图 2-2-24　总线分支线属性对话框

【位置1】：总线分支线的一个端点在原理图上的 X 轴和 Y 轴的精确坐标值。

【位置2】：总线分支线的另一个端点在原理图上的 X 轴和 Y 轴的精确坐标值。

【颜色】和【线宽】的属性设置与导线属性设置对话框中相同。

步骤5：在光标悬浮，或者按住已经放置好的总线分支线时，按空格键可以使总线分支线以逆时针方向旋转90°，按X键可以使总线分支线左、右翻转，按Y键可以使总线分支线上、下翻转。通过这些操作可以调整总线分支线的方向。

步骤 6：总线分支线放置完毕后，单击鼠标右键可以退出放置总线分支线的状态。

按照以上放置方法完成单片机的 P2 口与数码管的总线分支线的放置，完成后的效果如图 2-2-25 所示。

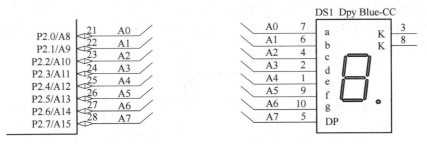

图 2-2-25　完成放置总线分支线后的效果

2.2.4　放置总线

总线分支线必须与总线一起使用。

总线用一条较粗的线条来表示。放置总线的具体操作步骤如下：

步骤 1：单击【放置】-【总线】，或者单击工具栏图标 ![icon]，这时光标会变成"十"字状。

步骤 2：移动光标到欲放置总线的起点位置，单击确定总线的起点，即可开始放置总线。

步骤 3：拖动鼠标绘制总线，在每一个拐角处都单击确认。

总线拐角与导线拐角有同样的 3 种模式（直角、45°角和任意角度），以及相同的切换方式：快捷键【Shift + Space】（必须在英文输入状态下使用）。总线的拐角一般采用 45°角模式。

步骤 4：在放置总线的过程中按【Tab】键，或者双击已经放置好的总线，会弹出图 2-2-26 所示的总线属性对话框。在此对话框中可以对总线的宽度和颜色进行设置。系统为设计人员提供了 4 种宽度标准：Smallest（最细）、Small（细）、Medium（中等）、Large（粗）。系统默认是 Small（细），颜色默认为 223 号深蓝色。这些与导线的属性设置相同。

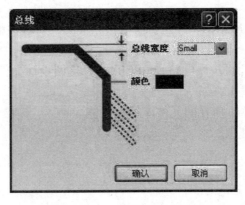

图 2-2-26　总线属性对话框

步骤5：到达适当位置后，再次单击确定总线的终点，然后单击鼠标右键完成一段总线的绘制。

步骤6：光标仍然处于放置总线的状态（"十"字状），可以继续放置下一段总线。

步骤7：单击鼠标右键可以退出放置总线的状态。

按照以上放置方法完成单片机的 P2 口与数码管之间的总线放置，完成后的效果如图 2-2-27 所示。

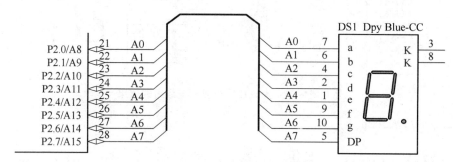

图 2-2-27　完成放置总线后的效果

2.2.5　绘制单片机应用系统电路原理图

1. 放置元器件

按照表 2-2-1 列出的元器件清单，将元器件依次放置到原理图上，并设置其属性和参数，然后将其移动到合适的位置，完成后的效果如图 2-2-28 所示。

2. 放置导线

在图 2-2-28 的基础上，利用导线和总线将各个元器件连接起来，并设置好属性，完成后的效果如图 2-2-29 所示。

3. 放置电源和接地符号

在图 2-2-29 的基础上，按照要求为原理图放置电源和接地符号，并设置好相关的属性。完成后的单片机应用系统电路原理图如图 2-2-30 所示。

至此，单片机应用系统电路原理图绘制完毕。

2.2.6　技能训练

（1）绘制图 2-2-31 所示的单片机扩展电路原理图，元器件的资料见表 2-2-2。具体设计要求如下：

①项目工程名为"单片机扩展电路.PrjPCB"，原理图设计文件名为"单片机扩展电路.SchDoc"。

②将表 2-2-2 中元器件所在的元件库补充完整。

③将总线颜色修改为红色。

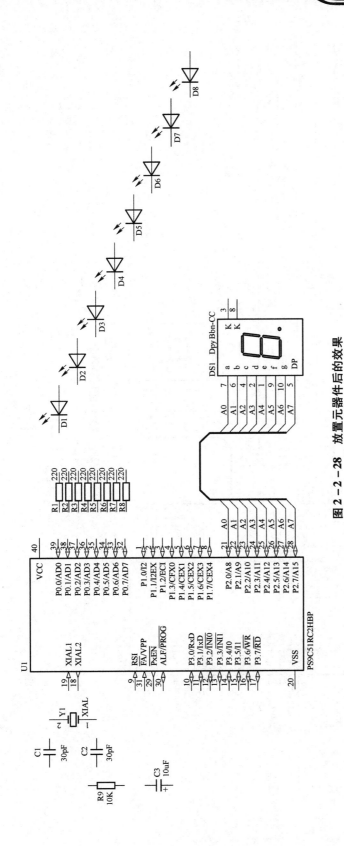

图 2-2-28 放置元器件后的效果

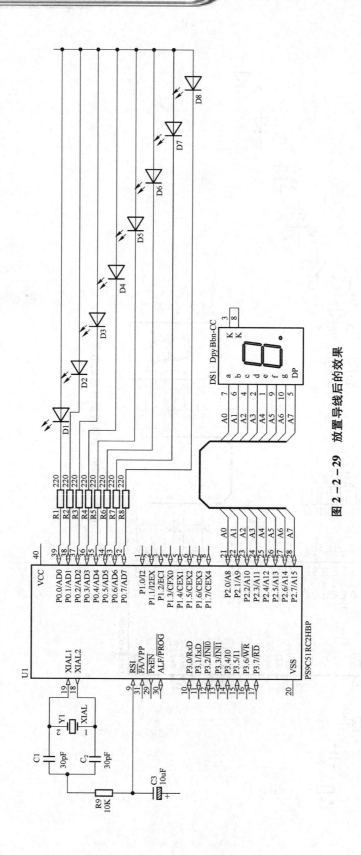

图2-2-29 放置导线后的效果

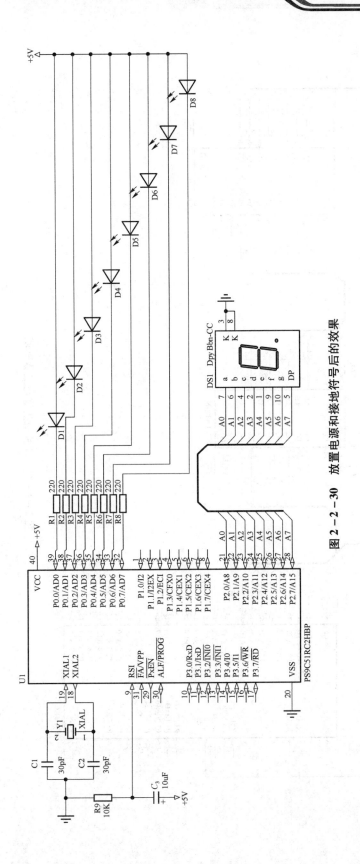

图 2-2-30 放置电源和接地符号后的效果

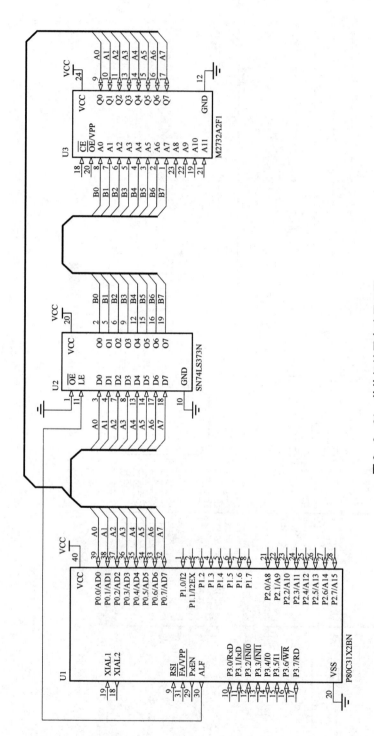

图 2-2-31 单片机扩展电路原理图

表 2-2-2 单片机扩展电路的元器件一览表

序号	标识符	元件名	所在元件库
1	U1	P80C31X2BN	
2	U2	SN74LS373N	
3	U3	M2732A2F1	

操作提示：

①使用元件库工作区面板中的【查找】按钮，先勾选【清除现有查询】复选框，再单击下方的【清除】按钮，清除文本框中原有的查询内容。

在文本框中输入部分元件名"80*31"，共搜索出 25 个结果，找到"P80C31X2BN"，其所在的元件库为 Philips Microcontroller 8-bit. IntLib，根据绘图需要添加到当前项目工程中。

使用同样的方法找到"SN74LS373N"和"M2732A2F1"。

②在放置总线的过程中按【Tab】键，或者双击已经放置好的总线，在弹出的对话框中修改总线颜色。

（2）绘制图 2-2-32 所示的译码电路原理图，元器件的资料见表 2-2-3。

具体设计要求如下：

①项目工程名为"译码电路.PrjPCB"，原理图设计文件名为"译码电路.SchDoc"。

②将表 2-2-3 中元器件所在的元件库补充完整。

操作提示：

使用元件库工作区面板中的【查找】按钮，先勾选【清除现有查询】复选框，再单击下方的【清除】按钮，清除文本框中原有的查询内容。

在文本框中输入部分元件名"74LS373"，在查找结果中找到"SN74LS373N"，其所在的元件库为 ON Semi Logic Latch. IntLib，根据绘图需要添加到当前项目工程中。

使用同样的方法查找到"SN74LS148N""SN74LS247N""AND2""SN74LS30N"和"A_7404"。

表 2-2-3 译码电路的元器件一览表

序号	标识符	元件名	标称值（Value）	所在元件库
1	R1~R8	Res2	1K	
2	S1~S8	SW-PB		
3	S9	SW-SPDT		
4	U1	SN74LS373N		
5	U2	SN74LS148N		
6	U3	SN74LS247N		
7	U4	Dpy Red-CA		
8	U5	AND2		
9	U6	SN74LS30N		
10	U7~U10	A_7404		

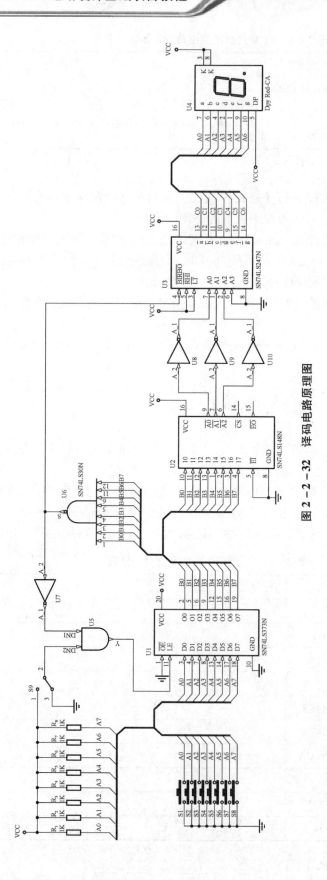

图 2-2-32 译码电路原理图

2.3 任务3 绘制门控电路原理图

任务1和任务2中所使用的元器件都是单部件元器件,即一个元器件就是一个整体,代表了制造商所提供的全部物理意义上的信息,在一个符号中表达了元器件的所有功能和引脚。本任务通过绘制图2-3-1所示的门控报警电路原理图来介绍如何放置多部件元器件,以及元器件的对齐排列和实用工具工具栏的使用。

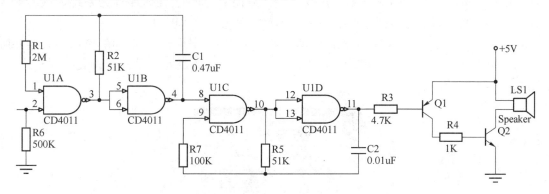

图2-3-1 门控报警电路原理图

在绘制门控报警电路原理图之前,先进行准备工作:

(1)创建名为"门控报警电路.PrjPCB"的项目工程文件,在其中添加一个名为"门控报警电路.SchDoc"的原理图设计文件,并将其都保存在名为"门控报警电路"的文件夹内,如图2-3-2所示。

(2)设置原理图的图纸参数。使用默认参数即可。

2.3.1 放置多部件元器件

门控报警电路运用一片集成与非门 CD4011 组成。CD4011 是四2输入与非门,其引脚关系如图2-3-3所示,在同一个芯片内集成了在逻辑上相互独立的4个2输入与非门,4个与非门共用电源和地。

图2-3-2 创建门控报警电路原理图文件

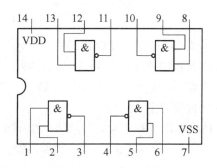

图2-3-3 CD4011 的引脚排列

在绘制原理图时，这 4 个 2 输入与非门可以独立地被随意放置在任何位置，即被当成 4 个独立的 2 输入与非门，比单部件元器件更方便实用。4 个独立的 2 输入与非门共用一个元件封装和标识符。如果在一张原理图中只用了 3 个与非门，则在后面进行 PCB 印制电路板的设计时还是要用一个元件封装，只是闲置了 1 个与非门；如果在一张原理图中用了全部 4 个与非门，则在后面进行 PCB 印制电路板设计时还是要用一个元件封装。多部件元器件就是将元件按照独立的功能块进行设计的一种方法。CD4011 就是一个多部件元器件。

放置 CD4011 的具体步骤如下：

步骤 1：打开元件库工作区面板，单击【查找】按钮，在空白处输入"CD4011"，类型选择"Components"（元件），设置查找范围为"路径中的库"，设置路径为系统提供的默认路径。开始查找，系统将会把查找结果显示在元件库工作区面板中。

步骤 2：此时会发现，在每个元器件前面都有个"＋"号，这是前面的单部件元器件所没有的。单击"＋"号，下拉菜单中将出现该元器件中包含的 4 个没有逻辑关系的与非门，如图 2－3－4 所示。

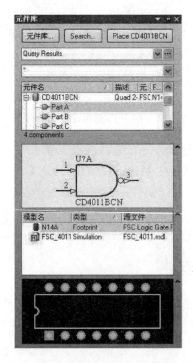

图 2－3－4　CD4011 的内部单元

步骤 3：选中需要放置的元器件单元 Part A，单击【Place CD4011BCN】按钮，或者双击需要放置的单元。如果选中的是整个元器件，则默认放置 Part A 单元。

步骤 4：光标变成"十"字状。在光标悬浮状态下按【Tab】键，弹出图 2－3－5 所示的【元件属性】对话框。

图中标识出来的部分是多部件元器件的单元选择按钮和单元选择项，"Part 1/4"对应 Part A；"Part 2/4"对应 Part B，……，以此类推。可以通过这 4 个按钮对单元进行切换，勾选【锁定】复选框，则单元选择项失效，变成灰色。将标识符修改为"U1"，则 4 个单元全部使用"U1"。将注释修改为"CD4011"，其他参数设置与单部件元器件一样。

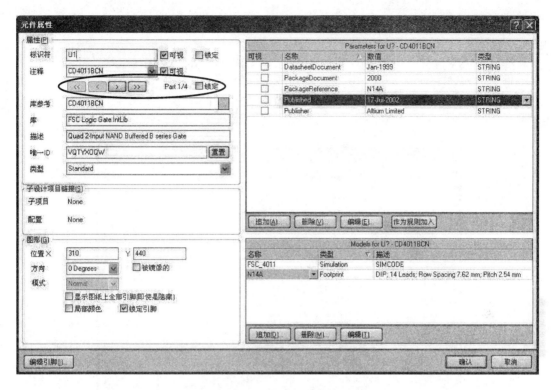

图2-3-5 【元件属性】对话框

CD4011 的 7 脚和 14 脚在图中没有显示，属于隐藏状态。实际电路中，7 脚接地，14 脚接电源。单击【元件属性】对话框下方的【编辑引脚】按钮，弹出【元件引脚编辑器】对话框，如图 2-3-6 所示。

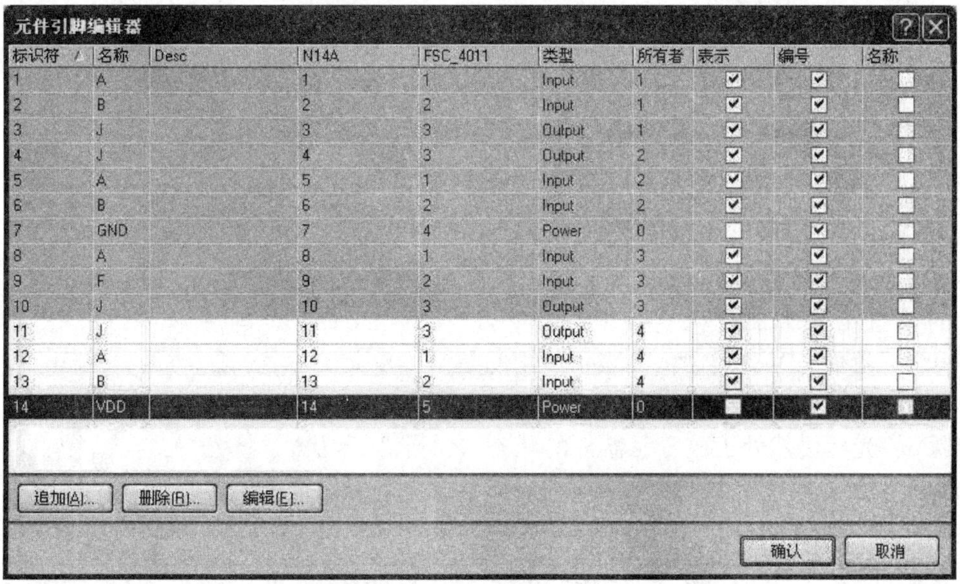

图 2-3-6 【元件引脚编辑器】对话框

单击选中 14 脚 VDD，单击【编辑】按钮，弹出【引脚属性】对话框，如图 2-3-7 所示。

在此对话框中可以对引脚的名称、标识符、电气类型等进行设置。在【连接到】后面的文本框中输入"+5V"，表示 14 脚连接到网络标签为"+5V"的电源端口。如果勾选了【隐藏】复选框，则可以将此引脚隐藏起来，使之在原理图中变得不可见，但其电气连接性依然存在。

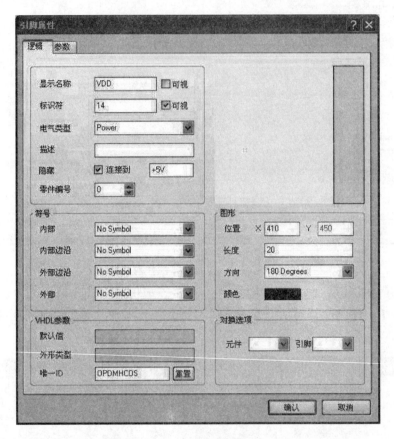

图 2-3-7 【引脚属性】对话框

单击【确认】按钮保存参数设置。

步骤 5：将光标移动到原理图中合适的位置，单击进行放置，Part A 的放置结果如图 2-3-8 所示。标识符为"U1A"，其中"U1"表示元器件 CD4011，"A"表示使用的是第一单元 Part A，是系统自动加入的。

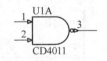

图 2-3-8 Part A 的放置结果

步骤 6：光标仍然处于放置元器件的状态（"十"字状），将光标移动到其他需要放置元器件的位置，可以继续放置。标识符依次增加为：U1B、U1C 和 U1D。门控报警电路使用了 4 个与非门，所以将 Part A、Part B、Part C 和 Part D 全部放入原理图中。放置结果如图 2-3-9 所示。

CD4011 的 4 个单元全部放置完毕后，如果继续放置，则元器件的标识符将自动变成"U2"。

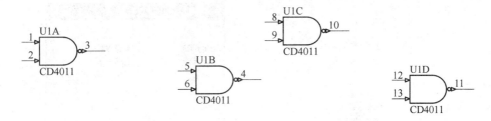

图 2-3-9 CD4011 的 4 个单元的放置结果

如果在步骤 4 中没有修改标识符，使用默认的"U？"，则连续放置的都是"U？A"。至此，多部件元器件 CD4011 放置完毕。

2.3.2 元器件的布局

在大型的复杂原理图中，常常需要对多个元器件进行排列布局，对元器件逐个进行排放，难免影响绘图效率，下面介绍如何使用工具对元器件进行排列布局。

选中需要调整布局的多个元器件，单击【编辑】-【排列】，弹出图 2-3-10 所示的菜单。

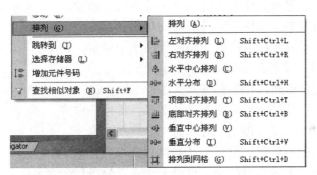

图 2-3-10 【排列】菜单

菜单中间的 8 个命令在工具栏图标 中都有对应的图标，如图 2-3-11 所示。

【左对齐排列】：将选中的元器件以最左边的为目标，所有元器件左对齐。

【右对齐排列】：将选中的元器件以最右边的为目标，所有元器件右对齐。

【水平中心排列】：将选中的元器件以水平中心的为目标，进行垂直对齐排列。

【水平分布】：使选中的元器件沿水平方向等距离均匀分布。

【顶部对齐排列】：将选中的元器件以最上边的为目标，所有元器件顶部对齐。

【底部对齐排列】：将选中的元器件以最下边的为目标，所有元器件底部对齐。

【垂直中心排列】：将选中的元器件以垂直中心的对象为目标，进行水平对齐排列。

【垂直分布】：将选中的元器件沿垂直方向等距离均匀分布。

【排列到网格】：表示将选中的元器件都排列到网格上，这样便于电路连接，前提条件是网格已打开。

【排列】：单击此命令，弹出图 2-3-12 所示的【排列对象】对话框。在此对话框中可以同时设置水平方向和垂直方向的排列方式。

图 2-3-11　调准工具　　　　　2-3-12　【排列对象】对话框

（1）【水平调整】：设置在水平方向的排列方式。

【无变化】：不进行排列，在水平方向上保持原样。

【左】：水平方向左对齐，相当于【左对齐排列】命令。

【中心】：水平中心对齐，相当于【水平中心排列】命令。

【右】：水平方向右对齐，相当于【右对齐排列】命令。

【均匀分布】：水平方向均匀排列，相当于【水平分布】命令。

（2）【垂直调整】：设置在垂直方向的排列方式。

【无变化】：不进行排列，在垂直方向上保持原样。

【顶】：垂直方向顶部对齐，相当于【顶部对齐排列】命令。

【中心】：垂直中心对齐，相当于【垂直中心排列】命令。

【底】：垂直方向底部对齐，相当于【底部对齐排列】命令。

【均匀分布】：垂直方向均匀排列，相当于【垂直分布】命令。

（3）【移动图元到网格】：勾选此复选框，则元器件在排列时将始终位于捕获网格上。建议选中，在进行电路连接时，便于捕获电气节点。

将图2-3-9中CD4011的4个与非门部件全部选中，单击调准工具中的顶部对齐按钮，顶部对齐的效果如图2-3-13所示。此时元器件之间的水平距离还不均匀。

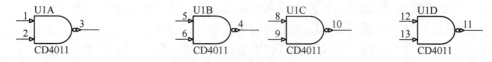

图 2-3-13　顶部对齐的效果

再次单击调准工具中的水平等距分布按钮，元器件将在水平方向间距均匀分布，水平等距分布后的效果如图2-3-14所示。

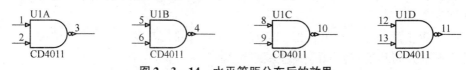

图 2-3-14　水平等距分布后的效果

2.3.3 绘制门控报警电路原理图

门控报警电路中元器件的资料见表2-3-1。默认已经添加 Miscellaneous Devices.IntLib 和 Miscellaneous Connectors.IntLib 两个基本元件库到项目工程中。

表2-3-1 门控报警电路的元器件一览表

序号	标识符	元件名	标称值（Value）	所在元件库
1	U1	CD4011BCN		FSC Logic Gate.IntLib
2	R1	Res2	500K	Miscellaneous Devices.IntLib
3	R2	Res2	2M	Miscellaneous Devices.IntLib
4	R3	Res2	51K	Miscellaneous Devices.IntLib
5	R4	Res2	100K	Miscellaneous Devices.IntLib
6	R5	Res2	51K	Miscellaneous Devices.IntLib
7	R6	Res2	4.7K	Miscellaneous Devices.IntLib
8	R7	Res2	1K	Miscellaneous Devices.IntLib
9	C1	Cap	0.47uF	Miscellaneous Devices.IntLib
10	C2	Cap	0.01uF	Miscellaneous Devices.IntLib
11	Q1	PNP		Miscellaneous Devices.IntLib
12	Q2	NPN		Miscellaneous Devices.IntLib
13	LS1	Speaker		Miscellaneous Devices.IntLib

将表2-3-1中列出的元器件依次放置到原理图中。

调整元器件的布局，放置导线和电源端口，最后的门控报警电路原理图如图2-3-15所示。

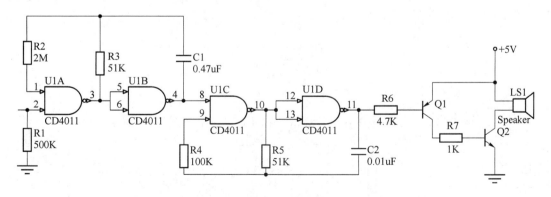

图2-3-15 最后的门控报警电路原理图

2.3.4 元器件自动编号

对于大型的复杂电路，如果元器件很多，则标识符很容易混乱。如果采用手工修改，不但浪费时间，还很容易出错。Protel DXP 2004 提供了元器件标识符管理功能，可以对标识符自动按照一定的规则重新排列。在原理图绘制好之后，可以使用这种功能将元器件统一编号，保证元器件标识符的唯一和统一。本节以已经绘制好的门控报警电路为例，介绍元器件标识符的自动编号功能。

原理图自动标签共有 3 种方式：快捷编号、强制编号和复杂编号。

为了对比演示效果，先将已经绘制好的原理图中的标识符稍作改动。

1. 快捷编号

步骤 1：双击标识符为 R5 的电阻，打开其【元件属性】对话框，将标识符后面的【锁定】复选框勾选，前面的标识符"R5"变成灰色，如图 2-3-16 所示，锁定 R5 的标识符。

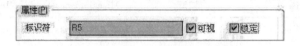

图 2-3-16 锁定标识符

步骤 2：单击【工具】-【重置标识符】，弹出图 2-3-17 所示的标识符改变确认对话框，其提示设计人员原理图中发生了哪些变化。门控报警电路共有 13 个元器件，因为 CD4011 是多部件元器件，所以共有 16 个标识符。锁定了电阻 R5 的标识符 R5，所以，本例提示的是共有 15 个标识符发生了变化。因此，执行【重置标识符】命令会重置所有元器件的标识符，但不会重置已经锁定的标识符。

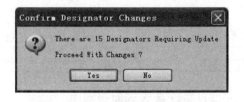

图 2-3-17 标识符改变确认对话框（1）

步骤 3：单击【Yes】按钮确认，所有的标识符复位，变成"标识符 +?"的形式，除了锁定的 R5，如图 2-3-18 所示。

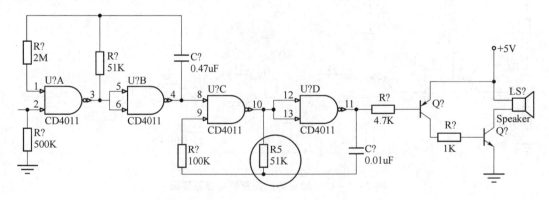

图 2-3-18 重置元器件的标识符

步骤 4：为了与锁定的 R5 作比较，将 R5 左边的标称值为 100K 电阻的标识符改为 R7，但是不锁定，如图 2-3-19 所示。

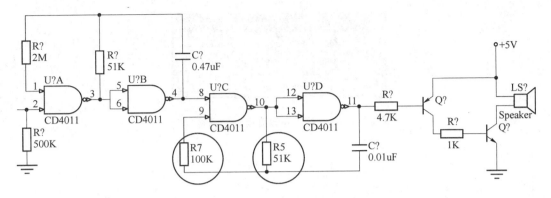

图 2-3-19 预置 R7 的标识符

步骤 5：单击【工具】-【快捷注释元件】，弹出图 2-3-20 所示的标识符改变确认对话框，本例中提示的是共有 14 个标识符发生了变化。

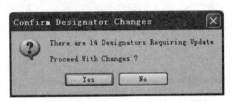

图 2-3-20 标识符改变确认对话框（2）

步骤 6：单击【Yes】按钮确认，结果如图 2-3-21 所示。

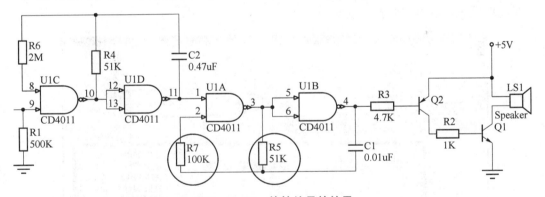

图 2-3-21 快捷编号的结果

从图中可以看到除了锁定的标识符 R5 和预置的标识符 R7，系统给其他元器件的标识符都作了自动编号。

2. 强制编号

步骤 1：重复上述步骤 1～步骤 4。

步骤 2：单击【工具】-【强制注释全部元件】，弹出图 2-3-22 所示的标识符改变确认对话框，本例中提示的是共有 15 个标识符发生了变化。

步骤 3：单击【Yes】按钮确认，结果如图 2-3-23 所示。

从图中可以看到除了锁定的 R5，系统给其他的元器件都作了自动编号，包括预置的 R7 强制变成了 R1。

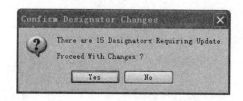

图 2-3-22 标识符改变确认对话框（3）

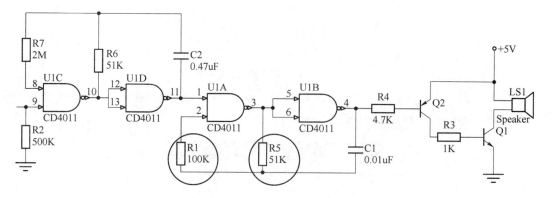

图 2-3-23 强制编号的结果

3. 复杂编号

步骤1：重复上述步骤1～步骤4。

步骤2：单击【工具】-【注释】，弹出图2-3-24所示的注释设置对话框。对注释设置对话框中的各项说明如下：

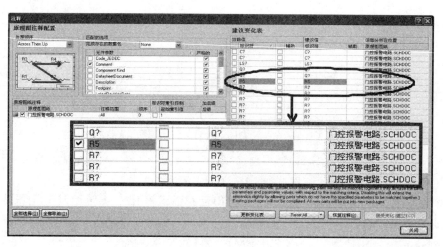

图 2-3-24 注释设置对话框

【处理顺序】：设置元器件标识符的处理顺序。在下拉菜单中系统提供了4种处理编号的方向。

Up Then Across：按从下到上、从左到右的顺序重新排列元器件标识符。

Down Then Across：按从上到下、从左到右的顺序重新排列元器件标识符。

Across Then Up：按从左到右、从下到上的顺序重新排列元器件标识符。

Across Then Down：按从左到右、从上到下的顺序重新排列元器件标识符。

当设计人员选择了某种处理方法时，列表框下方将出现一个图形，它能够形象地说明该种排列方法。

本例中选择"Across Then Down"排列方法，即从左到右、从上到下的排列方式。

【匹配的选项】：设置多部件元器件的标识符处理。

【原理图纸注释】：选择要重新编号的原理图，并确定注释范围、起始索引值及后缀字符等。

【原理图图纸】：选择要重新编号的原理图文件。可以直接单击【全部选择】按钮选中所有文件，也可以单击【全部取消】按钮取消所有的选择，然后勾选需要重新编号的文件前面的复选框。

【注释范围】：设置选中原理图中要注释的元器件的范围，系统提供了3种选择：All（全部元器件）、Ignore Selected Pars（不标注选中的元器件）和 Only Selected Pars（只标注选中的元器件）。

【顺序】：设置原理图编号的优先级。

【标识符索引控制】：设置元器件标识符的起始值。

【后缀】：设置标识符的后缀。

【建议变化表】：显示元器件的标识符在改变前后的情况，并指明元器件在哪个原理图文件中。从图2-3-24中可以看到R5已经锁定（勾选了其前面的复选框）。

【Reset All】：使元器件的标识符复位，即变成"标识符+?"的形式，除了锁定的元器件。其功能等同于执行【工具】-【重置标识符】命令。

步骤3：单击【更新变化表】按钮，会弹出图2-3-25所示的标识符改变信息提示对话框。本例中提示的是共有14个标识符发生了变化。

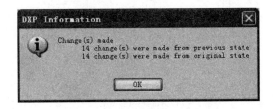

图2-3-25 标识符改变信息提示对话框（4）

步骤4：单击【OK】按钮，建议变化表中的"建议值"发生变化，并激活【接受变化（建立ECO）】按钮。

步骤5：单击【接受变化（建立ECO）】按钮，会弹出图2-3-26所示的【工程变化订单（ECO）】对话框，显示出标识符的变化情况，在该对话框中可以使标识符的变化生效。

步骤6：单击【使变化生效】按钮，可以使标识符的变化生效，对话框的【状态/检查】下会出现 ✓，表示变化有效，但是原理图中的元器件标识符没有显示出变化。

步骤7：单击【执行变化】按钮，对话框的【状态/完成】下会出现 ✓，表示自动编号完成。单击【变化报告】按钮可以预览变化报告。

步骤8：单击【关闭】按钮退出【工程变化订单（ECO）】对话框，单击【关闭】按钮退出注释设置对话框。编号结果如图2-3-27所示。

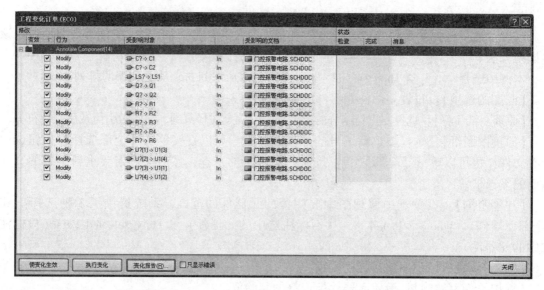

图 2-3-26 【工程变化订单（ECO）】对话框

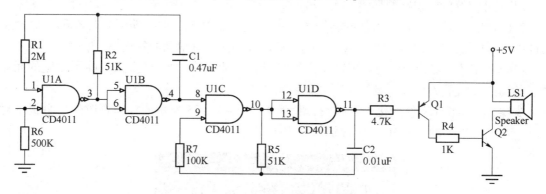

图 2-3-27 复杂编号的结果

2.3.5 放置文本

放置文本有两种方式：放置文本字符串和放置文本框。

1. 放置文本字符串

为了增加原理图的可读性，在某些关键的位置处可以添加一些文字说明，以便于设计人员之间的交流。文本字符串仅仅是对设计人员所设计的电路原理图进行说明，本身不具有电气意义。也可以通过放置特殊字符串进行文本放置。

使用特殊字符串必须先进行设置。单击【设计】-【文档选项】，在【参数】选项卡中进行特殊字符串的设置，【文本】下拉菜单中的各项特殊字符串与【文档选项】中的【参数】的各个项是相互对应的。此处将参数中"Date"后面的"＊"修改为"2016 年 1 月"，如图 2-3-28 所示。

设置好参数后，单击【工具】-【原理图优先设定】，打开【优先设定】对话框，单击左侧"Schematic"选项下的"Graphical Editing"，将右侧的【转换特殊字符串】复选框勾选上，单击【确认】按钮，如图 2-3-29 所示。如果没有勾选此复选框，将无法放置已经设置好的文档选项参数。

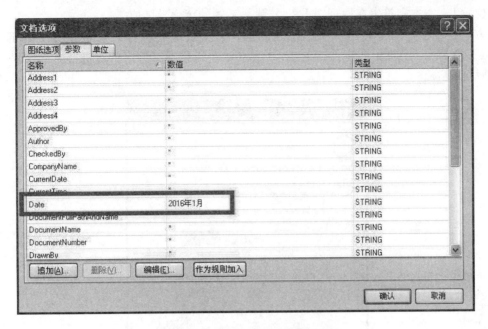

图 2 – 3 – 28　文档选项参数设置

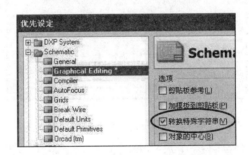

图 2 – 3 – 29　转换特殊字符串

放置文本字符串的具体操作如下：

步骤1：单击【放置】－【文本字符串】，或者单击工具栏中的实用工具按钮 下的放置文本字符串按钮 **A**。

步骤2：光标变成"十"字状，并有一个文本字符串"Text"悬浮于光标上，如图 2 – 3 – 30 所示。

步骤3：在光标悬浮时按【Tab】键，或者双击已经放置好的文本字符串"Text"，会弹出图 2 – 3 – 31 所示的【注释】对话框。在此对话框中可以对文本字符串的内容、颜色、位置、方向以及字体进行设置。属性设置完毕后单击【确认】按钮即可。

图 2 – 3 – 30　文本字符串"Text"光标

【文本】：用来输入文本字符串的具体内容，也可以单击右侧的下拉按钮，从下拉菜单中进行特殊字符串的选择。

【颜色】：单击右边的颜色条，可以打开选择颜色对话框，选择并设置文本字符串的颜色。系统默认为221号深蓝色。

【位置】：文本字符串在原理图上的 X 轴和 Y 轴的精确坐标值。

【方向】：文本字符串在原理图上的放置方向。系统为设计人员提供了 4 个选项：0 Degrees、90 Degrees、180 Degrees 和 270 Degrees。也可以通过按空格键进行方向转换。系统默认是 0 Degrees。

图 2-3-31 【注释】对话框

【水平调整】：调整文本字符串在水平方向的位置，系统为设计人员提供了 3 个选项：Left（左边）、Center（中间）和 Right（右边）。系统默认是 Left（左边）。

【垂直调整】：调整文本字符串在垂直方向的位置，系统为设计人员提供了 3 个选项：Bottom（底部）、Center（中间）和 Top（顶部）。系统默认是 Bottom（底部）。

【镜像】：勾选此复选框，可以对文本字符串进行镜像处理，相当于 X 键的功能。

【字体】：用于文本字符串的字体设置。单击右边的【变更】按钮，会弹出字体设置对话框，可以对字体的大小、字形、样式、颜色以及效果等进行选择设置，与其他项目的字体设置相同。此处将大小修改为 20。

步骤 4：在【文本】右侧的文本框中输入"门控报警电路"，确认后可以看见原本悬浮于光标上的"Text"变为"门控报警电路"。然后移动光标到合适的位置，单击即可放置该文本字符串。放置结果如图 2-3-32 所示。

在放置的过程中，可以通过按 G 键来切换捕获网格的大小，默认在 1mil、5mil、10mil 之间进行切换，建议设置为 1mil，如果设置为 5mil 或 10mil，则很难进行微调。

步骤 5：放置一个文本字符串后，光标仍然处于放置文本字符串的状态（"十"字状），将光标移动到其他需要放置文本字符串的位置，可以继续放置。此处再次按 Tab 键，将打开【注释】对话框，选择【文本】下拉菜单中的"=Date"，单击【确认】按钮。

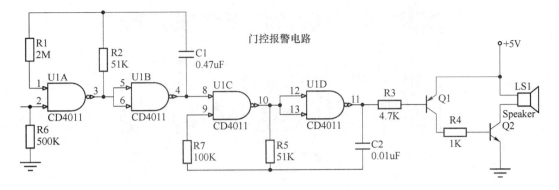

图 2-3-32 放置字符串"门控报警电路"

可以看见原本悬浮于光标上的"门控报警电路"变为"2016年1月"。在合适的位置单击放置该字符串。放置结果如图 2-3-33 所示。

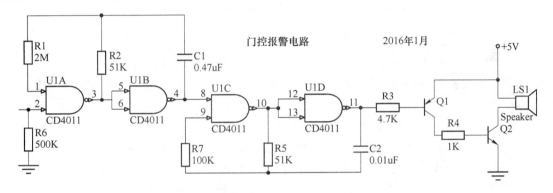

图 2-3-33 放置字符串"2016 年 1 月"

步骤 6：单击鼠标右键可以退出放置文本字符串的状态。

步骤 7：文本字符串的选中和编辑方法与元器件一样。将字符串"门控报警电路"和"2016 年 1 月"选中，按【Delete】键，可以将其全部删除。

2. 放置文本框

使用文本框可以放置多行文本，并且字数没有限制，文本框仅仅是对设计人员所设计的电路原理图进行说明，本身也不具有电气意义。

放置文本框的具体操作如下：

步骤 1：单击【放置】-【文本框】，或者单击工具栏中的实用工具按钮 下的放置文本字符串按钮 。

步骤 2：光标变成"十"字状，并有一个虚线矩形框悬浮于光标上。

步骤 3：在光标悬浮时按【Tab】键，或者双击已经放置好的文本框，会弹出图 2-3-34 所示的【文本框】对话框。在此对话框中可以对文本框的内容、颜色、位置、边框以及字体进行设置。属性设置完毕后单击【确认】按钮即可。

【文本】：设置文本框中的内容。单击左边的【变更】按钮，将弹出一个文本编辑框"TextFrame Text"，设计人员可以在其中输入说明文字。

【自动换行】：选中此复选框，当文本框的字符串长度超过了文本框的宽度时，会自动换行。

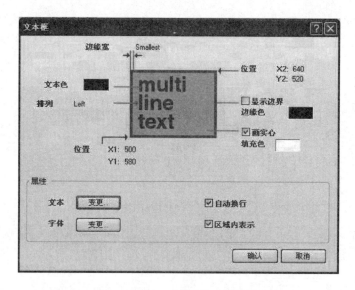

图 2-3-34 【文本框】对话框

【区域内表示】：选中此复选框，当文本框中的字符串超出文本框区域时，系统会自动切掉超出的部分；若不选中此复选框，则当文本字符串超出文本框区域时，将在文本框的外面显示出来。

【字体】：设置文本的字体。单击右边的【变更】按钮，会弹出字体设置对话框，可以对字体的大小、字形、样式、颜色以及效果等进行选择设置，与其他项目的字体设置一样。

【边缘宽】：用于设置文本框边框的宽度。系统为设计人员提供了 4 种宽度标准：Smallest（最细）、Small（细）、Medium（中等）、Large（粗）。系统默认是 Smallest（最细）。

【文本色】：设置文本框中文字的颜色。单击右边的颜色条，可以打开选择颜色对话框，用来选择设置文本的颜色，与其他项目的颜色设置一样。系统默认是 4 号黑色。

【排列】：设置文本框中文字的对齐方式，系统为设计人员提供了 3 个选项：Center（中间）、Left（左边）和 Right（右边）。系统默认是 Left（左边）。

【位置 1】：设置文本框起始顶点在原理图上的 X 轴和 Y 轴的精确坐标值。

【位置 2】：设置文本框终止顶点在原理图上的 X 轴和 Y 轴的精确坐标值。

【显示边界】：选中此复选框后，将显示文本框的边框。

【边缘色】：设置文本框边框的颜色。单击右边的颜色条，可以打开选择颜色对话框，选择设置文本边框的颜色，与其他项目的颜色设置一样。系统默认是 4 号黑色。

【画实心】：选中此复选框后，文本框会被背景色填充。

【填充色】：设置文本框填充的背景颜色。单击右边的颜色条，可以打开选择颜色对话框，用来选择设置文本背景的颜色，与其他项目的颜色设置一样。系统默认是 231 号白色。

此处勾选【自动换行】、【区域内表示】、【显示边界】和【画实心】，设置【边缘宽】为 Small（细），【边缘色】为 5 号红色，【填充色】为 218 号淡黄色，在【文本】中输入"门控报警电路由一片集成与非门 CD4011 组成。CD4011 是四 2 输入与非门，在一个芯片内集成了在逻辑上相互独立的 4 个 2 输入与非门，4 个与非门共用电源和地"。

步骤 4：将光标移动到合适的位置单击，可以确定矩形框的左上角点，然后移动到另一个点再次单击,可以确定矩形框的右下角点,至此完成文本框的放置。

步骤5:放置一个文本框后,光标仍然处于放置文本框的状态("十"字状),将光标移动到其他需要放置文本框的位置,可以继续放置。

步骤6:单击鼠标右键可以退出放置文本框的状态。放置结果如图2-3-35所示。

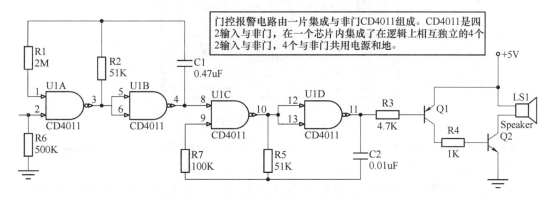

图2-3-35 文本框的放置结果

步骤7:文本框的选中和编辑方法与元器件一样。将字符框选中,按【Delete】键,可以将其全部删除。选中已放置好的文本框,在文本框的四周会出现绿色的小方块,即所谓控制点。通过拖动控制点可以调整文本框的大小。

2.3.6 绘制标题栏

在【设计】-【文档选项】中的图纸明细表中可以选择是否显示标题栏以及标题栏的样式。系统为设计人员提供了两种标题栏的固定样式:Standard(标准格式)和ANSI(美国国家标准协会支持格式)。这两种固定样式是不能进行修改的。如果设计人员对系统提供的两种样式都不满意,可以先取消复选框,然后通过绘制直线和文本自定义标题栏。

具体操作步骤如下:

步骤1:单击【设计】-【文档选项】,进入【文档选项】对话框,在【图纸选项】选项卡下取消勾选【图纸明细表】复选框,图纸右下角的标题栏将消失。

步骤2:单击【放置】-【描画工具】-【直线】,或者单击工具栏中的实用工具按钮下的放置直线按钮。

步骤3:光标变成"十"字状,单击确定直线的起点,然后拖动鼠标,形成一条直线,拖动到合适的位置后,再次单击确定直线的终点,然后单击鼠标右键即可完成一段直线的放置。

在绘制直线的过的程中,当需要拐弯时,可以单击确定拐角的位置,同时利用快捷键【Shift + Space】使拐角在直角、45°角和任意角度之间进行模式切换。

在T形交叉点处,系统不会自动添加节点,因为直线不具有电气连接特性,不会影响到电路的电气结构。直线只是用来绘制一些注释性的图形,如表格、箭头、虚线等,或者在编辑元件时绘制元件的外形。

步骤4:在光标悬浮时按【Tab】键,或者双击已经放置好的直线,会弹出图2-3-36所示的直线属性对话框。在此对话框中可以对直线颜色、线宽以及线风格进行设置。属性设置完毕单击【确认】按钮即可。

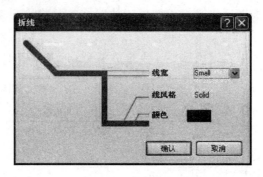

图2-3-36　直线属性对话框

【线宽】：设置直线的宽度。系统为设计人员提供了4种宽度标准：Smallest（最细）、Small（细）、Medium（中等）、Large（粗）。系统默认是Small（细）。

【线风格】：设置直线的类型。系统为设计人员提供了3种直线样式：Solid（实线）、Dashed（虚线）和Dotted（点线）。系统默认是Solid（实线）。

【颜色】：设置直线的颜色。单击右边的颜色条，可以打开选择颜色对话框，选择设置直线的颜色，与其他项目的颜色设置一样。系统默认是229号蓝色，此处改为3号黑色。

步骤5：放置一段直线后，光标仍然处于放置直线的状态（"十"字状），将光标移动到其他需要放置直线的位置，可以继续放置。

步骤6：单击鼠标右键可以退出放置直线的状态。直线放置结果如图2-3-37所示。

步骤7：单击【放置】-【文本字符串】，或者单击工具栏中的实用工具 下的放置文本字符串按钮**A**。在图2-3-37所示的表格中放入需要的文本字符串。放置结果如图2-3-38所示。

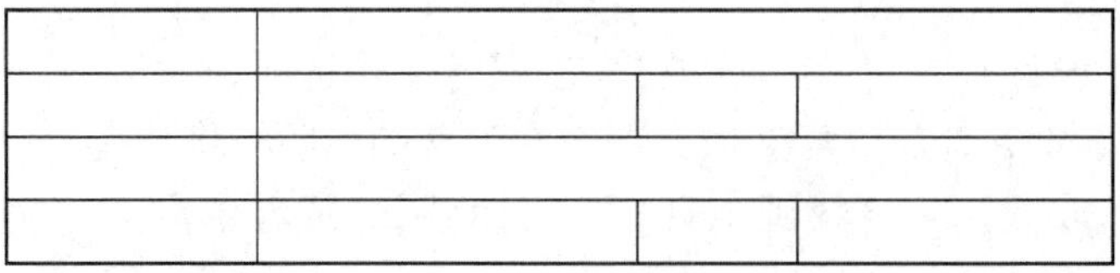

图2-3-37　直线放置结果

单位			
图纸名称		编号	
文件保存路径			
版本		日期	

图2-3-38　文本字符串放置结果

步骤8：单击【设计】-【文档选项】，在【参数】选项卡中进行原理图文件属性的设置。在此选项卡中，可以设置原理图文件的各个属性，例如，设计单位名称、地址、图纸编号、文件名称以及日期等信息。此处将"Company Name"设置为"×××设计公司"，将

"Title"设置为"门控报警电路",将"Sheet Number"设置为"1",将"Revision"设置为"1.6",将"Date"设置为"2016年1月",将"Document Full Path And Name"使用默认值,单击【确认】按钮保存。

步骤9:单击【放置】-【文本字符串】,或者单击工具栏中的实用工具 下的放置文本字符串按钮**A**。在按钮中每一项的右侧放置代表原理设计图的各种信息文本。

和放置普通的文本字符串一样,可以通过按 G 键来切换捕获网格的大小,默认在 1mil、5mil、10mil 之间进行切换,建议设置为 1mil,如果设置为 5mil 或 10mil,则很难进行微调。

绘制好的自制标题栏如图 2-3-39 所示。

单位	×××设计公司		
图纸名称	门控报警电路	编号	1
文件保存路径	D:\门控报警电路\门控报警电路.SchDoc		
版本	1.6	日期	2016年1月

图 2-3-39 绘制好的自制标题栏

2.3.7 技能训练

(1)绘制图 2-3-40 所示的单片机按键电路原理图,元器件的资料见表 2-3-2。具体设计要求如下:

①项目工程名为"单片机按键电路.PrjPCB",原理图设计文件名为"单片机按键电路.SchDoc"。

②为原理图设置图 2-3-41 所示的自定义标题栏。

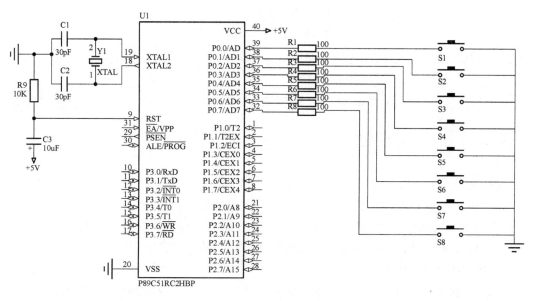

图 2-3-40 单片机按键电路原理图

操作提示：

①单击【设计】-【文档选项】，在弹出的【文档选项】对话框中取消选中【显示标题栏】复选框。并在【参数】选项卡中设置需要用到的特殊字符串。

②利用放置直线和放置文本字符串的方式来绘制标题栏，也可以利用特殊字符串来放置相关文本。

表 2-3-2　单片按键电路的元器件一览表

序号	标识符	元件名	标称值（Value）	所在元件库
1	U1	P89C51RC2HBP		Philips Microcontroller
2	Y1	XTAL		Miscellaneous Devices.IntLib
3	C1	Cap	30pF	Miscellaneous Devices.IntLib
4	C2	Cap	30pF	Miscellaneous Devices.IntLib
5	C3	Cap Pol2	10uF	Miscellaneous Devices.IntLib
6	R1~R8	Res2	100	Miscellaneous Devices.IntLib
7	R9	Res2	10K	Miscellaneous Devices.IntLib
8	S1~S8	SW-PB		Miscellaneous Devices.IntLib

图纸名称	单片机按键电路			
日期	2016年1月	设计者	张三	
大小	A3	编号	1	版本	2.0

图 2-3-41　自定义标题栏

（2）绘制图 2-3-42 所示的逻辑测试器电路原理图，元器件的资料见表 2-3-3。具体设计要求如下：

①项目工程名为"逻辑测试器.PrjPCB"，原理图设计文件名为"逻辑测试器.SchDoc"。

②将表 2-3-3 中元器件的元件名和所在的元件库补充完整。

操作提示：

①使用元件库工作面板中的【查找】按钮，先勾选"清除现有查询"前面的复选框，再单击下方的【清除】按钮清除文本框中原有的查询内容。

在文本框中输入部分元件名"LM324"，在查找结果中找到需要的元器件，其所在的元件库"ST Operational Amplifier.IntLib"，根据绘图需要添加到当前项目工程中。只使用其中的"Part B""Part C"和"Part D"单元。

②单击【放置】-【文本字符串】，放置相关文字说明"逻辑测试器""红"和"绿"等，注意修改文字颜色。

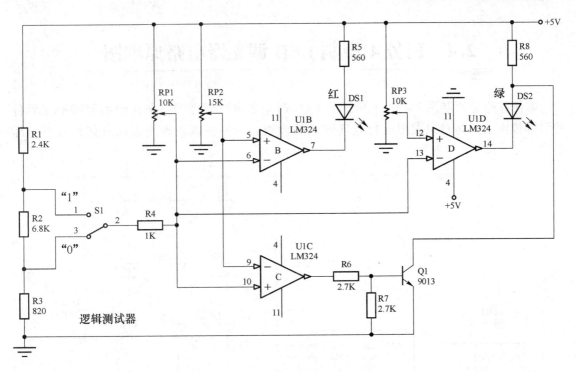

图 2-3-42 逻辑测试器电路原理图

表 2-3-3 逻辑测试器电路的元器件一览表

序号	标识符	元件名	标称值（Value）	所在元件库
1	DS1～DS2			
2	Q1	NPN		
3	U1			
4	R1	Res2	2.4K	
5	R2	Res2	6.8K	
6	R3	Res2	820	
7	R4	Res2	1K	
8	R5、R8	Res2	560	
9	R6、R7	Res2	2.7K	
10	RP1、RP3		10K	
11	RP2		15K	
12	S1			

2.4 任务4 绘制 LED 调光器电路原理图

本任务通过绘制图 2-4-1 所示的 LED 调光器电路原理图,来介绍如何调整元器件的引脚位置、如何对原理图进行电气规则的检查、如何生成各种报表以及如何设置打印参数。

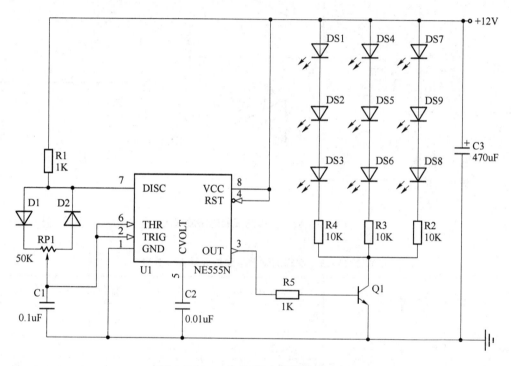

图 2-4-1 LED 调光器电路原理图

在绘制 LED 调光器电路原理图之前,先进行准备工作:

(1)创建名为"LED 调光器电路.PrjPCB"的项目工程文件,在其中添加一个名为"LED 调光器电路.SchDoc"的原理图设计文件,并将其都保存在名为"LED 调光器电路"的文件夹内,如图 2-4-2 所示。

图 2-4-2 创建 LED 调光器电路原理图文件

(2)设置原理图的图纸参数。使用默认参数即可。

2.4.1 调整元器件的引脚

LED 调光器电路中元器件的资料见表 2-4-1。默认已经添加 Miscellaneous Devices. IntLib 和 Miscellaneous Connectors. IntLib 两个基本元件库到项目工程中。

表 2-4-1 LED 调光器电路的元器件一览表

序号	标识符	元件名	标称值（Value）	所在元件库
1	U1	NE555N		ST Analog Timer Circuit. IntLib
2	R1、R5	Res2	1K	Miscellaneous Devices. IntLib
3	R2~R4	Res2	10K	Miscellaneous Devices. IntLib
4	C1	Cap	0.1uF	Miscellaneous Devices. IntLib
5	C2	Cap	0.01uF	Miscellaneous Devices. IntLib
6	C3	Cap Pol2	470uF	Miscellaneous Devices. IntLib
7	RP1	RPot	50K	Miscellaneous Devices. IntLib
8	Q1	NPN		Miscellaneous Devices. IntLib
9	D1、D2	Diode		Miscellaneous Devices. IntLib
10	DS1~DS9	LED0		Miscellaneous Devices. IntLib

打开元件库工作区面板，单击【查找】按钮，进入元件库查找对话框，勾选【清除现有查询】复选框，再单击下方的【清除】按钮，清除文本框中原有的查询内容。在文本框中输入部分元件名"NE555"，共搜索出 25 个结果，找到集成电路"NE555N"进行放置，并将其所在的元件库 ST Analog Timer Circuit. IntLib 添加到当前项目工程中。

将表 2-4-1 中列出的其他元器件，依次放置到原理图中。

调整元器件的布局，放置导线和电源端口，最后的 LED 调光器电路原理图如图 2-4-3 所示。

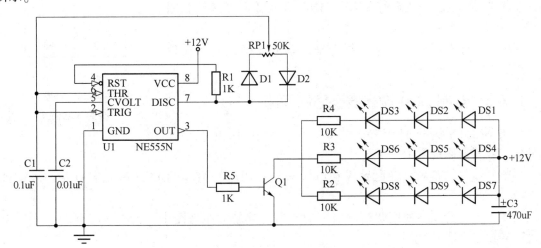

图 2-4-3 最后的 LED 调光器电路原理图

在图2-4-3中，由于NE555N引脚的相对位置不理想，这导致原理图中的部分导线过于杂乱，有较多的"十"字交叉。如果能将NE555N的5号引脚从2号和6号引脚之间挪开，将7号引脚摆放在2号引脚附近，围绕NE555N周围连接的导线会更清晰易读。因此，在绘制一些带有集成电路的原理图时，需要调整元器件引脚的摆放位置，以避免原理图中导线连接过于复杂凌乱，使电路原理图更为美观、清晰且具有专业水准。

现以调整NE555N的引脚为例，介绍如何调整元器件的引脚，具体操作步骤如下：

步骤1：双击已经放置好的NE555N，进入【元件属性】对话框。

步骤2：取消选中【锁定引脚】复选框，单击【确认】按钮保存设置。

步骤3：单击选中需要调整的5号引脚，在引脚周围会围绕绿色虚线框，如图2-4-4所示。

步骤4：将光标移动到选中的引脚上，光标会变成"十"字箭头状，并有引脚的信息悬浮于光标上，如图2-4-5所示。

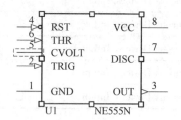
图2-4-4　被选中的引脚

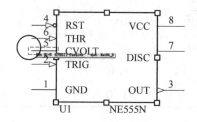
图2-4-5　"十"字箭头状光标和引脚信息

步骤5：单击并按住需要调整的5号引脚，移动到合适的位置，在移动的过程中，可以使用空格键调整引脚的方向。注意引脚的电气连接性，有"十"字状光标悬浮的一端具有电气连接性，可以使用导线连接。

步骤6：重复步骤3～步骤5，继续调整元器件的其他引脚，调整完引脚的效果如图2-4-6所示。

步骤7：双击已经放置好的NE555N，进入【元件属性】对话框。

步骤8：勾选【锁定引脚】复选框，单击【确认】按钮保存设置。

2.4.2　绘制LED调光器电路原理图

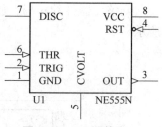
图2-4-6　调整完引脚的NE555N

使用调整好引脚的NE555N，将表2-4-1中列出的其他元器件依次放置到原理图中。

调整元器件的布局，放置导线和电源端口，调整好引脚的LED调光器电路原理图如图2-4-7所示。

从图中可以看到在使用调整过引脚的元器件绘制的原理图中，没有不必要的"十"字交叉，导线不会凌乱过长。

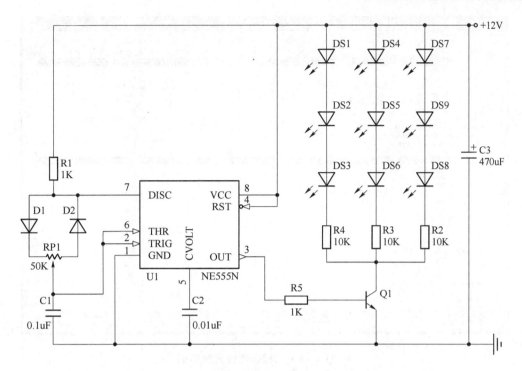

图 2-4-7 调整好引脚的 LED 调光器电路原理图

2.4.3 电气规则检查

在 Protel DXP 2004 中，原理图的功能不仅是绘图，原理图还包含关于电路中元器件之间的电气连接信息。因此，在将原理图转为印制电路板之前，先要进行电气规则的检查，以便查出错误。Protel DXP 2004 提供了原理图编译功能，能够根据设计人员的设置，对整个项目工程或者单独的原理图进行检查，其又称为电气规则检查（ERC）。

电气规则检查（ERC）可以按照设计人员设计的规则进行，在执行检查后自动生成各种可能存在错误的报表，并且在原理图中以特殊的符号标明，以示提醒。设计人员可以根据提示进行修改。

本节以图 2-4-7 所示的 LED 调光器电路为例，介绍如何进行电气规则检查。

1. 电气检查规则的设置

在对项目工程进行电气规则检查之前，需要对电气规则进行一些设置，从而确定编译检查时的依据。

电气检查规则包括错误检查规则、连接矩阵、比较设置、ECO 启动、输出路径和网络选项，以及设计人员指定的任何项目规则。在编译检查项目时将使用这些规则。

单击【项目管理】-【项目管理选项】，将弹出图 2-4-8 所示的工程选项设置对话框。该对话框主要对产生报告的类型进行一些设置。

编译检查项目时，将根据在【Error Reporting】和【Connection Matrix】两个选项卡中的设置来检查错误，如果有错误发生则会显示在 Messages 工作区面板中。

下面主要对常用的【Error Reporting】和【Connection Matrix】两个选项卡作一些介绍。

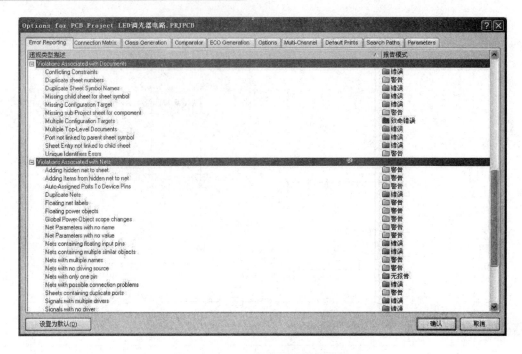

图2-4-8 工程选项设置对话框

1)【Error Reporting】选项卡

在该选项卡中，可以设置所有可能出现的错误的报告类型。

【违规类型描述】显示错误报告类型，分为6大类，共68项。6大类分别针对总线、元器件、文档、网络、对象和参数。

【报告模式】表明违反规则的严重程度，在下拉菜单中可以选择严重程度，系统为设计人员提供了4种模式：无报告（No Report）、警告（Warning）、错误（Error）和致命错误（Fatal Error）。

电气规则检查选项的中文含义详见附录2。

如果设计人员希望在当前项目中出现"网络标签悬空"这样的错误，即系统的报告模式为"错误"，则可以在【违规类型描述】下的【Floating Net Labels】后，将模式由"警告"修改为"错误"。

2)【Connection Matrix】选项卡

在该选项卡中显示电气连接错误类型的严重程度，如引脚间的连接、元件和图纸输入，可以设置产生错误的报告模式。

电气连接矩阵给出了在原理图中不同类型的连接点，以及是否被允许的描述，如图2-4-9所示。矩阵中用不同的颜色来设置不同的错误程度，小方块有4种颜色：绿色表示无报告、黄色代表警告、橙色代表错误、红色代表致命错误。在实际使用过程中，设计人员一般采用系统提供的默认值，也可根据实际情况适当修改。

假如设计人员希望在进行电气规则检查时，对于元器件的输出引脚未连接，系统不产生报告信息，则可以在矩阵的右侧找到"Input Pin"（输出引脚），然后在矩阵上部找到"Unconnected"（未连接）这一列，持续单击两行列相交处的小方块，直到其颜色变为绿色（无报告），就可以改变电气连接检查后的报告模式。

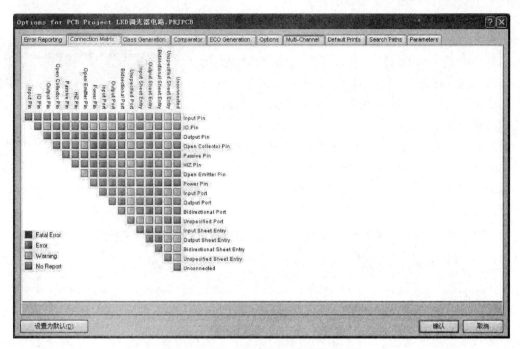

图 2-4-9　电气连接矩阵设置对话框

2. 编译项目

在工程选项设置对话框中，对【Error Reporting】和【Connection Matrix】两个选项卡中的电气检查规则进行设置之后，就可以对原理图进行检查了，检查是通过编译项目来实现的。

加入一个错误到 LED 调光器电路.SchDoc 中。将 NE555N 的 4 号引脚与 +12V 电源断开，如图 2-4-10 所示。

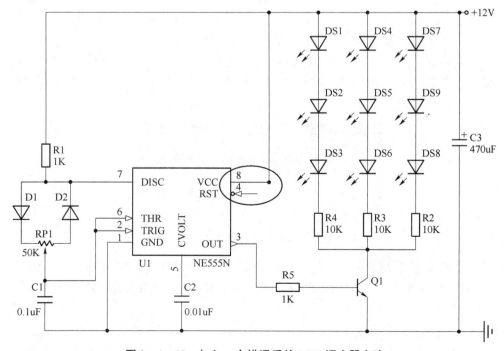

图 2-4-10　加入一个错误后的 LED 调光器电路

步骤1：打开需要进行电气检查的项目工程和原理图。

步骤2：单击【项目管理】-【Compile Document LED 调光器电路.SchDoc】（或者【Compile PCB Project LED 调光器电路.PrjPCB】），如图 2-4-11 所示。可以对单个原理图或者整个项目工程进行电气规则检查，这里选择对单个原理图进行检查。

图 2-4-11　编译项目或者原理图

步骤3：弹出图 2-4-12 所示的【Messages（消息）】工作区面板，其提示项目中存在的问题，并生成电气规则检查报告。如果没有出现【Messages（消息）】工作区面板，则单击位于软件右下角面板控制区的【System】标签，在弹出的选项中选择"Message"，就可以打开【Messages（消息）】工作区面板。

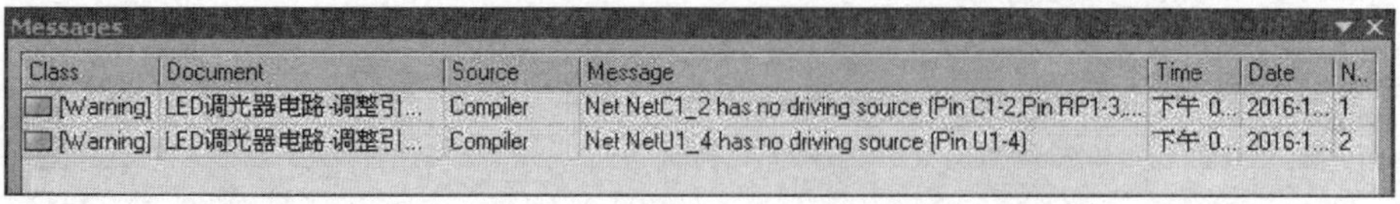

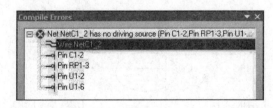

图 2-4-12　【Messages（消息）】工作区面板

如果电路绘制正确，【Messages（消息）】工作区面板应该是空白的。如果报告给出错误，则可以根据提示，检查所有的导线和连接是否正确并进行修改。在该工作区面板中，Class 表示报告的种类，图 2-4-12 中的两个都是 Warning（警告）模式。

两个警告的意思是类似的，第一个警告是 C1 的 2 号引脚没有驱动来源，第二个警告是 NE555N 的 4 号引脚没有驱动来源。因为本例中，不需要作仿真，只是绘制原理图，元器件是否有驱动来源并没有关系，所以这两个警告可以忽略不计。错误类型中 Error 是比较严重的错误；Warning 是不严重的错误，有时 Warning 并不是实质性错误。在实际工作和学习中，设计人员所用到的问题可能很多，Protel DXP 2004 给出的编译信息并不都是准确的，设计人员可以根据自己的设计思想和原理判断该错误信息是否准确。

双击一条错误，将会弹出一个【Compile Error】信息提示对话框，提示和这个错误相关的具体信息，如图 2-4-13 所示。在这个对话框中，可以单击一个错误并跳转到原理图中的这个对象，以便检查或修复。

图 2-4-13　【Compile Errors】信息提示对话框

步骤4：单击【项目管理】-【项目管理选项】，在弹出的工程选项设置对话框的【Error Reporting】选项卡下，将"Nets with no driving source"后的报告模式由"警告"设置为"无报告"，如图 2-4-14 所示。

步骤5：再次单击【项目管理】-【Compile Document LED 调光器电路.SchDoc】，编译后【Messages（消息）】工作区面板是空白的，无任何提示信息，表示编译无错，如

图2-4-15所示。

图2-4-14 修改条目"Nets with no driving source"

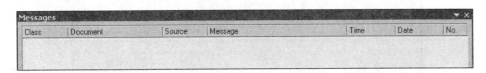

图2-4-15 空白的【Message（消息）】工作区面板

3. 忽略 ERC 检查

在电路设计过程中，系统进行电气规则检查（ERC）时，有时会产生一些不希望的错误报告。例如，出于电路设计的需要，一些元器件的个别输入引脚有可能空置，但在系统默认情况下，所有的输入引脚都必须进行连接，不能空置，这样在进行电气规则检查（ERC）时，系统会认为空置的输入引脚使用错误，并在该引脚处放置一个错误标记。

为了在进行电气规则检查（ERC）时，忽略对空置引脚的检查，可以使用【忽略 ERC 符号】命令。具体操作步骤如下：

步骤1：撤销上边的步骤4和步骤5。

步骤2：单击【放置】-【指示符】-【忽略 ERC 检查】，或者单击工具栏上的放置忽略 ERC 检查指示符按钮 ✖。

步骤3：光标变为"十"字状，并有一个红色的小叉悬浮于光标上。

步骤4：移动光标到需要放置符号的位置处，单击即可完成放置。

步骤5：放置一个忽略 ERC 检查符号后，光标仍然处于放置忽略 ERC 检查符号的状态（"十"字状），将光标移动到其他需要放置忽略 ERC 检查符号的位置，可以继续进行放置。

步骤6：单击可退出放置忽略 ERC 检查符号的状态。此处在 NE555N 的 4 号引脚处放置忽略 ERC 检查符号，如图2-4-16所示。在引脚处放置了一个红色小叉（忽略 ERC 检查符号）。

步骤7：双击需要设置属性的忽略 ERC 检查符号，或者在放置状态下按【Tab】键，弹出【忽略 ERC 检查】对话框，如图2-4-17所示。可以对忽略 ERC 检查符号的颜色和位置进行设置。

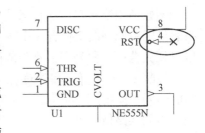

图2-4-16 忽略 ERC 检查符号

【颜色】：设置忽略 ERC 检查符号的颜色。单击右边的颜色条，可以打开选择颜色对话框，选择设置颜色。系统默认为 225 号红色。

【位置】：设置忽略 ERC 检查符号在原理图上的 X 轴和 Y 轴的精确坐标值。

步骤8：单击【项目管理】-【Compile Document LED 调光器电路.SchDoc】，对原理图进行编译，弹出的【Messages（消息）】工作区面板如图2-4-18所示。

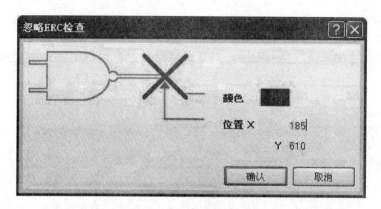

图 2-4-17 【忽略 ERC 检查】对话框

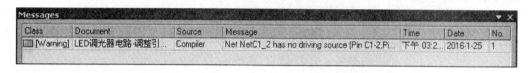

图 2-4-18 忽略 ERC 检查的结果

与图 2-4-12 进行比较,可发现关于 NE555N 的 4 号引脚没有驱动来源的警告已经不显示了。不显示并不表示问题不存在,只是忽略不检查而已。

单击已经放置好的忽略 ERC 检查符号,会出现绿色的虚线框,表示此符号已经被选中,按 Delete 键可以将此符号删除。

2.4.4 生成网络表

网络表是反映原理图中元器件之间连接关系的一种数据文件,它是原理图与印制电路板之间的信息接口。在制作印制电路板的时候,主要是根据网络表来自动布线的。网络表也是 Protel DXP 2004 检查、核对原理图和 PCB 是否正确的基础,有利于快速查错,提高设计效率。

当原理图绘制好,并且通过了电气规则检查(ERC)之后,就可以生成网络表了。网络表可以由原理图文件直接生成,也可以在文本编辑器中由设计人员手动编辑完成。此处以 LED 调光器电路原理图为例生成网络表,具体操作如下:

步骤 1:单击【项目管理】-【项目管理选项】,在弹出的工程选项设置对话框中选择【Options】选项卡,如图 2-4-19 所示。在此选项卡中可以设置输出文件的保存路径,一般使用默认路径即可。

步骤 2:单击【设计】-【设计项目的网络表】-【Protel】,如图 2-4-20 所示。

步骤 3:生成 LED 调光器电路原理图所对应的网络表文件。网络表与原理图同名,后缀为".NET",并自动加载到原理图文件所在的项目工程中,如图 2-4-21 所示。

步骤 4:双击生成的网络表文件即可在编辑器区域内打开网络表文件"LED 调光器电路.NET"进行查看,如图 2-4-22 所示。

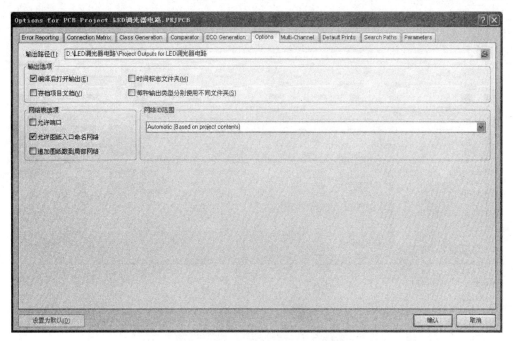

图 2-4-19 【Options】选项卡

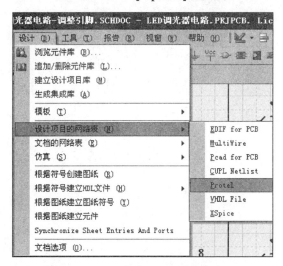

图 2-4-20 生成网络表的菜单命令

图 2-4-21 网络表的生成

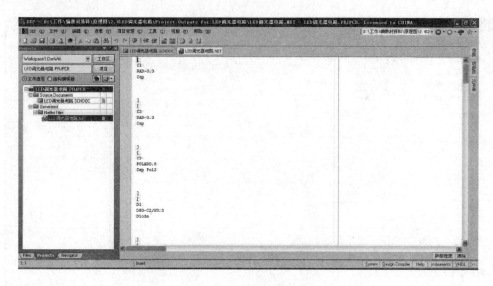

图2-4-22 网络表的显示

下面是网络表中内容的一部分，相同格式的部分以省略号"……"代替。

[
C1
RAD - 0.3
Cap
]
[
C2
RAD - 0.3
Cap
]
……
[
U1
DIP8
NE555N
]

(
NetC1_2
C1 - 2
RP1 - 3
U1 - 2
U1 - 6
)
(
NetC2_2
C2 - 2
U1 - 5
)
……
(
+12V
C3 - 1
DS1 - 1
DS4 - 1
DS7 - 1
R1 - 2
U1 - 4
U1 - 8
)

在网络表文件中，包含两部分内容：元器件信息以及元器件之间的连接关系。

首先是第一部分：元器件信息。这一部分列出了原理图中各个元器件的属性，包括标识符、注释、封装等信息。在每一对方括号"[ ]"中都描述了一个元器件的属性。例如，C1 是标识符，RAD-0.3 是封装形式，Cap 是注释。原理图中有多少元器件就有多少对方括号。

然后是第二部分：元器件之间的连接关系，即网络连接关系。在每一对圆括号"( )"中都描述了一个网络。原理图中有多少个网络就有多少对圆括号。例如，下面这对圆括号中的内容：

(
NetC1_2
C1-2
RP1-3
U1-2
U1-6
)

NetC1_2 是系统自动生成的网络名称，其中所包含的引脚有 C1 的 2 号引脚、RP1 的 3 号引脚、U1 的 2 号引脚和 6 号引脚。每一行代表当前网络所连接的一个引脚。

网络表的内容提取自原理图，每次修改原理图之后都要重新生成网络表，系统不会自动更新网络表的内容。

2.4.5 生成元件清单

元件清单能够生成原理图中所用元器件的型号、数量等信息。如果需要采购原理图所用的元器件，可以按照元件清单去采购。

此处以 LED 调光器电路原理图为例生成元件清单，具体操作如下：

步骤 1：单击【报告】-【Bill of Materials】，打开元件清单管理器对话框，如图 2-4-23 所示。在此对话框中可以设置输出清单的格式。

步骤 2：对话框的右边列出了要产生的元器件信息列表，默认列出元器件的描述、标识符、封装形式、库参考和数量的相关信息。在对话框左边的列表中可以勾选需要列出的信息项，或者取消不需要列出的信息项。所有被勾选的信息项都会在对话框右边的列表中列出。此处在左边的列表中多勾选一个"Library Name"，则在右边就多了一列名为"Library Name"的信息，如图 2-4-24 所示。单击并按住清单中的列表标题，可以对列表进行排序；单击列表标题可以对行信息进行排序。

步骤 3：单击【报告】按钮，生成元件清单报告的预览图，如图 2-4-25 所示。

单击【全部】、【宽度】和【100%】按钮可以调整预览报告的大小，也可以通过后面的百分比文本框手动输入缩放比例。此处修改为"80%"，按 Enter 键，可以看到上方的预览报告变大了。

步骤 4：单击【输出】按钮，弹出图 2-4-26 所示的设置输出对话框。在此对话框中输入输出文件的名字，选择输出的类型和保存路径，即可将元件清单输出到指定的文件中。

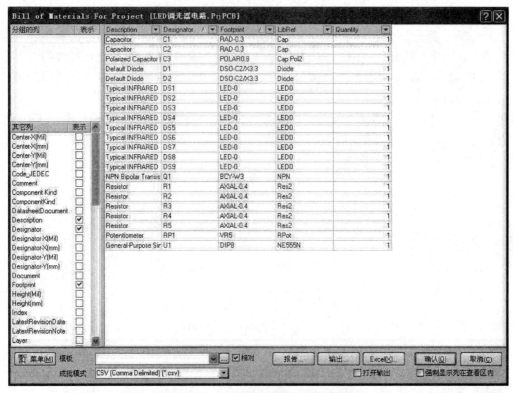

图2-4-23 元件清单管理器对话框

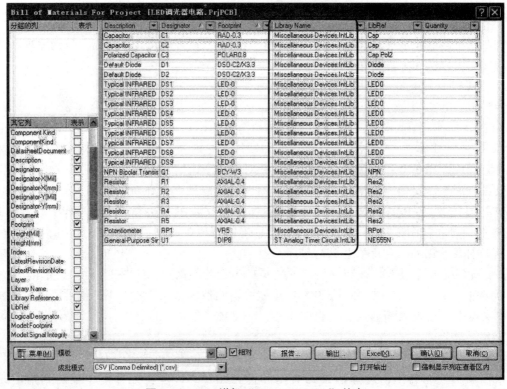

图2-4-24 增加"Library Name"信息

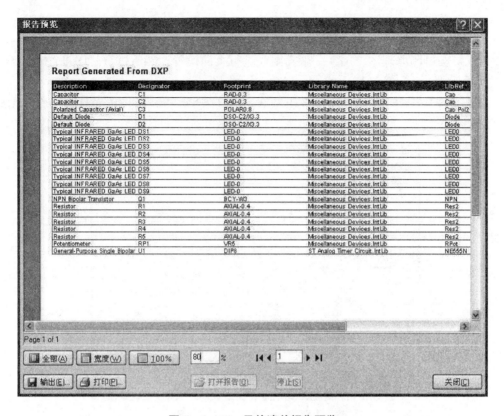

图 2-4-25 元件清单报告预览

图 2-4-26 设置输出对话框

步骤 5：默认输出为"LED 调光器电路.xls"文件，即可生成 Excel 格式的元件清单文件。也可以在图 2-4-24 中单击【Excel】按钮并选中【打开输出】复选框，即可以立即打开生成的 Excel 格式的元件清单文件。

2.4.6 打印原理图

设计人员在打印原理图之前,一般需要先进行页面设置,然后进行打印设置。

1. 页面设置

单击【文件】-【页面设定】,弹出图 2-4-27 所示的页面设置对话框。在此对话框中可以设置纸张大小、纸张方向、页边距、打印缩放比例、打印颜色等。

图 2-4-27 页面设置对话框

【尺寸】:用于设置打印纸张的大小,可以在后面的下拉菜单中进行选择。

【横向】:将图纸设置为横向放置。

【纵向】:将图纸设置为纵向放置。

【余白】:设置纸张的边沿到图框的距离,分为水平距离和垂直距离。如果勾选了【中心】复选框,则默认将原理图居中,不能手工设置边距。

【缩放比例】:用于设置打印时的缩放比例。电路图纸的规格与普通打印纸的尺寸规格不同。当图纸的尺寸大于打印纸的尺寸时,设计人员可以在打印输出时对图纸进行一定的比例缩放,从而使图纸能在一张打印纸中完全显示。

【刻度模式】:系统为设计人员提供了两种模式:

"Scaled Print"用于手工设置打印缩放比例。当选择该项后,可以在【修正】下设置 X 和 Y 方向的缩放比例。

"Fit Document On Page"表示根据打印纸张的大小自动设置缩放比例来打印原理图,以使图纸能在一张打印纸中完全显示。

【彩色组】:设置打印颜色。"单色"表示将图纸单色打印;"彩色"表示将图纸彩色打印;"灰色"表示将图纸灰色打印。

【预览】按钮:可以打开打印预览,相当于执行【文件】-【打印预览】命令。

2. 打印设置

单击【文件】-【打印】,弹出图 2-4-28 所示的打印机设置对话框。在此对话框中可以设置打印机的名称、打印范围、打印份数以及打印内容等。单击页面设置对话框中的【打印设置】按钮也可以打开此对话框。

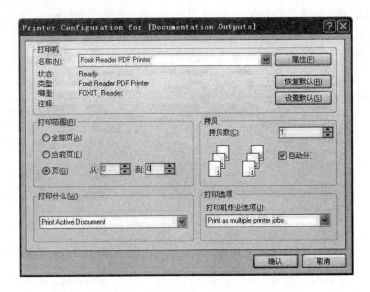

图 2-4-28 打印机设置对话框

设置好之后,单击【确定】按钮即可以进行打印。

2.4.7 技能训练

(1)绘制图 2-4-29 所示的门铃电路原理图,元器件的资料见表 2-4-2。

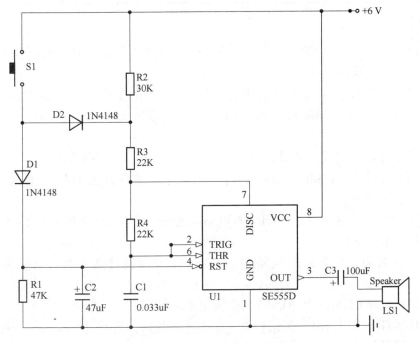

图 2-4-29 门铃电路原理图

具体设计要求如下：

①项目工程名为"门铃电路.PrjPCB"，原理图设计文件名为"门铃电路.SchDoc"。

②对门铃电路进行电气规则检查，修改电气规则，直到【Messages（消息）】工作区面板中没有错误信息。

③生成网络表以及元件清单。要求元件清单中列出元件库的信息。

表 2-4-2　门铃电路的元器件一览表

序号	标识符	元件名	标称值（Value）	所在元件库
1	U1	SE555D		ST Analog Timer Circuit.IntLib
2	R1	Res2	47K	Miscellaneous Devices.IntLib
3	R2	Res2	30K	Miscellaneous Devices.IntLib
4	R3、R4	Res2	22K	Miscellaneous Devices.IntLib
5	C1	Cap	0.033uF	Miscellaneous Devices.IntLib
6	C2	Cap Pol2	47uF	Miscellaneous Devices.IntLib
7	C3	Cap Pol2	100uF	Miscellaneous Devices.IntLib
8	D1、D2	Diode1N4148		Miscellaneous Devices.IntLib
9	S1	SW-PB		Miscellaneous Devices.IntLib
10	LS1	Speaker		Miscellaneous Devices.IntLib

操作提示：

①双击已经放置好的 SE555D，进入元件属性对话框。取消选中【锁定引脚】复选框，按住并拖动引脚到合适的位置。

②单击【项目管理】-【项目管理选项】，在弹出的工程选项设置对话框的【Error Reporting】选项卡下，将"Net with no driving source"后的报告模式由"警告"设置为"无报告"。

③单击【设计】-【设计项目的网络表】-【Protel】，生成网络表。

④单击【报告】-【Bill of Materials】，在元件清单管理器对话框的左下角，勾选【Library Name】复选框。

（2）绘制图 2-4-30 所示的循环彩灯电路原理图，元器件的资料见表 2-4-3。

具体设计要求如下：

①项目工程名为"循环彩灯电路.PrjPCB"，原理图设计文件名为"循环彩灯电路.SchDoc"。

②调整集成电路 CD4017 和 NE555 的引脚位置，使原理图更美观、清晰。

③对循环彩灯电路进行电气规则检查，修改电气规则，直到【Messages（消息）】工作区面板中没有错误信息。

④生成网络表以及元件清单。要求元件清单中不列出元器件的描述信息。

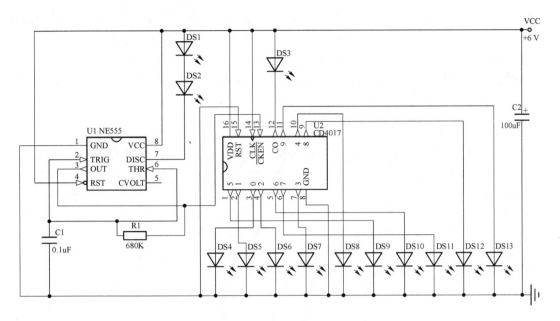

图 2-4-30 循环彩灯电路原理图

表 2-4-3 循环彩灯电路的元器件一览表

序号	标识符	元件名	标称值（Value）	所在元件库
1	U1	NE555		TI Analog Timer Circuit.IntLib
2	U2	CD4017		FSC Logic Counter.IntLib
3	R1	Res2	680K	Miscellaneous Devices.IntLib
4	C1	Cap	0.1uF	Miscellaneous Devices.IntLib
5	C2	Cap Pol2	100uF	Miscellaneous Devices.IntLib
6	DS1~DS13	LED0		Miscellaneous Devices.IntLib

操作提示：

①双击已经放置好的 NE555 和 CD4017，进入元件属性对话框。取消选中【锁定引脚】复选框，按住并拖动引脚到合适的位置。引脚排列如图 2-4-31 所示。

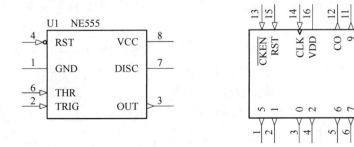

图 2-4-31 NE555 和 CD4017 的引脚排列

②单击【项目管理】-【项目管理选项】,在弹出的工程选项设置对话框的【Error Reporting】选项卡下,将"Net with no driving source"后的报告模式由"警告"设置为"无报告"。

③单击【设计】-【设计项目的网络表】-【Protel】,生成网络表。

④单击【报告】-【Bill of Materials】,在元件清单管理器对话框的左下角,取消勾选复选框【Description】。

2.5 任务5 绘制红外信号报警电路原理图

在绘制电路原理图的过程中,有时会遇到电路结构比较复杂、元器件数量较多的情况,用一张电路原理图来绘制显得比较困难,针对这种情况可以采用层次原理图来简化电路图。本任务通过绘制图2-5-1所示的红外信号报警电路原理图,来介绍如何自上而下和自下而上地设计层次原理图,以及如何放置相关的图纸符号。

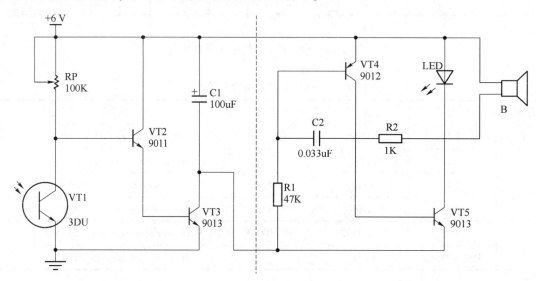

图2-5-1 红外信号报警电路原理图

2.5.1 认识层次原理图

层次原理图就是将一个较为复杂的电路原理图分成若干个模块,而且每个模块还可以再分成几个基本模块,每个基本模块都可以由不同的设计人员分工来完成,然后通过层次电路原理图把整个设计综合到一起。这样能够极大地提高设计的效率,做到多层次模块化并行设计。

层次原理图主要包括两大部分:主电路图(上层原理图)和子电路图(下层原理图)。每个层次的原理图中都只能有一个主电路图。其中,主电路图与子电路图的关系是父电路与子电路的关系,在子电路图中仍可包含下一级子电路。必须建立一些特殊的图形符号、概念来表示各个子电路图之间以及子电路与主电路图之间的连接关系。图2-5-2表示一个一级层次原理图的结构。

图2-5-2 一级层次原理图的结构

在层次电路图的设计中，信号的传递主要靠放置方块电路图符号、方块电路进出端口以及电路输入和输出端口来实现。这三者之间有着密切的联系，要设计层次电路图首先要理解这三者之间的关系。

（1）电路输入和输出端口。在设计原理图时，两点之间的电气连接可以直接使用导线实现，也可以通过设置相同的网络标签来完成。使用电路的输入和输出端口，也能实现两点之间（一般是两个电路原理图之间）的电气连接。相同名称的输入和输出端口在电气关系上是连接在一起的，它主要用于层次电路原理图的绘制，一般情况下在同一张图纸中不使用端口连接，如图2-5-3（b）和（c）中的"AA" "BB"所示。

（2）方块电路图符号是层次原理图所特有的一种符号，每个方块电路图符号都对应着一个子电路图，它实际上就是一个子电路图的简化符号，如图2-5-3（a）中的"一号" "二号"方块图所示。

（3）方块电路进出端口。各个方块电路图符号中名称相同的端口在电气上是相互连接的，方块电路图与子电路图中相同名称的电路输入和输出端口在电气上也是相互连接的，如图2-5-3（a）中的"AA" "BB"所示。

如图2-5-3所示，这个设计图包含3个原理图：一个主电路图和两个子电路图"一号.SchDoc"和"二号.SchDoc"，两个子电路图对应到主电路图中，就是两个方块电路图符号"一号"和"二号"，方块电路图符号中的端口"AA"和"BB"是方块电路的进出端口，分别与子电路图中的电路输入和输出端口"AA"和"BB"相对应。

同时要分清端口与网络标签的关系。

①电源端口在一个项目工程中的所有原理图中都相互连接。

②普通端口在一个项目工程中的所有原理图中都相互连接。

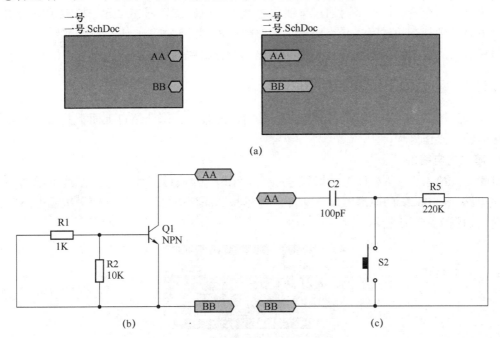

图2-5-3 层次原理图的电气连接关系

(a) 主电路图；(b) 子电路图"一号.SchDoc"；(c) 子电路图"二号.SchDoc"

③在一个项目工程中，如果所有的原理图中都不存在端口，则网络标签在所有原理图中都相互连接；如果存在端口，则网络标签只在本张原理图中相互连接，不同原理图中的网络标签是不相互连接的。通过设置可以让网络标签与端口一样，在所有的原理图中相互连接，单击【项目管理】-【项目管理选项】，在弹出的项目工程设置对话框中选择【Options】选项卡，在【网络 ID 范围】的下拉菜单中选择 "Global〔Netlabels and ports global〕"（网络标签和端口全局有效）"，如图 2-5-4 所示，单击【确认】按钮保存设置即可。

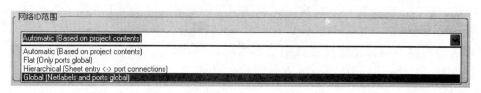

图 2-5-4　网络标签范围的设置

层次原理图的设计方法有两种：自上而下的设计方法和自下而上的设计方法。

1. 自上而下的设计方法

所谓自上而下的设计方法就是说先将整个电路划分为不同层次的子电路，根据层次划分关系绘制最上层的主原理图，也就是总的模块连接结构图，然后将主电路图中的各个方块电路图符号所对应的子电路图绘制出来，这样通过逐步细化，完成整个电路的原理图绘制。此方法适用于展开一个全新的设计，从上往下一级一级地完成设计。自上而下的设计方法实际上是一种模块化的设计方法，可以由多个设计人员同时进行原理图的绘制。

2. 自下而上的设计方法

自下而上的设计就是设计人员先绘制出各个子原理图，然后由这些绘制好的子原理图来产生方块电路图符号，接下来再通过导线将这些方块电路图符号连接起来构成主电路图，这样通过由简单到复杂的过程逐步完成整个电路的原理图绘制。

两种方法的绘制结果相同，只是中间的操作过程有些差异。

2.5.2　自上而下层次原理图的设计

本节通过图 2-5-1 所示的红外信号报警电路原理图，来介绍自上而下的层次原理图设计方法的整个操作过程。

1. 建立主电路图

步骤 1：创建名为"红外信号报警电路.PrjPCB"的项目工程文件，在其中添加一个名为"主电路.SchDoc"的原理图设计文件，并将其都保存在名为"红外信号报警电路"的文件夹内，如图 2-5-5 所示。

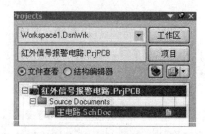

图 2-5-5　创建红外信号报警电路的主电路图文件

步骤2：放置方块电路图符号。单击工具栏中的放置图纸符号按钮，或者单击【放置】-【图纸符号】，光标变为"十"字状，并有一个绿色的图纸符号悬浮于光标上。此时按下 Tab 键（或者双击一个已经放置好的图纸符号），弹出一个图 2-5-6 所示的图纸符号属性设置对话框。

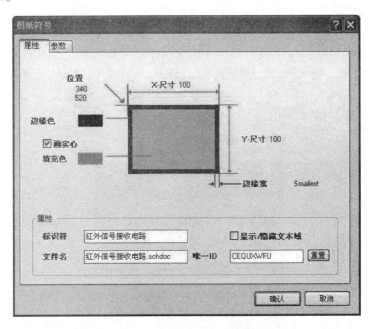

图 2-5-6　图纸符号属性设置对话框

【位置】：设置方块电路图纸符号的左上角在原理图上的 X 轴和 Y 轴的精确坐标值。

【X-尺寸】：设置方块电路图符号的横向长度。

【Y-尺寸】：设置方块电路图符号的纵向宽度。

【边缘色】：设置方块电路图符号的边框颜色。单击右边的颜色条，可以打开选择颜色对话框，选择设置边框的颜色。与其他项目的颜色设置一样。系统默认是 221 号棕色。

【填充色】：设置方块电路图符号的填充颜色。单击右边的颜色条，可以打开选择颜色对话框，选择设置背景颜色。与其他项目的颜色设置一样。系统默认是绿色。

【画实心】：勾选此复选框，可以用指定的颜色填充方块电路图符号，否则不进行填充操作。

【边缘宽】：设置方块电路图符号的边框宽度。系统为设计人员提供了 4 种宽度标准：Smallest（最细）、Small（细）、Medium（中等）、Large（粗）。系统默认是 Smallest（最细）。

【标识符】：设置方块电路图符号的标识名称。

【文件名】：设置方块电路图符号代表的子电路图文件的名称。定义完成后不要随便改动，因为它指定了方块电路图符号寻找下层子电路图的路径，如果方块电路图符号的文件名和下层子电路图的文件名不对应，那么生成网络的时候将会丢失整个下层子电路图。整个电路准备划分几个模块就放置几个方块电路图符号。

【显示/隐藏文本域】：勾选此复选框可以在原理图中显示隐藏的文本区域，否则将不显示隐藏的文本区域。

【唯一ID】：系统指定的方块电路图符号的唯一编号，用来与印制电路板同步，不需要修改。

此处设置标识符为"红外信号接收电路"，文件名为"红外信号接收电路.SchDoc"，其他各项使用系统默认值即可。

步骤3：图纸符号属性设置完毕，单击【确认】按钮保存设置。

步骤4：移动光标到合适的位置，单击确定方块电路图符号的左上角位置，然后移动鼠标拉出一个矩形，在合适的位置单击确定方块电路图符号的右下角位置，完成一个方块电路图符号的放置。放置完毕的方块电路图符号如图2-5-7所示。如果对放置后的方块电路图符号的位置不满意，则可以在方块电路图符号上按住鼠标左键不放，移动方块电路图符号到一个合适的位置，松开鼠标即可。

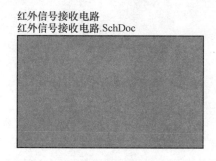

图2-5-7　放置后的红外信号接收电路符号

步骤5：放置一个方块电路图符号后，光标仍然处于放置方块电路图符号的状态（"十"字状），将光标移动到其他需要放置方块电路图符号的位置，可以继续放置。如果对标识符和文件名的位置不满意，可以按住鼠标左键不放，移动标识符或文件名到合适的位置，松开鼠标即可。

观察图2-5-1，沿虚线将原理图分为左、右两部分，所以在主电路图中需要放置两个方块电路图符号："红外信号接收电路"和"报警电路"。

步骤6：完成所有的方块电路图符号的放置后，单击鼠标右键退出放置方块电路图符号的状态。完成后的主电路图如图2-5-8所示。

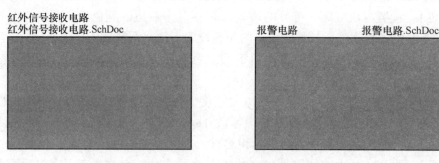

图2-5-8　放置完方块电路图符号的主电路图

步骤7：放置方块电路进出端口。单击工具栏中的放置图纸符号按钮，或者单击【放置】-【加图纸入口】，光标变为"十"字状，移动光标到需要放置端口的方块电路图符号"红外信号接收电路"中，单击后将有一个方块电路进出端口悬浮于光标上。

步骤8：按下Tab键（或者双击一个已经放置好的方块电路进出端口），弹出图2-5-9

所示的方块电路进出端口属性设置对话框。

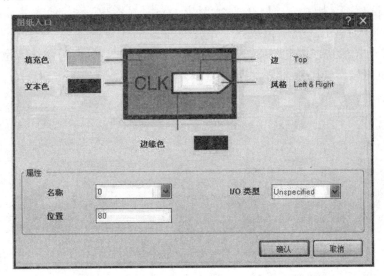

图2-5-9 方块电路进出端口属性设置对话框

【填充色】：设置方块电路进出端口内部的填充颜色。单击右边的颜色条，可以打开选择颜色对话框，选择设置需要的填充颜色。系统默认为219号淡黄色。

【文本色】：设置方块电路进出端口名称的显示颜色。单击右边的颜色条，可以打开选择颜色对话框，选择设置需要的颜色。系统默认为221号枣红色。

【边】：设置方块电路进出端口在方块电路图符号中的放置位置。系统为设计人员提供了4种放置位置：Left（左边）、Right（右边）、Top（顶部）和Bottom（底部）。系统会根据放置位置自动设置。

【风格】：设置方块电路进出端口的外观样式，系统为设计人员提供了8种样式：None（Horizonal）（没有箭头）、Left（左边没有箭头）、Right（右边没有箭头）、Left&Right（左、右都有箭头）、None（Vertical）（没有箭头）、Top（顶部没有箭头）、Bottom（底部没有箭头）和Top&Bottom（上、下都有箭头）。

【边缘色】：设置方块电路进出端口边框的颜色。单击右边的颜色条，可以打开选择颜色对话框，选择设置需要的边框颜色。系统默认为221号枣红色。

【名称】：设置方块电路进出端口的名称。首次放置的方块电路进出端口名称默认为"0"，以后放置的方块电路进出端口的名称会自动递增。设计人员可以直接输入方块电路进出端口的名称，也可以通过右边的下拉菜单选择已经使用过的方块电路进出端口的名称。

【位置】：设置方块电路进出端口的入口位置，这个位置是从方块电路图符号的边界开始计算的（系统规定方块电路进出端口只能在方块电路图符号内，而且方块电路进出端口的唯一电气点只能在方块电路图符号的边框上）。例如，【边】设置为Right（右边），则位置就从方块电路图符号右侧的上端开始计算。一般不需要设置此项，在放置方块电路进出端口的时候系统会自动计算生成。

【I/O类型】：设置方块电路进出端口的类型，系统为设计人员提供了4种类型：Unspecified（未定义）、Output（输出）、Input（输入）和Bidirectional（双向）。系统默认为Unspecified（未定义）。根据电流的流向可以确定输出和输入，确定后，【风格】也会自动更改,箭头向外为输出,箭头向内为输入。

此处设置【名称】为"1",【I/O】类型为 Output(输出),其他各项使用系统默认值即可。设置完毕后,单击【确认】按钮保存设置。

步骤9:移动光标到方块电路图符号"红外信号接收电路"右边的合适位置,单击即可放置一个方块电路进出端口,如图 2-5-10 所示。

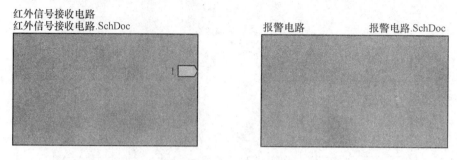

图 2-5-10 放置方块电路进出端口 "1"

步骤10:放置一个方块电路进出端口后,光标仍然处于放置方块电路进出端口的状态("十"字状),将光标移动到其他需要放置方块电路进出端口的位置,可以继续放置。如果对方块电路进出端口的位置不满意,可以按住鼠标左键不放,移动端口到合适的位置,松开鼠标即可。

步骤11:观察图 2-5-1,每个方块电路图符号需要放置两个方块电路进出端口。完成所有的方块电路进出端口的放置后,单击鼠标右键退出放置方块电路进出端口的状态。一个方块电路图符号的方块电路进出端口要与另一个方块电路图符号的方块电路进出端口进行电气连接,那么这两个方块电路进出端口的名称必须相同。完成后的主电路图如图 2-5-11 所示。

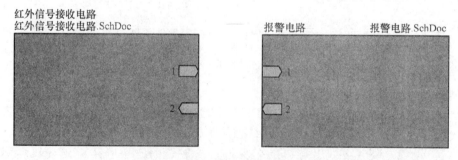

图 2-5-11 完成方块电路进出端口放置的主电路图

步骤12:完成所有的方块电路进出端口的放置后,单击鼠标右键退出放置方块电路进出端口的状态。

步骤13:放置完所有的方块电路图符号和方块电路进出端口后,接下来进行方块电路图符号的电气连接。所谓方块电路图符号的电气连接也是指利用导线或者总线将主电路图中具有电气连接关系的方块电路进出端口连接起来。使用放置导线和总线的方法将图 2-5-11 所示的主电路图进行连接。连接后的主电路图如图 2-5-12 所示。

即使不放置方块电路进出端口之间的连接导线或总线,也不影响它们之间的电气连接关系。只要这两个方块电路进出端口的名称相同,它们之间就是相互连通的。放置导线或者总线只是为了看图方便。

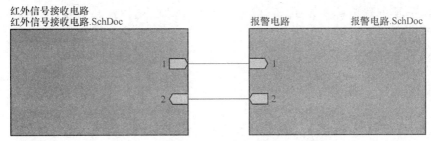

图 2-5-12　建立电气连接关系的主电路图

2. 建立子电路图

步骤 1：单击【设计】-【根据符号创建图纸】，光标变成"十"字状，在需要生成原理图文件的方块电路图符号"红外信号接收电路"上单击，弹出图 2-5-13 所示的转换输入/输出的确认对话框。

步骤 2：单击【No】按钮，保持方块电路进出端口的输入/输出类型不变（一般都应该保持不变）。系统将自动根据方块电路图符号的文件名生成对应的"红外信号接收电路.SchDoc"原理图文件，并将方块电路图符号中的方块电路进出端口转换成电路输入和输出端口，放置在原理图的左下方，其名称和类型都和方块电路图符号中的方块电路进出端口是对应的，如图 2-5-14 所示。

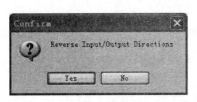　　

图 2-5-13　转换输入/输出　　　　图 2-5-14　子电路图
　　的确认对话框　　　　　　　中的电路输入和输出端口

步骤 3：在子电路图"红外信号接收电路.SchDoc"中放置元器件和导线，完成子电路图的绘制，如图 2-5-15 所示。电路输入和输出端口已经自动生成，放置元器件和导线后，只需要把电路输入和输出端口放置到合适的位置即可。

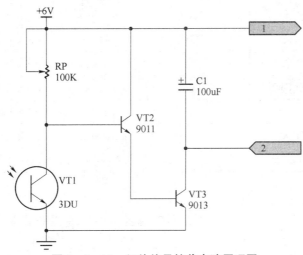

图 2-5-15　红外信号接收电路原理图

步骤4：重复步骤1~步骤3，完成子电路图"报警电路.SchDoc"，如图2-5-16所示。

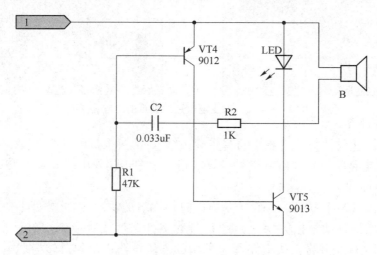

图2-5-16 报警电路原理图

步骤5：保存原理图文件以及项目工程文件，完成自上而下设计的红外信号报警电路层次原理图。

红外信号报警电路中元器件的资料见表2-5-1。

表2-5-1 红外信号报警电路的元器件一览表

序号	标识符	元件名	标称值（Value）	所在元件库
1	VT1	Photo NPN		Miscellaneous Devices.IntLib
2	VT2	NPN		Miscellaneous Devices.IntLib
3	VT3	NPN		Miscellaneous Devices.IntLib
4	VT4	PNP		Miscellaneous Devices.IntLib
5	VT5	NPN		Miscellaneous Devices.IntLib
6	RP	RPot	100K	Miscellaneous Devices.IntLib
7	R1	Res2	47K	Miscellaneous Devices.IntLib
8	R2	Res2	1K	Miscellaneous Devices.IntLib
9	C1	Cap Pol2	100uF	Miscellaneous Devices.IntLib
10	C2	Cap	0.033uF	Miscellaneous Devices.IntLib
11	LED	LED0		Miscellaneous Devices.IntLib
12	B	Speaker		Miscellaneous Devices.IntLib

3. 主电路图与子电路图的切换

（1）单击项目工程工作区面板的文件列表或者文件标签栏中的文件名称，可以在不同电路图之间进行切换。

（2）在主电路图中，将光标移动到方块电路图符号上，按住Ctrl键双击，即可切换到该方块电路图符号相对应的子电路图中。

(3) 使用上述两种方式可以在原理图之间自由切换，但是在复杂的层次原理图设计中此操作复杂且容易单击错误。利用下面的方法可以精确定位层次原理图中的方块电路图符号、方块电路进出端口以及电路输入和输出端口。

在主电路图与子电路图之间自由切换的具体操作步骤如下：

步骤1：单击菜单【项目管理】-【Compile PCB Project 红外信号报警电路.PrjPCB】进行项目编译，项目工程工作区面板中的工程文件结构将由平级结构转换成层级结构，如图 2-5-17（b）所示。

步骤2：单击【工具】-【改变设计层次】，或者单击工具栏中的改变设计层次按钮，或者单击 Navigator（导航器）工作区面板上的【交互式导航】按钮，光标变成"十"字状，处于切换状态。在【交互式导航】按钮右侧的下拉菜单中可以对缩放程度和高亮显示进行设置。

(a)　　　　　　　　　　　　(b)

图 2-5-17　项目工程工作区面板中的工程文件结构

(a) 编译前；(b) 编译后

步骤3：移动光标到主电路图上的方块电路图符号"红外信号接收电路"上单击，这时工作窗口将自动切换到"红外信号接收电路.SchDoc"原理图文件中。

步骤4：切换后，光标仍然处于切换的状态（"十"字状），将光标移动到其他需要切换的位置，可以继续进行切换。单击鼠标右键可以退出切换状态。

步骤5：将工作窗口切换回"主电路.SchDoc"原理图文件中。重复步骤2，移动光标到主电路图上的方块电路图符号"红外信号接收电路"上的方块电路进出端口"1"单击，这时工作窗口将自动切换到"红外信号接收电路.SchDoc"原理图文件中，并以选中的状态显示电路输入和输出端口"1"，如图 2-5-18 所示。

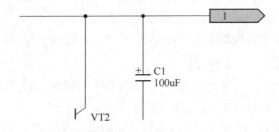

图 2-5-18　切换后的"红外信号接收电路.SchDoc"原理图

步骤6：将光标移动到"红外信号接收电路.SchDoc"原理图中的电路输入和输出端口"2"上单击，这时工作窗口将自动切换到"主电路.SchDoc"原理图中，并以选中的状态显示方块电路进出端口"2"，如图2-5-19所示。

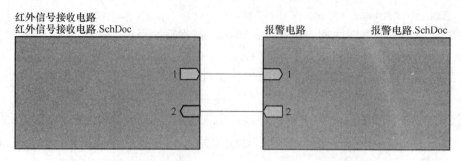

图2-5-19 切换后的"主电路.SchDoc"原理图

2.5.3 自下而上层次原理图的设计

本节仍然通过图2-5-1所示的红外信号报警电路原理图为例来介绍自下而上的层次原理图设计方法的整个操作过程。

1. 建立子电路图

步骤1：创建名为"红外信号报警电路.PrjPCB"的项目工程文件，在其中添加两个名为"红外信号接收电路.SchDoc"和"报警电路.SchDoc"的原理图设计文件，并将其都保存在名为"红外信号报警电路"的文件夹内，如图2-5-20所示。

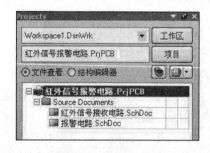

图2-5-20 创建红外信号报警电路的子电路图文件

步骤2：按照表2-5-1列出的元器件，绘制红外信号接收电路，如图2-5-21(a)所示，也就是图2-5-1红外信号报警电路原理图中虚线的左侧部分。

步骤3：按照表2-5-1列出的元器件，绘制报警电路，如图2-5-21(b)所示，也就是图2-5-1红外信号报警电路原理图中虚线的右侧部分。

步骤4：在红外信号接收电路中添加电路输入和输出端口。单击工具栏上的放置端口按钮 ，或者单击【放置】-【端口】。

步骤5：光标变成"十"字状，并有一个电路输入和输出端口悬浮于光标上。将光标移动到需要放置电路输入和输出端口的元器件引脚或者导线一端上，此处为红外信号接收电路上边的引出导线处，当光标上出现红色"米"字标志时，表示光标已经捕获到电气连接点，单击确定电路输入和输出端口的起始位置。

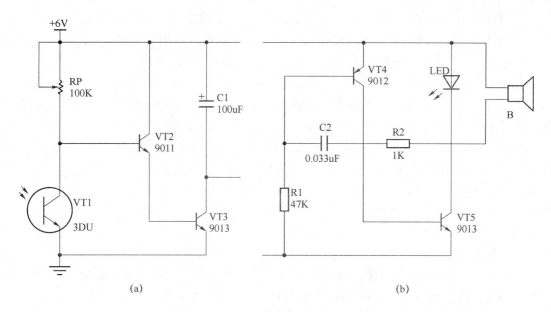

图 2–5–21　红外信号接收电路和报警电路
(a) 红外信号接收电路；(b) 报警电路

步骤6：移动鼠标使电路输入和输出端口的长度合适，再次单击确定电路输入和输出端口的终点位置，完成一个电路输入和输出端口的放置。在放置的过程中，每按一次空格键可以让电路输入和输出端口逆时针旋转90°，按 X 键可以实现左、右翻转，按 Y 键可以实现上、下翻转。

步骤7：在放置电路输入和输出端口的过程中按 Tab 键（或者双击一个已经放置好的电路输入和输出端口），弹出图 2–5–22 所示的电路输入和输出端口属性设置对话框。

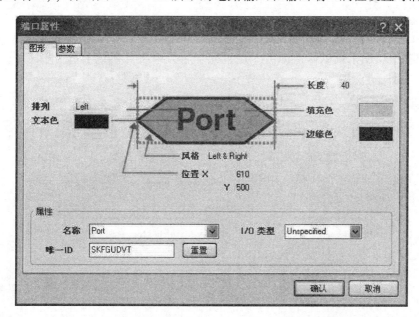

图 2–5–22　电路输入和输出端口属性设置对话框

【排列】：设置电路输入和输出端口的名称在端口符号内的位置，系统为设计人员提供了3

种选择：Center（居中对齐）、Left（左对齐）和 Right（右对齐）。系统默认为 Left（左对齐）。

【文本色】：设置电路输入和输出端口名称的显示颜色。单击右边的颜色条，可以打开选择颜色对话框，选择设置需要的颜色。系统默认为 221 号枣红色。

【长度】：设置电路输入和输出端口的长度。一般不需要设置，系统会自动计算相关数据。

【填充色】：设置电路输入和输出端口内部的填充颜色。单击右边的颜色条，可以打开选择颜色对话框，选择设置需要的填充颜色。系统默认为 219 号淡黄色。

【边缘色】：设置电路输入和输出端口边框的颜色。单击右边的颜色条，可以打开选择颜色对话框，选择设置需要的边框颜色。系统默认为 221 号枣红色。

【风格】：设置电路输入和输出端口的外观样式，系统为设计人员提供了 8 种样式：None（Horizonal）（没有箭头）、Left（左边没有箭头）、Right（右边没有箭头）、Left&Right（左、右都有箭头），None（Vertical）（没有箭头）、Top（顶部没有箭头）、Bottom（底部没有箭头）和 Top&Bottom（上、下都有箭头）。

【位置】：设置电路输入和输出端口在原理图上的 X 轴和 Y 轴的精确坐标值。

【名称】：设置电路输入和输出端口的名称。系统默认为"Port"。设计人员可以直接输入电路输入和输出端口的名称，也可以在右边的下拉菜单中选择已经使用过的电路输入和输出端口的名称。

【I/O 类型】：设置电路输入和输出端口的类型，系统为设计人员提供了 4 种类型：Unspecified（未定义）、Output（输出）、Input（输入）和 Bidirectional（双向）。系统默认为 Unspecified（未定义）。根据电流的流向可以确定输出和输入，确定后，风格也会自动更改，箭头向外为输出，箭头向内为输入。

【唯一 ID】：系统指定的电路输入和输出端口的唯一编号，用来与印制电路板同步，不需要修改。

此处设置【名称】为"AA"，【I/O】类型为 Output（输出），【排列】为 Center（居中对齐），其他各项使用系统默认值即可。设置完毕后，单击【确认】按钮保存设置。放置完毕如图 2-5-23 所示。

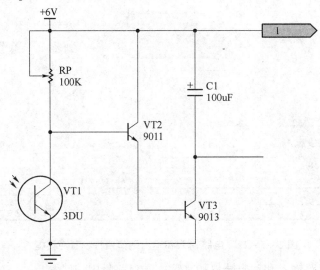

图 2-5-23 放置电路输入和输出端口"AA"

步骤8：放置一个电路输入和输出端口后，光标仍然处于放置电路输入和输出端口的状态（"十"字状），将光标移动到其他需要放置电路输入和输出端口的位置，可以继续放置。

步骤9：放置完毕后单击鼠标右键退出放置电路输入和输出端口的状态。电路输入和输出端口全部放置完毕如图2-5-24所示。一个原理图中的电路输入和输出端口要与另一个原理图中的电路输入和输出端口进行电气连接，那么这两个电路输入和输出端口的名称必须相同。

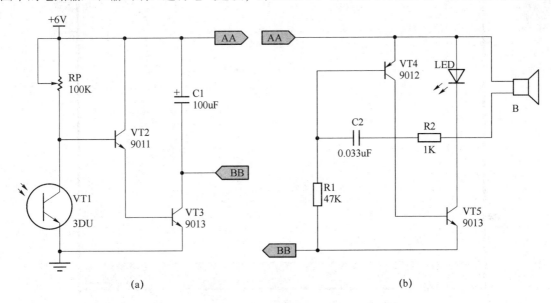

图2-5-24 红外信号接收电路和报警电路（端口放置完毕）
（a）红外信号接收电路；（b）报警电路

2. 建立主电路图

步骤1：在"红外信号报警电路.PrjPCB"的项目工程文件中添加一个名为"主电路.SchDoc"的原理图设计文件，并将其保存在名为"红外信号报警电路"的文件夹内。

步骤2：单击【设计】-【根据图纸建立图纸符号】，在弹出的图2-5-25所示的选择放置文件对话框中选择"红外信号接收电路.SchDoc"。

步骤3：单击【确认】按钮，弹出图2-5-26所示的转换输入/输出的确认对话框。

步骤4：单击【No】按钮，保持电路输入和输出端口的输入/输出类型不变（一般都应该保持不变）。系统将自动生成方块电路图符号，并悬浮于"十"字状的光标上。

步骤5：移动光标到合适的位置，单击放置生成的方块电路图符号"U_红外信号接收电路"，如图2-5-27所示。

步骤6：重复步骤2~步骤6，生成方块电路图符号"U_报警电路"，如图2-5-28所示。

步骤7：如果方块电路图符号中的方块电路进出端口位置不合适，则用鼠标左键按住该方块电路进出端口，移动端口到合适的位置，松开鼠标即可。

步骤8：完成放置所有的方块电路图符号后，利用导线进行方块电路图符号的电气连接。连接后的主电路图如图2-5-29所示。

步骤9：保存原理图文件以及项目工程文件，完成自下而上设计的红外信号报警电路层次原理图。

图 2-5-25 选择放置文件对话框

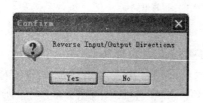

图 2-5-26 转换输入/
输出的确认对话框

图 2-5-27 方块电路图
符号"U_红外信号接收电路"

图 2-5-28 方块电路图符号"U_报警电路"

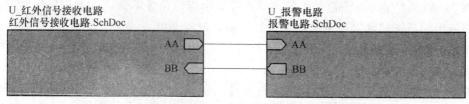

图 2-5-29 建立电气连接关系的方块电路图符号

3. 生成层次原理图组织报表

层次原理图组织报表用于描述层次原理图中主电路图与子电路图之间的层次关系,以使设计人员能够快速掌握项目工程的组织结构。

生成层次原理图组织报表的具体操作步骤如下:

步骤1:单击【项目管理】-【Compile PCB Project 红外信号报警电路.PrjPCB】进行项目编译,项目工程工作区面板中的工程文件结构将由平级结构转换成层级结构,如图2-5-17(b)所示。

步骤2:单击【报告】-【Report Project Hierarchy】,系统将自动生成一个与项目工程文件同名的、后缀为".REP"的层次原理图组织报表,并保存在项目工程文件"红外信号报警电路.PrjPCB"所在的"红外信号报警电路"文件夹中一个由系统自动生成的名为"Project Outputs for 红外信号报警电路"的子文件夹里面,如图2-5-30所示。

图2-5-30 层次原理图组织报表

步骤3:在项目工程工作区面板中,双击该层次原理图组织报表,可以在工作窗口打开该报表,如图2-5-31所示。该报表列出了项目工程中原理图文件之间的层次关系。

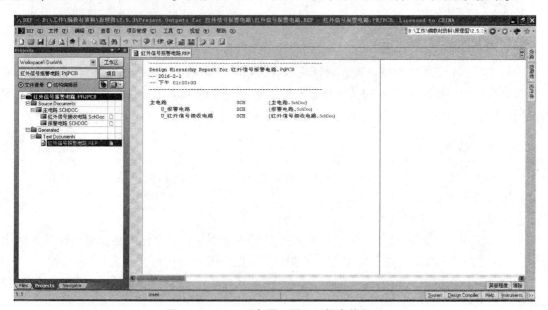

图2-5-31 层次原理图组织报表的打开

4. 生成元件交叉参考报表

元件交叉参考报表列出了项目工程中所有原理图使用的各个元器件的描述、标识符、封装以及库名称等信息。

生成元件交叉参考报表的具体操作步骤如下：

步骤1：单击【报告】-【Component Cross Reference】，弹出图2-5-32所示的元件交叉参考报表设置对话框。

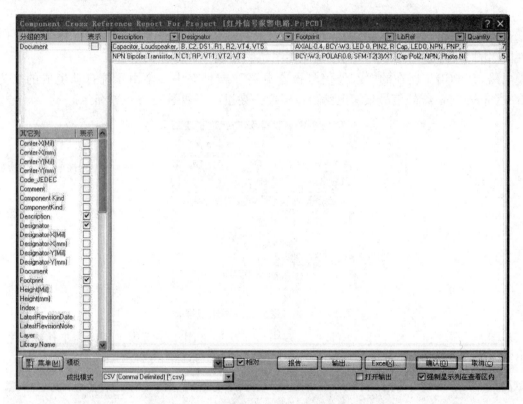

图2-5-32 元件交叉参考报表设置对话框

步骤2：元件交叉参考报表设置对话框与元件清单管理器对话框十分相似，不同的是元件交叉参考报表设置对话框中的元器件是按照工程项目中的原理图文件来划分的。一个原理图占用一行。其他设置与元件清单管理器对话框一样。

2.5.4 技能训练

（1）绘制图2-5-33所示的两级放大电路原理图，元器件的资料见表2-5-2。
具体设计要求如下：
①项目工程名为"两级放大电路.PrjPCB"。
②要求使用层次原理图自上而下和自下而上两种设计方法来简化电路，将电路分为两个模块"电路图1.SchDoc"和"电路图2.SchDoc"。根据图中的虚线来划分。
③对两级放大电路进行电气规则检查，修改电气规则，直到【Messages（消息）】工作区面板中没有错误信息。
④生成层次原理图组织报表和元件交叉参考报表。

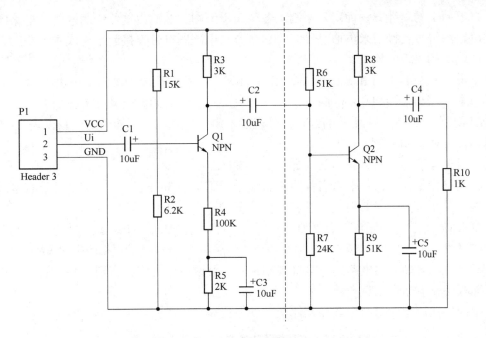

图 2-5-33 两级放大电路原理图

表 2-5-2 两级放大电路的元器件一览表

序号	标识符	元件名	标称值（Value）	所在元件库
1	P1	Header 3		Miscellaneous Connectors. IntLib
2	R1	Res2	15K	Miscellaneous Devices. IntLib
3	R2	Res2	6.2K	Miscellaneous Devices. IntLib
4	R3	Res2	3K	Miscellaneous Devices. IntLib
5	R4	Res2	100K	Miscellaneous Devices. IntLib
6	R5	Res2	2K	Miscellaneous Devices. IntLib
7	R6	Res2	51K	Miscellaneous Devices. IntLib
8	R7	Res2	24K	Miscellaneous Devices. IntLib
9	R8	Res2	3K	Miscellaneous Devices. IntLib
10	R9	Res2	51K	Miscellaneous Devices. IntLib
11	R10	Res2	1K	Miscellaneous Devices. IntLib
12	Q1、Q2	NPN		Miscellaneous Devices. IntLib
13	C1～C5	Cap Pol2	10uF	Miscellaneous Devices. IntLib

操作提示：

①自上而下的设计方法为：根据层次划分关系绘制最上层的主电路图，然后将主电路图中的各个方块电路图符号所对应的子电路图绘制出来，这样通过逐步细化完成整个电路的原理图绘制。

②自下而上的设计方法为：先绘制出各个子电路图，然后由这些绘制好的子电路图来产生方块电路图符号，接下来再通过导线将这些方块电路图符号连接起来构成主电路图，逐步完成整个电路的原理图绘制。

③单击【报告】-【Report Project Hierarchy】，生成层次原理图组织报表。

④单击【报告】-【Component Cross Reference】，生成元件交叉参考报表。

(2) 绘制图2-5-34所示的红外信号转发器电路原理图，元器件的资料见表2-5-3。具体设计要求如下：

①项目工程名为"红外信号转发器电路.PrjPCB"。

②将网格设置为红色；引脚名称间距和编号间距均为5mil；"十"字交叉处有电气关系的分为两个T形节点，没有电气关系的显示出横跨。

③要求使用层次原理图自上而下和自下而上两种设计方法来简化电路，将电路分为三个模块："电路图1.SchDoc""电路图2.SchDoc"和"电路图3.SchDoc"。根据图中的虚线来划分。

④对红外信号转发器电路进行电气规则检查，修改电气规则，直到【Messages（消息）】工作区面板中没有错误信息。

⑤生成层次原理图组织报表和元件交叉参考报表。

表2-5-3 红外信号转发器电路的元器件一览表

序号	标识符	元件名	标称值（Value）	所在元件库
1	R1	Res2	47K	Miscellaneous Devices.IntLib
2	R2	Res2	560K	Miscellaneous Devices.IntLib
3	R3、R6	Res2	10K	Miscellaneous Devices.IntLib
4	R4	Res2	2.7K	Miscellaneous Devices.IntLib
5	R5、R7	Res2	1M	Miscellaneous Devices.IntLib
6	R8、R9	Res2	10K	Miscellaneous Devices.IntLib
7	R10	Res2	2K	Miscellaneous Devices.IntLib
8	R11	Res2	10K	Miscellaneous Devices.IntLib
9	R12	Res2	1K	Miscellaneous Devices.IntLib
10	C1	Cap	10uF	Miscellaneous Devices.IntLib
11	C2、C5	Cap	5pF	Miscellaneous Devices.IntLib
12	C3、C7	Cap	0.1uF	Miscellaneous Devices.IntLib
13	C4、C6	Cap	1000pF	Miscellaneous Devices.IntLib
14	C8	Cap Pol2	20uF	Miscellaneous Devices.IntLib
15	C9	Cap	5pF	Miscellaneous Devices.IntLib
16	C10	Cap	1000pF	Miscellaneous Devices.IntLib
17	D1~D3	LED0		Miscellaneous Devices.IntLib
18	D4	Diode		Miscellaneous Devices.IntLib
19	Q1、Q2	NPN		Miscellaneous Devices.IntLib
20	Q3~Q5	PNP		Miscellaneous Devices.IntLib

项目二 设计电路原理图

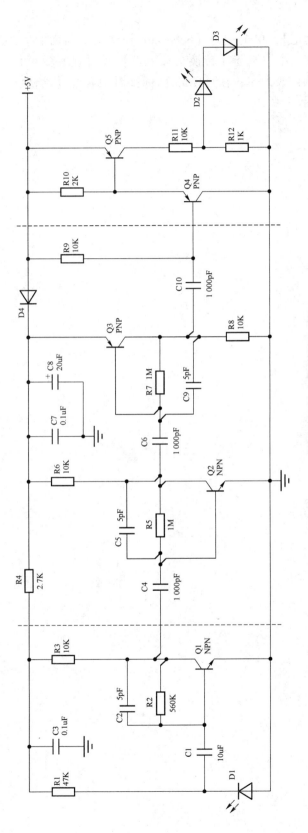

图 2-5-34 红外信号转发器电路原理图

操作提示：

单击【DXP】-【优先设定】，单击左边【Schematic】选项卡前面的"+"号，展开下拉列表。在【General】标签页中，勾选【转换交叉节点】和【显示横跨】，并将引脚间距下的【名称】和【编号】均修改为5；在【Grids】标签页中修改【网格颜色】为红色。其他步骤与（1）中的操作提示一致。

项目三

制作电路原理图元器件符号

【学习目标】

1. 能根据要求修改原理图库中的元器件符号。
2. 能根据要求制作新元器件符号。
3. 能利用已有元器件制作新元器件符号。
4. 会设置元器件的引脚属性。
5. 会设置元器件符号的相关属性。

在绘制原理图之前，首先要加载电路中元器件符号所在的元件库。在项目二的5个任务中，所用到的元器件都能从系统提供的元件库中找到，通过添加原理图元件库，可以直接将元器件放置到原理图中。Protel DXP 2004 为设计人员提供了非常丰富的元件库，其中包含了世界著名的大公司所生产的各种常用的元器件，多达六万多种。尽管 Protel DXP 2004 中的元器件已经十分丰富，但是，在电子技术日新月异的今天，新的元器件不断涌现，在实际的绘制过程中，经常会遇到元器件查找不到或元件库中的元器件和需要的元器件外观不一样的情况，需要设计人员根据实际需要新建符合要求的新元器件。

Protel DXP 2004 为设计人员提供了强大的元器件编辑功能，设计人员可以根据自己的要求创建一个新的元器件，也可以修改系统提供的元器件。

本项目通过3个小任务详细介绍了原理图元器件编辑器的工作界面，还介绍了如何编辑和新建元器件符号，以及如何在原理图中使用自制的元器件符号。

3.1 任务1 认识电路原理图元器件编辑器

元器件的原理图符号本身并没有任何实际意义，只是一个代表了元器件的引脚电气分布关系的符号。因此,一个元器件的原理图符号可以具有很多种形式,只要引脚属性是正确的即可。为了便于交流和统一管理,在创建原理图符号时,要尽量符合统一的标准,与系统提供的库文件中的原理图符号在结构上应保持一致。

Protel DXP 2004 提供了强大的原理图元器件编辑器,使设计人员可以方便地制作或修改元器件符号。

3.1.1 打开元器件编辑器

打开元器件编辑器的方法有两种:创建原理图库文件和打开成品库文件。

1. 创建原理图库文件

创建原理图库文件的常用方法有两种:直接利用菜单栏创建或者从当前原理图文件生成对应的原理图库文件。

1)直接利用菜单栏创建

此部分内容在项目一中的1.5.2里已经介绍过了,这里就不再赘述。

2)从当前原理图文件生成对应的原理图库文件

现以前面绘制好的LED调光器电路原理图为例进行介绍。

步骤1:打开已经绘制好的LED调光器电路原理图文件。

步骤2:单击【设计】-【建立设计项目库】,弹出图3-1-1所示的信息确认对话框。

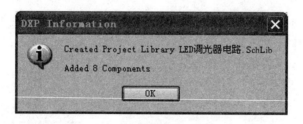

图3-1-1 信息确认对话框

步骤3:单击【OK】按钮,系统将自动生成与原理图文件同名的原理图库文件,后缀为".SchLib",如图3-1-2所示。元器件编辑器工作窗口中显示了当前选中的元器件的原理图符号。

2. 打开成品库文件

步骤1:单击【文件】-【打开】,在弹出的文件选择对话框中选择一个原理图库文件,此处以系统自带的电气元件杂项库 Miscellaneous Devices.IntLib 为例,路径为 C:\\Program Files\\Altium2004\\Library,根据读者安装软件的路径不同,此路径也会有所不同。

步骤2:单击【打开】按钮,弹出图3-1-3所示的【抽取源码或安装】对话框。

步骤3:单击【抽取源】按钮,提取源文件。

步骤4:双击项目工程工作区面板中的"Miscellaneous Devices.IntLib",即可打开元器件编辑器。

项目三 制作电路原理图元器件符号

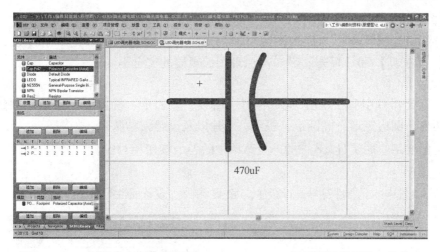

图3-1-2 元器件库工作区面板（SCH Library）及元器件编辑器工作窗口

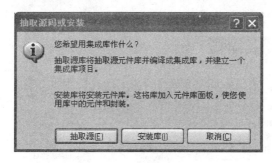

图3-1-3 【抽取源码或安装】对话框

3.1.2 认识元器件编辑器

元器件编辑器包含了丰富的菜单命令和多个实用的工具栏。在项目工程"单片机应用系统电路.PrjPCB"中，通过执行【文件】-【创建】-【库】-【原理图库】命令，新建一个原理图库文件"单片机应用系统电路.SchLib"，元器件编辑器的工作窗口如图3-1-4所示。

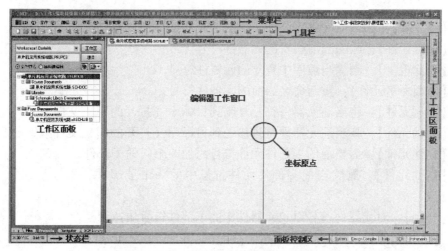

图3-1-4 元器件编辑器的工作窗口

1. 菜单栏

元器件编辑器的菜单栏与原理图编辑器的菜单栏十分相似，只是少了【设计】菜单，但【放置】、【工具】和【报告】菜单与原理图编辑器的完全不同。

1)【放置】

可以放置元器件引脚、IEEE 电气符号、直线、多边形、椭圆弧、贝塞尔曲线、文本、文本框、矩形、圆边矩形、椭圆形、饼形、图片以及设置粘贴队列，如图 3-1-5 所示。它们与工具栏的实用绘图工具  的下拉菜单中的各个按钮相对应。

2)【工具】

可以对库文件中的元器件符号进行新建、编辑、删除、设置属性等操作，如图 3-1-6 所示。

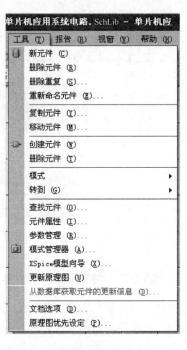

图 3-1-5　【放置】菜单　　　　图 3-1-6　【工具】菜单

（1）【新元件】：为当前元件库添加一个新的元器件符号。

（2）【删除元件】：删除当前编辑的元器件符号。

（3）【删除重复】：删除当前库中重复的元器件符号。

（4）【重新命名元件】：重新命名当前的元器件符号。

（5）【复制元件】：将当前元器件符号复制到目标库（打开的库）文件中。

（6）【移动元件】：将当前元器件符号移送到目标库（打开的库）文件中。

（7）【创建元件】：为当前的多部件元件符号添加一个新的子部件。

（8）【删除元件】：删除当前多部件元件符号中的一个子部件。要与上一个"删除元件"区分开来。

（9）【转到】：对元器件符号以及元器件中的子部件符号快速切换。

（10）【查找元件】：查找元器件符号。

（11）【元件属性】：设置元器件符号的属性。

(12)【参数管理】：对当前的原理图库及其中元器件符号的参数进行查看和管理。

(13)【模式管理器】：打开【模型管理器】，为元器件符号添加模型。

(14)【XSpice 模型向导】：用于引导用户为当前元器件符号添加一个 SPICE 模型。

(15)【更新原理图】：用于将编辑修改后的元器件符号更新到打开的电路原理图中。该功能经常用到。

(16)【文档选项】：设置编辑区参数。与设置原理图的图纸参数相似。

(17)【原理图优先设定】：打开优先设定对话框，对编辑器的工作环境进行个性化设置。

3)【报告】

可以生成各种报表，包括元器件信息、库内元器件列表、元器件检查规则设置等，如图 3-1-7 所示。

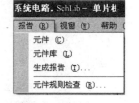

(1)【元件】：生成当前元器件的报表文件。报表中显示元器件的名称、组成等相关参数。

(2)【元件库】：生成当前元件库的报表文件。报表中显示元器件的总数、名称和描述。

图 3-1-7 【报告】菜单

(3)【生成报告】：设置元件库报告的名称、风格、色彩以及内容等。

(4)【元件规则检查】：生成元器件规则检查的错误报表，可以选择不同的检查项。

2. 工具栏

主工具栏与原理图编辑器的主工具栏的内容是基本一样的，此处不再重复介绍。实用工具栏提供了 4 个工具。

(1) ：原理图符号绘制工具。单击后会弹出下拉菜单，展示多种绘图工具按钮，如图 3-1-8 所示。其包括放置元器件的引脚，新建元器件，添加多部件元器件的子部件，放置直线、多边形、椭圆弧、贝塞尔曲线、文本、文本框、矩形、圆边矩形、椭圆形、饼形、图片以及设置粘贴队列。其中，各个按钮与【放置】菜单中的各项命令相对应。除了放置元器件的引脚、新建新元器件、添加多部件元器件的子部件以外，其他绘图工具的操作方法均与原理图编辑器一样。

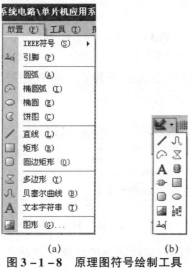

(a) (b)

图 3-1-8 原理图符号绘制工具

(a)【放置】菜单内的命令；(b) 工具栏按钮

（2）![图标]：放置 IEEE（国际电气和电子工程师协会）电气符号。其中，各个图标与【放置】菜单中【IEEE 符号】命令中的各项命令相对应，如图 3-1-9 所示。IEEE 电气符号一般用于引脚属性或一些信息的图形化说明。

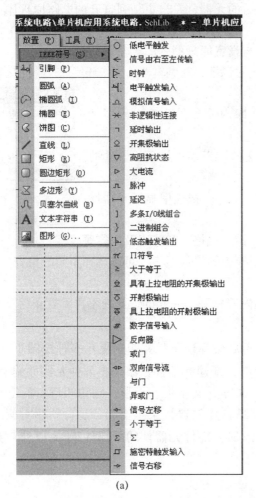
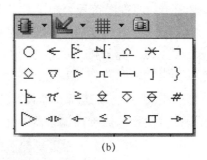

(a) (b)

图 3-1-9 IEEE 电气符号

(a)【放置】菜单内的命令；(b) 工具栏符号

（3）![图标]：网格工具。可以设置捕获栅格、可视栅格和电气栅格，如图 3-1-10 所示。

图 3-1-10 网格工具

①【切换捕获网格】：可以进行捕获网格的切换，默认在 1mil、5mil、10mil 之间进行切换。快捷键为 G，可以依次从小到大切换。

②【切换捕获网格】：可以进行捕获网格的切换，默认在1mil、5mil、10mil之间进行切换。快捷键为【Shift + G】，可以依次从大到小切换。

③【切换可视网格】：可以设置可视网格的显示和隐藏。

④【设定捕获网格】：可以自定义捕获网格的数值。

当绘制元器件符号外形时，为了精确定位，可以切换捕获网格的值，但是在放置引脚的时候，捕获网格的值一定要切换到10mil。

（4）　：打开模式管理器，如图3-1-11所示。可以对元器件符号进行添加、删除以及编辑封装的操作。

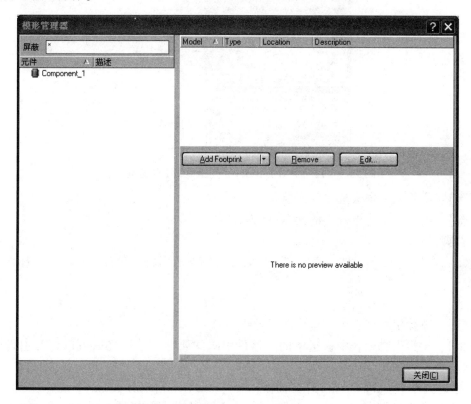

图3-1-11　模式管理器

3. SCH Library（元器件库工作区面板）

在元器件编辑器窗口下，左侧的工作区面板中多了一个SCH Library（元器件库工作区面板），如图3-1-12所示（为了方便说明，截取的是已经制作好的原理图库文件的SCH Library）。

1）搜索栏

在文本框中输入名字的首字母，可以帮助筛选元器件列表中的元器件。

2）元器件列表

元器件列表列出了当前元件库的所有元器件及描述。当单击选中某一个元器件时，该元器件的原理图符号就会出现在编辑器工作窗口。

【放置】：将列表中被选中的元器件放置到当前打开的原理图中。

【追加】：新建一个元器件符号。

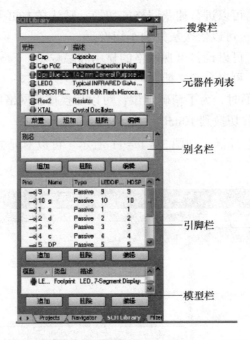

图 3-1-12 SCH Library（元器件库工作区面板）

【删除】：删除列表中被选中的元器件。

【编辑】：编辑列表中被选中的元器件的属性。

3）引脚栏

其列出了在上面的元器件列表中选中的元器件的所有引脚，包括显示名称、标识符以及电气类型等。

【追加】：为当前正在编辑的元器件添加一个引脚。

【删除】：删除引脚列表中被选中的元器件引脚。

【编辑】：编辑引脚列表中被选中的元器件引脚的属性。单击之后可以打开引脚属性设置对话框。

可以通过执行【查看】-【工作区面板】-【SCH】-【SCH Library】命令，或者单击窗口右下角面板控制区中的【SCH】-【SCH Library】，来打开或者关闭 SCH Library 工作区面板。

4. 编辑器工作窗口

编辑器工作窗口由一根横线和纵线分为 4 个象限，横线和纵线的交叉点是坐标原点，如图 3-1-4 所示。

制作元器件符号时要从第四象限的坐标原点附近开始，如果不在第四象限的原点处开始，则在放置元器件的时候，就会出现参考点离元器件很远的情况。

3.2 任务 2 制作单部件元器件符号

制作元器件符号主要包括两大步骤：绘制元器件的轮廓和放置引脚。轮廓是对元器件外形的简单描述，用基本绘图工具完成；引脚具备电气特性，是元器件的关键，在放置时要注意修改引脚属性。本任务通过制作、修改电容符号和单片机芯片符号，介绍如何制作单部件元器件符号，以及如何使用自制的元器件符号。

3.2.1 制作电容符号

在进行原理图绘制的时候，经常会用到图 3-2-1 所示的电解电容原理图符号，但是 Protel DXP 2004 系统自带的元件库中没有这样的符号，需要设计人员自己制作。

图 3-2-1 电解电容符号

制作电解电容原理图符号的具体操作步骤如下：

步骤1：按照前面介绍的方法，在项目二中建立的"单片机应用系统电路.PrjPCB"项目工程中，添加一个名为"单片机应用系统电路_自制元件.SchLib"的原理图库文件，并将其都保存在名为"单片机应用系统电路"的文件夹内。库文件中已经包含了一个名为"COMPONENT_1"的空白元器件符号。

步骤2：单击【工具】-【文档选项】，打开图 3-2-2 所示的图纸设置对话框。设置完毕后单击【确认】按钮保存。

图 3-2-2 图纸设置对话框

【显示边界】：设置是否显示坐标轴。
【显示隐藏引脚】：设置是否显示隐藏的引脚。
其他的设置与原理图的图纸设置一样，这里不再重复。

绘制元器件符号外形时，为了精确定位，可以按住需要切换捕获网格的值，但是在放置引脚的时候，捕获网格的值一定要切换到10mil。

步骤3：单击【编辑】-【跳转到】-【原点】，将编辑器工作窗口定位到以原点为中心的界面。

步骤4：单击【工具】-【重新命名元件】，打开图 3-2-3 所示的重命名对话框，修改元器件符号的名称。此处要制作的元器件符号是电解电容，在文本框中输入"电解电容"，单击【确认】按钮保存。可见左侧 SCH Library（元器件库工作区面板）中元器件列表内的元器件名称由"COMPONENT_1"变为"电解电容"。

步骤5：单击【放置】-【矩形】，或者单击工具栏中的实用工具 下的放置矩形按钮，在第四象限的坐标原点附近放置一个矩形，如图3-2-4所示。矩形的属性设置对话框如图3-2-5所示，边缘色为3号黑色，边缘宽为Small，勾选【透明】复选框。设置完毕后单击【确认】按钮保存。

图3-2-3 重命名对话框

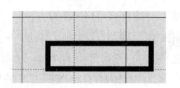

图3-2-4 放置矩形

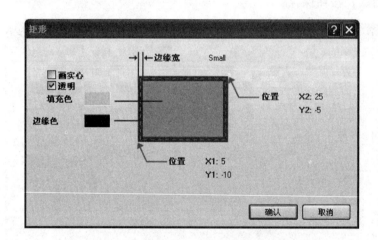

图3-2-5 矩形的属性设置

步骤6：单击【放置】-【直线】，或者单击工具栏中的实用工具 下的放置直线按钮，放置一段直线，如图3-2-6所示。

至此，电解电容原理图符号的轮廓制作完毕。接下来放置电解电容的引脚。

步骤7：单击【放置】-【引脚】，或者单击工具栏中的实用工具 下的放置引脚按钮。

步骤8：光标变成"十"字状，并有一个图3-2-7所示的引脚悬浮于光标上。

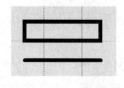

图3-2-6 放置直线

图3-2-7 引脚悬浮于光标上

步骤9：按 Tab 键，或者双击一个已经放置好的引脚，弹出图 3-2-8 所示的【引脚属性】对话框。设置完毕后单击【确认】按钮保存。

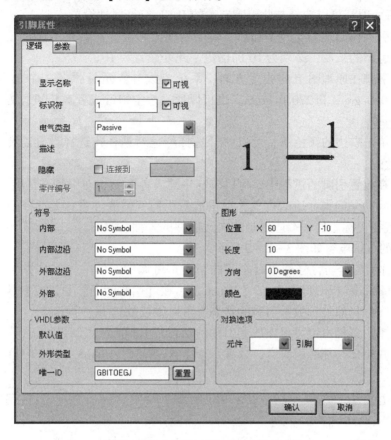

图 3-2-8　【引脚属性】对话框

【显示名称】：引脚的名称，会出现在放置该引脚的元器件轮廓的内边缘。后面的【可视】复选框可以设置是否在原理图上显示名称。如果名称的最后不是数字，则在连续放置引脚时，引脚名称会继续沿用；如果名称的最后是数字，则在连续放置引脚时，引脚名称会自动按顺序增加。此处为电解电容的引脚，设置名称为"1"，取消对【可视】复选框的勾选。

【标识符】：引脚的序号，每一个引脚都必须有序号，而且一个元器件中的所有引脚序号不能重复，应与实际的元器件引脚编号一一对应。在连续放置引脚时，标识符会自动按顺序增加。后面的【可视】复选框可以设置是否在原理图上显示名称。此处设置为"1"，取消对【可视】复选框的勾选。

【电气类型】：引脚的电气属性。系统提供了 8 个选择：Input（输入引脚）、I/O（双向引脚）、Output（输出引脚）、OpenCollector（集电极开路引脚）、Passive（无源引脚）、HiZ（高阻状态引脚）、Emitter（发射极开路引脚）和 Power（电源、接地引脚）。此处设置为 Passive（无源引脚）。

【描述】：对引脚的一些重要信息进行说明。

【隐藏】：设置引脚在原理图中是否隐藏。选中此复选框后，隐藏的引脚在元器件符号中将变得不可见。

【符号】选项框：引脚的 IEEE 符号的设置。系统提供了 4 个设置项：【内部】（元器件内部）、【内部边沿】（元器件内部边沿）、【外部】（元器件外部）和【外部边沿】（元器件外部边沿）。每一项都可以选择与此引脚有关的 IEEE 符号属性设置。

【位置】：引脚在原理图上的 X 轴和 Y 轴的精确坐标值。

【长度】：引脚的长度，必须为 10 的倍数。此处设置为 10。

【方向】：引脚在原理图上的放置方向。系统为设计人员提供了 4 个选项：0 Degrees、90 Degrees、180 Degrees 和 270 Degrees。也可以通过按空格键或者 X 键进行方向转换。系统默认是 0 Degrees。

【颜色】：单击右边的颜色条，可以打开选择颜色对话框，选择设置需要的颜色。系统默认为 3 号黑色。

步骤 10：在放置引脚的过程中，可以按空格键或者 X 键，对引脚进行旋转。

步骤 11：移动光标到合适的位置，单击放置引脚。需要注意的是，在放置引脚时，有"米"字形电气捕捉标志的一端应该是朝向元器件的外面，只有这一端具有电气连接性。放置完一端引脚的电解电容如图 3 – 2 – 9 所示。

引脚的名称和编号与符号外边沿之间的距离是可调的，单击【工具】 – 【原理图优先设定】 – 【Schematic（原理图）】 – 【General】，在【引脚间距】里进行设置。

步骤 12：光标仍然处于放置引脚的状态，可以继续放置下一个引脚。

步骤 13：单击鼠标右键可退出放置引脚的状态。引脚的放置结果如图 3 – 2 – 10 所示。

步骤 14：在矩形一侧的引脚旁，放置一个字符"+"，如图 3 – 2 – 11 所示。

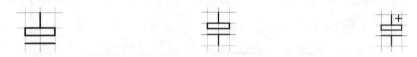

图 3 – 2 – 9　放置完一端引脚　　　图 3 – 2 – 10　引脚的放置结果　　　图 3 – 2 – 11　放置字符

步骤 15：在左侧 SCH Library（元器件库工作区面板）的元器件列表中双击元器件名称"电解电容"，或者单击【工具】 – 【元件属性】，弹出图 3 – 2 – 12 所示的元器件属性设置对话框。设置完毕后单击【确认】按钮保存。至此一个元器件符号"电解电容"制作完毕。

【Default Designator】：默认的库元件标识符，一般为"字符 + ?"，此处设置为"C?"。这样在原理图中连续放置该元器件的时候，元器件的标识符就会有自动增加的功能。

【注释】：元器件的补充说明，此处设置为"电解电容"。

【库参考】：元器件在元件库中的名称。此处默认为"电解电容"。

【描述】：元器件功能的简单描述信息。

【类型】：采用默认值即可。

【锁定引脚】：选中此复选框后，元器件中所有的引脚将和元器件成为一个整体，不能在原理图上单独移动引脚。建议设计人员选中，否则绘制原理图时容易出现误操作。

【显示图纸上全部引脚（即使是隐藏）】：选中此复选框后，原理图上会显示该元器件的全部引脚，包括设置为隐藏的引脚。

【编辑引脚】：单击此按钮，将打开元器件引脚编辑器，可以对元器件中的所有引脚进行编辑。

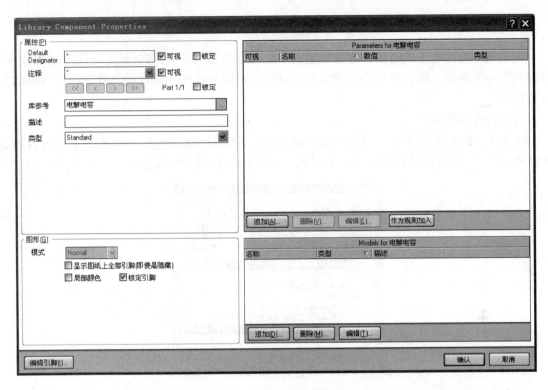

图 3-2-12　元器件属性设置对话框

步骤 16：单击【工具】-【新元件】，弹出图 3-2-13 所示的新元件命名对话框，默认名称为"COMPONENT_1"。重复步骤 4~步骤 14，可以继续制作第二个元器件。

图 3-2-13　新元件命名对话框

步骤 17：保存库文件。系统将自动设置为保存在项目工程文件夹中，可以根据需要调整。

一个编辑器工作窗口只能制作一个元器件符号，因为系统会自动将一个编辑器工作窗口内的所有内容都视为一个元器件。

在制作一个元器件符号的过程中，要特别注意每个引脚的属性。尤其是电气特性等属性一定要和元器件的实际情况相符合，否则在之后的电气规则检查或仿真过程中，可能会产生各种错误。

3.2.2 修改电容符号

在绘制电路原理图的时候，经常会遇到一些元器件符号不能完全满足设计需要的情况。重新制作一个新的元器件符号会比较麻烦，这时候可以对这个元器件的符号进行修改以满足设计的需要。

具体操作步骤如下：

步骤 1：单击【设计】-【建立设计项目库】，系统将自动生成与原理图文件同名的原理图库文件"单片机应用系统电路.SchLib"，如图 3-2-14 所示。

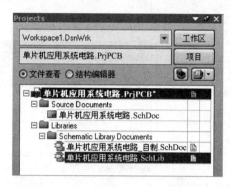

图 3-2-14 单片机应用系统电路.SchLib

步骤 2：在左侧 SCH Library（元器件库工作区面板）的元器件列表中，单击选中 Cap Pol2，在元器件编辑器窗口中显示了这个被选中的元器件符号，如图 3-2-15 所示。

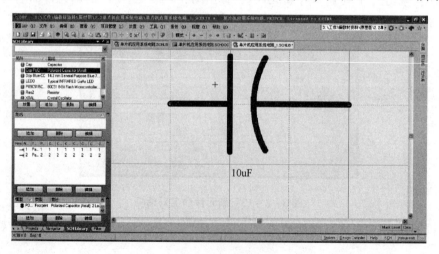

图 3-2-15 被选中的 Cap Pol2

步骤 3：利用绘图工具对元器件符号进行修改，修改结果如图 3-2-16 所示。

步骤 4：保存库文件。系统将自动保存在项目工程文件夹中，可以根据需要进行调整。

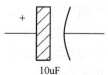

图 3-2-16 修改结果

3.2.3 制作芯片符号

本节通过制作一个单片机芯片 AT89C51 来巩固制作单部件元器件符号的知识。

单片机芯片 AT89C51 的引脚排列如图 3-2-17 所示。第 20 脚和第 40 脚分别为地和电源，第 9 脚、第 19 脚和第 31 脚为输入引脚，第 18 脚和第 29 脚为输出引脚，其他引脚都是双向引脚。

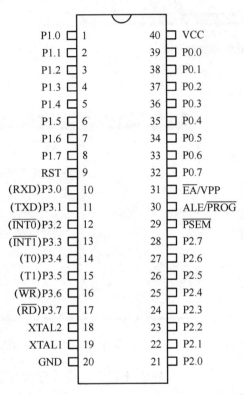

图 3-2-17　单片机芯片 AT89C51 的引脚排列

制作单片机芯片 AT89C51 原理图符号的具体操作步骤如下：

步骤 1：打开在 3.2.1 节创建的原理图库文件"单片机应用系统电路_自制元件.SchLib"。

步骤 2：单击【工具】-【新元件】，弹出图 3-2-18 所示的新元件命名对话框，新元器件的名称默认为"Component_1"，此处修改为"AT89C51"。

步骤 3：单击【确认】按钮保存。可见左侧 SCH Library（元器件库工作区面板）的元器件列表中除了 3.2.1 节制作的"电解电容"元器件，还多了一个名为"AT89C51"的元器件，如图 3-2-19 所示。

步骤 4：单击【放置】-【矩形】，或者单击工具栏中的实用工具 下的放置矩形按钮，在第四象限的坐标原点附近放置一个矩形，如图 3-2-20 所示。矩形的属性设置对话框如图 3-2-21 所示，边缘宽为 Smallest，勾选【画实心】复选框，其他的使用默认值。设置完毕后单击【确认】按钮保存。

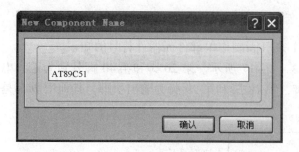

图3-2-18 新元件命名对话框

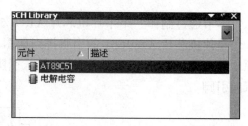

图3-2-19 元器件列表

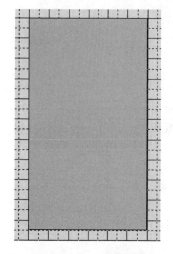

图3-2-20 放置矩形

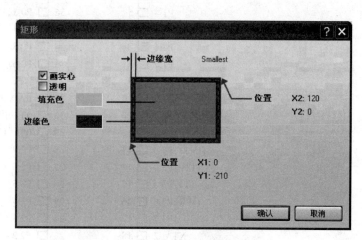

图3-2-21 矩形属性设置对话框

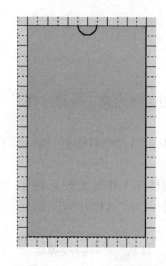

图3-2-22 放置椭圆弧

步骤5：单击【放置】-【椭圆弧】，或者单击工具栏中的实用工具下的放置矩形按钮，紧贴矩形的上边沿内放置一个椭圆弧，如图3-2-22所示。椭圆弧的属性设置对话框如图3-2-23所示，边缘宽为Smallest，其他的使用默认值。设置完毕后单击【确认】按钮保存。

步骤6：按照图3-2-17所示的单片机芯片AT89C51的引脚排列，依次放置引脚，并按照要求设置名称和电气类型。将长度设置为20。

在一些引脚的部分或全部显示名称的顶部有一条横线，可以单击【工具】-【原理图优先设定】-【Schematic（原理图）】-【Graphical Editing】，勾选【单一'\\'表示'负'】，只要在显示名称的第一个字符前加一个"\\"，该名称的顶部就将全部被加上横线。如果只想在部分名称的顶部加上横线，可以在需要加横线的字符后面单独加一个"\\"，如图3-2-24所示。

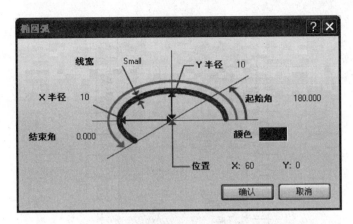

图 3-2-23 椭圆弧的属性设置对话框

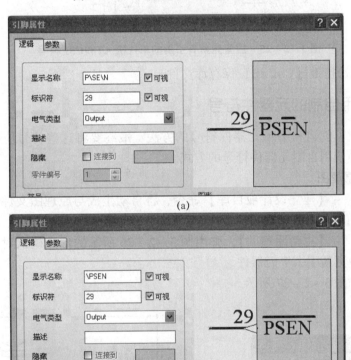

图 3-2-24 "\\"的用法

(a) "\"在字符"P"和"E"的后面；(b) "\"在所有字符的前面

放置完所有引脚的单片机符号如图 3-2-25 所示。

步骤 7：在左侧 SCH Library（元器件库工作面板）的元器件列表中双击元器件名称"AT89C51"，或者单击【工具】-【元件属性】，弹出元器件属性设置对话框。将【Default designator】设置为"U?"，将【注释】设置为"AT89C51"。设置完毕后单击【确认】按钮保存。

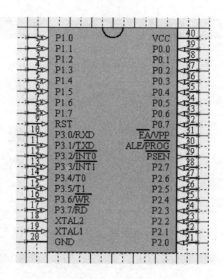

图 3-2-25　放置完所有引脚的单片机 AT89C51 符号

步骤 8：利用快捷键【Ctrl + S】保存库文件。

3.2.4　使用自制的元器件符号

前面几节介绍了创建和编辑元器件符号的方法，最终要将这些符号应用到电路原理图中。下面介绍几种使用自制元器件符号的方式。

1. 更新电路原理图

执行【设计】-【建立设计项目库】命令，将自动生成与原理图文件同名的原理图库文件"单片机应用系统电路.SchLib"。

单击【工具】-【更新原理图】，弹出图 3-2-26 所示的信息确认对话框。对话框提示在一张原理图中更新了一个元器件。

更新的结果如图 3-2-27 所示。

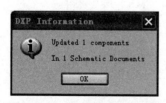

图 3-2-26　信息确认对话框

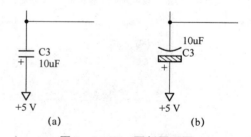

图 3-2-27　更新原理图
(a) 更新前；(b) 更新后

2. 直接放置自制元器件符号

直接放置自制元器件符号到原理图中有两种情况：

(1) 原理图与自建的原理图库文件在一个项目工程中。

步骤 1：打开项目工程文件，在项目工程工作区面板中双击打开原理图。

步骤 2：元件库工作区面板中的元件库列表中已经自动加载了自制的原理图库，单击选中此元件库。

步骤3：在元器件列表中，单击选中需要放置的自制元器件。
步骤4：单击【放置】按钮，就可以将元器件放置到原理图中了。
（2）原理图与自建的原理图库文件不在一个项目工程中。
步骤1：打开项目工程文件，在项目工程工作区面板中双击打开原理图。
步骤2：在元件库工作区面板中，单击【元件库】按钮，添加自制的原理图库。
步骤3：重复（1）中的步骤2～步骤4即可放置自制的元器件符号。

3.2.5 技能训练

（1）在一个原理图库文件中制作图3-2-28所示的两个元器件符号。

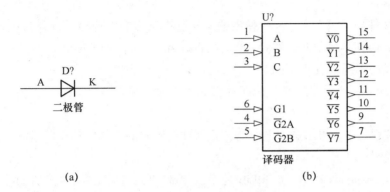

图3-2-28 元器件符号

(a) 二极管；(b) 译码器

具体设计要求如下：

①新建一个名为"单部件元器件符号.PrjPCB"的项目工程文件，并在其中添加一个名为"单部件元器件符号.SchLib"的原理图库文件。

②二极管的名称为"1N4007"，【Default Designator】设置为"D?"，【注释】设置为"二极管"。

③译码器的名称为"74LS138"，【Default Designator】设置为"U?"，【注释】设置为"译码器"。

操作提示：

①单击【文件】，新建项目工程文件和原理图库文件。

②在原理图库文件中，单击【工具】-【重新命名元件】，修改默认的"Component_1"为"1N4007"。利用实用工具制作二极管符号的外轮廓，放置两个引脚，电气类型为Passive，长度为25。

单击【工具】-【元件属性】，在元器件属性设置对话框中设置【Default Designator】为"D?"，【注释】为"二极管"。

③在原理图库文件中，单击【工具】-【新元件】，修改默认的"Component_1"为"74LS138"。利用实用工具制作译码器符号的外轮廓，放置引脚，长度为20，并按照要求设置引脚的电气类型。8脚为接地，设置为隐藏。16脚接电源VCC，也设置为隐藏。

单击【工具】-【元件属性】，在元器件属性设置对话框中设置【Default Designator】

为"U?",【注释】为"译码器"。

(2) 打开 Miscellaneous Devices.IntLib 元件库,将其中图 3-2-29(a) 所示的电位器符号修改为图 3-2-29(b) 所示的符号

图 3-2-29

(a) 元件库中的电位器符号;(b) 修改后的电位器符号

操作提示:

①单击【文件】-【打开】,在弹出的文件选择对话框中选择系统自带的电气元件杂项库 Miscellaneous Devices.IntLib,路径为 C:\\Program Files\\Altium2004\\Library,其根据读者安装软件路径的不同会有所不同。

②在 SCH Library(元器件库工作区面板)的搜索栏中输入"RPot",查找库中的电位器符号。

③在元器件列表中,单击选中电位器,元器件编辑器的工作窗口中将显示图 3-2-29(a)所示的电位器符号。

④因为 Miscellaneous Devices.IntLib 是系统自带的元件库,包含了大部分常用的元器件,如电阻、电容、二极管、三极管、电感、开关等,所以不建议读者直接在里面对元器件符号进行修改,作为此节的练习题,可以将元器件符号复制到其他原理图库文件中再进行修改。

⑤将不需要的锯齿线删除,利用放置矩形工具放置一个矩形即可。

⑥单击【工具】-【元件属性】,在元器件属性设置对话框中设置【Default designator】为"RP?",【注释】为"RPOT",【Value】为"20K"。

3.3 任务3 制作多部件元器件符号

许多电路中使用的集成电路芯片都是多部件元器件,内部包含多个电路结构相同,但引脚不相同的单元电路。本任务以制作四2输入异或门 SN74HC86 和四运算放大器 LM324 的元器件符号为例,来介绍多部件元器件符号制作的相关操作。

3.3.1 制作集成电路 SN74HC86

本节以制作 SN74HC86 的符号为例介绍多部件元器件符号的制作方法。SN74HC86 是四2输入异或门,内部包含4个逻辑上没有关系的2输入异或门,4个异或门共用电源和地。SN74HC86 的引脚排列如图 3-3-1 所示。SN74HC86 共有 14 个引脚,其中 7 脚接地,14 脚接电源;1 脚、2 脚、3 脚是第一个异或门的引脚;4 脚、5 脚、6 脚是第二个异或门的引脚;9 脚、10 脚、8 脚是第三个异或门的引脚;12 脚、13 脚、11 脚是第四个异或门的引脚。因

因为SN74HC86是有源元器件，所以元器件的4个部件需要分别绘制在4张不同的图纸上，称为Part A、Part B、Part C和Part D，而且每个部件都要有电源和接地引脚。

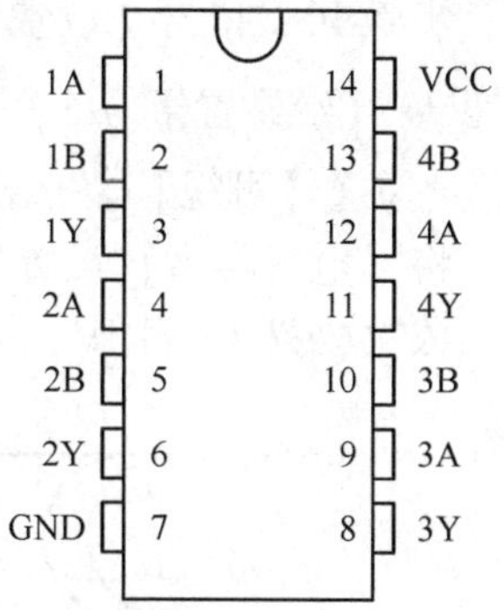

制作四2输入异或门SN74HC86原理图符号的具体操作步骤如下：

步骤1：打开或新建一个原理图库文件，创建一个名为SN74HC86的元器件。

步骤2：单击【放置】-【椭圆弧】，或者单击工具栏中的实用工具 下的放置椭圆弧按钮 ，在坐标原点附近放置一段椭圆弧，如图3-3-2所示。

图3-3-1 SN74HC86的引脚排列

步骤3：利用快捷键【Ctrl+A】，选中这段圆弧。

步骤4：利用快捷键【Ctrl+C】，复制这段圆弧。

步骤5：利用快捷键【Ctrl+V】，移动光标在合适的位置粘贴这段圆弧，如图3-3-3所示。

步骤6：单击【放置】-【直线】，或者单击工具栏中的实用工具 下的放置直线按钮 ，在后面一段椭圆弧的上、下两端，分别放置一段同样长度的直线，并修改直线的颜色（与椭圆弧相同），如图3-3-4所示。

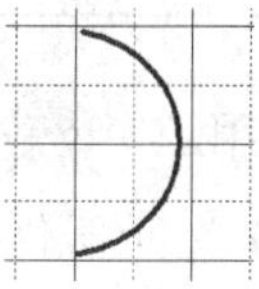

图3-3-2 放置一段椭圆弧　　图3-3-3 放置两段椭圆弧　　图3-3-4 放置两段直线

步骤7：单击【放置】-【椭圆弧】，或者单击工具栏中的实用工具 下的放置椭圆弧按钮 ，在直线后面放置一段椭圆弧，如图3-3-5所示。

步骤8：复制、粘贴步骤7中画的椭圆弧，利用Y键上下垂直翻转这段椭圆弧，如图3-3-6所示。

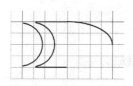 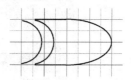

图3-3-5 步骤7　　图3-3-6 步骤8

步骤9：单击【放置】-【直线】，或者单击工具栏中的实用工具 下的放置直线按钮 ，在步骤6中所画的椭圆弧中间放置两段同样长度的直线，并修改直线的颜色（与圆弧相同），如图3-3-7所示。

至此，异或门元器件原理图符号的外轮廓绘制完毕。

步骤10：单击【放置】-【引脚】，或者单击工具栏中的实用工具下的放置引脚按钮开始放置第一个引脚。按 Tab 键打开引脚属性设置对话框，将【标识符】设置为"1"，勾选【可视】复选框，将【显示名称】设置为"A"，取消对【可视】复选框的勾选，将【电气类型】设置为"Input"，取消隐藏，将【长度】设置为"20"。

依次放置3个引脚，第一个异或门元器件的制作结果如图3-3-8所示。

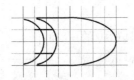
图3-3-7 异或门的外轮廓

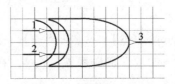
图3-3-8 第一个异或门

第一个异或门元器件的引脚设置见表3-3-1。

表3-3-1 第一个异或门元器件的引脚设置

标识符	可视	显示名称	可视	电气类型	隐藏
1	√	A	×	Input	×
2	√	B	×	Input	×
3	√	Y	×	Output	×

步骤11：单击【工具】-【创建元件】，或者单击工具栏中的实用工具下的新加元件按钮。此时，所制作的第一个异或门元器件将被系统自动作为元器件的第一个部件 Part A，新加的元器件将被系统自动作为元器件的第二个部件 Part B。在 SCH Library（元器件库工作区面板）的元器件列表中，元器件 SN74HC86 前面多了一个"+"号。单击"+"号，可以看到下拉菜单中出现 Part A 和 Part B，如图3-3-9所示。单击 Part A，双击原理图符号中的任意一个引脚，打开引脚属性设置对话框，【零件编号】属性被激活，默认 Part A 中的所有引脚的"零件编号"为"1"，Part B 中的所有引脚的"零件编号"为"2"。

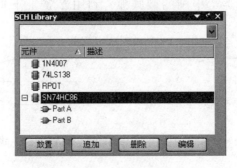
图3-3-9 第二个部件 Part B

步骤12：由于所有异或门的形状完全相同，只是引脚编号不同，因此可以使用复制、粘贴操作，再把引脚参数逐一修改过来，即可完成第二个部件的制作。

第二个异或门元器件的引脚设置见表3-3-2。

表 3-3-2　第二个异或门元器件的引脚设置

标识符	可视	显示名称	可视	电气类型	隐藏	零件编号
4	√	A	×	Input	×	2
5	√	B	×	Input	×	2
6	√	Y	×	Output	×	2

步骤 13：重复步骤 11 和步骤 12 完成第三个部件的制作。
第三个异或门元器件的引脚设置见表 3-3-3。

表 3-3-3　第三个异或门元器件的引脚设置

标识符	可视	显示名称	可视	电气类型	隐藏	零件编号
9	√	A	×	Input	×	3
10	√	B	×	Input	×	3
8	√	Y	×	Output	×	3

步骤 14：重复步骤 11 和步骤 12 完成第四个部件的制作。
第四个异或门元器件的引脚设置见表 3-3-4。

表 3-3-4　第四个异或门元器件的引脚设置

标识符	可视	显示名称	可视	电气类型	隐藏	零件编号
12	√	A	×	Input	×	4
13	√	B	×	Input	×	4
11	√	Y	×	Output	×	4

4 个部件全部完成的结果如图 3-3-10 所示。

步骤 15：打开任意部件的编辑画面，单击【放置】-【引脚】，或者单击工具栏中的实用工具 下的放置引脚按钮 ，开始放置 7 号接地引脚。按 Tab 键打开引脚属性设置对话框，将【标识符】设置为"7"，取消对【可视】复选框的勾选，将【显示名称】设置为"GND"，取消对【可视】复选框的勾选，将【电气类型】设置为"Power"，将【零件编号】设置为"0"，将【长度】设置为"20"。单击【确认】按钮保存。

步骤 16：在任意位置放置 7 号引脚，放置结果如图 3-3-11 所示。

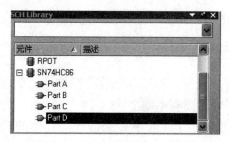

图 3-3-10　4 个部件全部完成

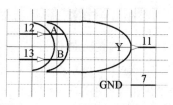

图 3-3-11　放置 7 号接地引脚

步骤17：双击7号引脚，再次打开引脚属性设置对话框，勾选【隐藏】复选框，将【连接到】设置为"GND"。单击【确认】按钮保存，返回编辑器界面。可以看到7号引脚被隐藏了。单击【查看】-【显示或隐藏引脚】，可以显示和取消显示隐藏的引脚。

步骤18：14号电源引脚的放置方法和属性设置方法与7号接地引脚类似，此处不再重复介绍。重复步骤15~步骤17放置14号电源引脚。

接地和电源引脚的设置见表3-3-5。

表3-3-5 接地和电源引脚的设置

标识符	可视	显示名称	可视	电气类型	隐藏	零件编号	连接到
7	×	GND	×	Power	√	0	GND
14	×	VCC	×	Power	√	0	VCC

放置结果如图3-3-12所示。

零件编号为"0"的列脚是一个特殊的引脚，用来表示对所有部件都通用。当任何一个部件被放置到原理图中时，零件编号为"0"的引脚都会一起被放置到原理图中。尽管引脚7和14的属性被设置为隐藏，设计人员无法看到这些引脚，但在原理图中分别默认连接到GND和VCC。

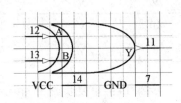

图3-3-12 放置14号电源引脚

在SCH Library（元器件库工作区面板）的元器件列表中，依次单击选中Part A、Part B、Part C和Part D 4个单元，可以看到7和14号引脚都已经被放置在其中了，如图3-3-13所示。

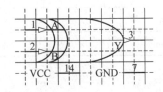 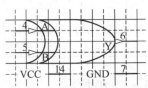 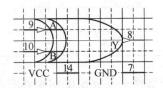

图3-3-13 零件编号为"0"的引脚

步骤19：单击【查看】-【显示或隐藏引脚】，取消显示隐藏的引脚。

步骤20：在SCH Library（元器件库工作区面板）的元器件列表中，双击SN74HC86，或者单击选中SN74HC86，然后单击【编辑】按钮，打开元器件属性设置对话框。将【Default Designator】设置为"U?"，将【注释】设置为"四2输入异或门"。设置完毕单击【确认】按钮保存。

步骤21：利用快捷键【Ctrl+S】保存原理图库文件。

3.3.2 利用已有元器件符号制作新符号

利用元件库中已有的元器件符号，通过选择、复制、粘贴和修改等操作可以获得新的元器件符号。图3-3-14（a）所示的新元器件符号可以利用图3-3-14（b）所示的元器件SN74LS138D（在元件库ON Semi Logic Decoder Demux.IntLib中）来制作。具体的操作步骤如下：

步骤1：单击【文件】-【打开】，在弹出的文件选择对话框中选择一个原理图库文件，此处为系统的 ON Semi Logic Decoder Demux.IntLib 元件库，路径为 C:\\Program Files\\Altium2004\\Library\\ON Semiconductor，其根据读者安装软件路径的不同会有所不同。

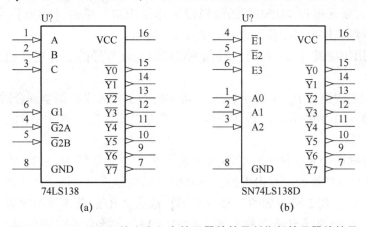

图 3-3-14　利用元件库中已有的元器件符号制作新的元器件符号
(a) 新的元器件符号；(b) 与新元器件符号相似的 SN74LS138D

步骤2：单击【打开】按钮，弹出图 3-3-15 所示的【抽取源码或安装】对话框。

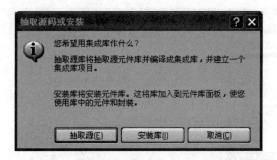

图 3-3-15　【抽取源码或安装】对话框

步骤3：单击【抽取源】按钮，提取源文件。双击打开原理图库文件 ON Semi Logic Decoder Demux.SchLib。

步骤4：在 SCH Library（元器件库工作区面板）的元器件列表中，找到 SN74LS138D，单击选中，编辑器工作窗口中便会显示 SN74LS138D 的符号，如图 3-3-16 所示。

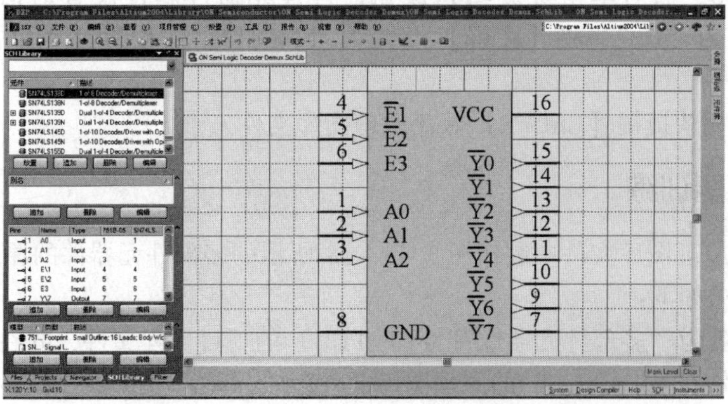

图 3-3-16　SN74LS138D 的编辑器工作窗口

步骤5：利用快捷键【Ctrl + A】，选择SN74LS138D符号的全部组件。
步骤6：利用快捷键【Ctrl + C】，复制SN74LS138D符号的全部组件。
步骤7：打开或新建一个原理图库文件，创建一个名为74LS138的新元器件。
步骤8：进入新元器件74LS138的编辑器工作区窗口，单击【编辑】－【跳转到】－【原点】，将编辑器工作窗口定位到以原点为中心的界面。
步骤9：利用快捷键【Ctrl + V】，粘贴SN74LS138D符号的全部组件到新元器件的编辑器工作区窗口中。
步骤10：利用快捷键PgUp或者PgDn，将编辑器工作区窗口调整到合适的大小。

观察图3－3－14中的两个元器件，两个元器件之间主要有两大不同之处：1、2、3引脚组和4、5、6引脚组。

步骤11：根据两个元器件之间的不同之处，在新建元器件74LS138的编辑器工作区窗口对元器件作出相应的修改。双击引脚，打开引脚属性设置对话框，依次将1号引脚的【显示名称】改为"A"，将2号引脚的【显示名称】改为"B"，将3号引脚的【显示名称】改为"C"，将4号引脚的【显示名称】改为"G\\2A"，将5号引脚的【显示名称】改为"G\\2B"，将6号引脚的【显示名称】改为"G1"。鼠标左键按住需要调整位置的引脚到合适的位置，松开鼠标即可进行放置。修改结果如图3－3－17所示。

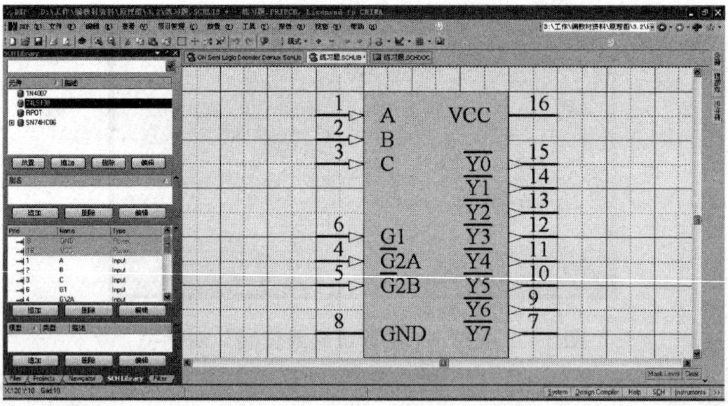

图3－3－17 修改结果

步骤12：在SCH Library（元器件库工作区面板）的元器件列表中双击74LS138，或者单击选中74LS138，然后单击【编辑】按钮，打开元器件属性设置对话框。将【Default Designator】设置为"U?"，将【注释】设置为"74LS138"。设置完毕单击【确认】按钮保存。
步骤13：利用快捷键【Ctrl + S】保存原理图库文件。

3.3.3 技能训练

（1）在一个原理图库文件中制作图3－3－18所示的多部件元器件的原理图符号。
具体设计要求如下：
①新建一个名为"多部件元器件符号.PrjPCB"的项目工程文件，并在其中添加一个名为"多部件元器件符号.SchLib"的原理图库文件。

②元器件的名称为"74LS00",将【Default Designator】设置为"U?",将【注释】设置为"74LS00"。

操作提示:

①单击【文件】菜单,新建项目工程文件和原理图库文件。

②在原理图库文件中,单击【工具】-【重新命名元件】,修改默认的"Component_1"为"74LS00"。利用实用工具先制作出第一个部件 2 输入与非门的外轮廓(由三段直线和一段椭圆弧组成),如图 3-3-19 所示。

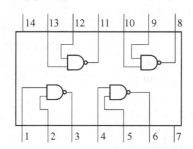 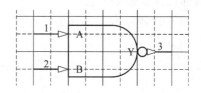

图 3-3-18 多部件元器件的原理图符号(1)　　图 3-3-19 2 输入与非门的外轮廓

放置 1、2、3 号引脚,引脚设置见表 3-3-6。

表 3-3-6 74LS00 的引脚设置

标识符	可视	显示名称	可视	电气类型	隐藏	零件编号	连接到	外部边沿
1	√	A	×	Input	×	1		
2	√	B	×	Input	×	1		
3	√	Y	×	Output	×	1		Dot
4	√	A	×	Input	×	2		
5	√	B	×	Input	×	2		
6	√	Y	×	Output	×	2		Dot
9	√	A	×	Input	×	3		
10	√	B	×	Input	×	3		
8	√	Y	×	Output	×	3		Dot
12	√	A	×	Input	×	4		
13	√	B	×	Input	×	4		
11	√	Y	×	Output	×	4		Dot
7	×	GND	×	Power	√	0	GND	
14	×	VCC	×	Power	√	0	VCC	

③在原理图库文件中,单击【工具】-【创建元件】。复制第一个部件到 Part B 的编辑器工作区窗口中,按照表 3-3-6,把引脚参数逐一修改过来,完成第二个部件 Part B 的制作。

④重复③完成第三个部件 Part C 的制作。

⑤重复③完成第四个部件 Part D 的制作。

⑥在任意一个部件的编辑器工作区窗口，按照表 3-3-6 放置 7 号接地引脚和 14 号电源引脚，如图 3-3-20 所示。

单击【工具】-【元件属性】，在元器件属性设置对话框中设置【Default Designator】为"U?"，设置【注释】为"74LS00"。

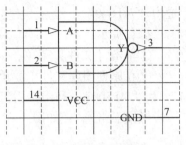

图 3-3-20 放置接地引脚和电源引脚

（2）在（1）中创建的原理图库文件中添加一个图 3-3-21 所示的多部件元器件的原理图符号。

具体设计要求如下：

元器件的名称为"74HC04"，将【Default Designator】设置为"U?"，将【注释】设置为"74HC04"。

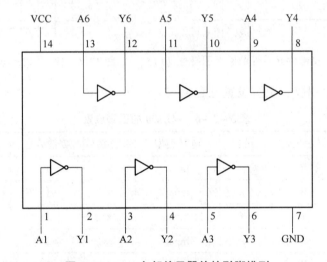

图 3-3-21 多部件元器件的引脚排列

操作提示：

①在（1）中创建的原理图库文件中，单击【工具】-【新元件】，修改元器件的名称为"74HC04"。

②利用实用工具先制作第一个部件——反相器（非门）的外轮廓（由三段直线组成一个三角形），如图 3-3-22 所示。

放置 1、2 号引脚，引脚设置见表 3-3-7。

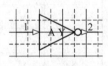

图 3-3-22 反相器的外轮廓

表 3-3-7 74HC04 的引脚设置

标识符	可视	显示名称	可视	电气类型	隐藏	零件编号	连接到	外部边沿
1	√	A	×	Input	×	1		
2	√	Y	×	Output	×	1		Dot
3	√	A	×	Input	×	2		
4	√	Y	×	Output	×	2		Dot

续表

标识符	可视	显示名称	可视	电气类型	隐藏	零件编号	连接到	外部边沿
5	√	A	×	Input	×	3		
6	√	Y	×	Output	×	3		Dot
9	√	A	×	Input	×	4		
8	√	Y	×	Output	×	4		Dot
11	√	A	×	Input	×	5		
10	√	Y	×	Output	×	6		Dot
13	√	A	×	Input	×	7		
12	√	Y	×	Output	×	7		Dot
7	×	GND	×	Power	√	0	GND	
14	×	VCC	×	Power	√	0	VCC	

③在原理图库文件中，单击【工具】-【创建元件】，复制第一个部件到 Part B 的编辑器工作区窗口中，按照表 3-3-7，把引脚参数逐一修改过来，完成第二个部件 Part B 的制作。

④重复③完成第三个部件 Part C 的制作。

⑤重复③完成第四个部件 Part D 的制作。

⑥重复③完成第五个部件 Part E 的制作。

⑦重复③完成第六个部件 Part F 的制作。

8）在任意一个部件的编辑器工作区窗口，按照表 3-3-7 放置 7 号接地引脚和 14 号电源引脚，如图 3-3-23 所示。

单击【工具】-【元件属性】，在元器件属性设置对话框中设置【Default Designator】为"U?"，设置【注释】为"74HC04"。

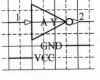

图 3-3-23 放置接地引脚和电源引脚

(3) 在（1）中创建的原理图库文件中，添加一个图 3-3-24 所示的多部件元器件的原理图符号。

具体设计要求如下：

元器件的名称为"54HC107"，将【Default Designator】设置为"U?"，将【注释】设置为"54HC107"。

操作提示：

①在（1）中创建的原理图库文件中，单击【工具】-【新元件】，修改元器件的名称为"54HC107"。

②利用实用工具先制作第一个部件——双 JK 触发器的外轮廓（矩形），如图 3-3-25 所示。

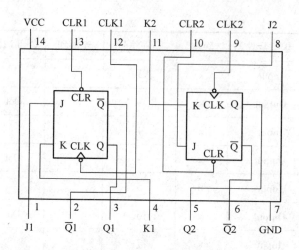
图 3-3-24 多部件元器件的内部结构和引脚排列

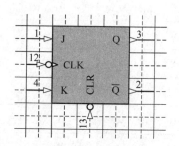
图 3-3-25 双 Jk 触发器的外轮廓

放置 1、2、3、4、12、13 号引脚,引脚设置见表 3-3-8。

表 3-3-8 54HC107 的引脚设置

标识符	可视	显示名称	可视	电气类型	隐藏	零件编号	连接到	外部边沿	内部边沿
1	√	J	√	Input	×	1			
2	√	Q\\	√	Output	×	1			
3	√	Q	√	Output	×	1			
4	√	K	√	Input	×	1			
12	√	CLK	√	Input	×	1		Dot	Clock
13	√	CLR	√	Input	×	1		Dot	
5	√	Q	√	Output	×	2			
6	√	Q\\	√	Output	×	2			
8	√	J	√	Input	×	2			
11	√	K	√	Input	×	2			
9	√	CLK	√	Input	×	2		Dot	Clock
10	√	CLR	√	Input	×	2		Dot	
7	×	GND	×	Power	√	0	GND		
14	×	VCC	×	Power	√	0	VCC		

③在原理图库文件中,单击【工具】-【创建元件】。复制第一个部件到 Part B 的编辑器工作区窗口中,按照表 3-3-8,把引脚参数逐一修改过来,完成第二个部件 Part B 的制作。

④在任意一个部件的编辑器工作区窗口中,按照表 3-3-8 放置 7 号接地引脚和 14 号电源引脚,如图 3-3-26 所示。

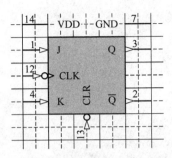

图 3-3-26 放置接地引脚和电源引脚

单击【工具】-【元件属性】,在元器件属性设置对话框中设置【Default Designator】为"U?",设置【注释】为"54HC107"。

项目四

设计PCB电路板

【学习目标】

1. 了解 PCB 的组成及其分类。
2. 熟悉元器件的常用封装方式。
3. 掌握设计 PCB 的方法。
4. 会设置 PCB 编辑器的环境参数。
5. 会规划电路板。
6. 会对元器件进行手工布局
7. 会自动布局的规则设置及方法。
8. 会设置布线规则。
9. 会元器件之间的手工布线及自动布线。
10. 会对电路板进行补泪滴及覆铜。
11. 会对电路板进行 DRC 检查。

在前面项目的任务中,已经对电路原理图的绘制进行了介绍,但是,电路设计的最终目的是生成 PCB(印制电路板的英文缩写)。本项目通过 3 个任务循序渐进地介绍了如何生成 PCB。通过本项目的学习,可掌握 PCB 设计的基本步骤和技巧。

4.1 任务 1 PCB 设计的基础知识

生活中的电子设备几乎都离不开 PCB,小到电子手表、计算器、通用计算机,大到通信电子设备、军用武器系统,只要有集成电路等电子元器件,它们之间的电气互连都要用到

PCB。除了固定各种小零件外,PCB 还提供集成电路等各种电子元器件固定装配的机械支撑,实现集成电路等各种电子元器件之间的布线和电气连接或电绝缘,提供所要求的电气特性,如特性阻抗等,同时为自动锡焊提供阻焊图形,为元器件插装、检查、维修提供识别字符和图形。随着电子设备越来越复杂,需要的零件越来越多,PCB 上的线路与零件也越来越密集。下面就来认识一下 PCB。

4.1.1 认识印制电路板

PCB 是印制电路板(Printed Circuie Board)的简称,通常把在绝缘基材上,按预定设计,制成印制线路、印制元件或将两者组合而成的导电图形称为印制电路。而在绝缘基材上提供元器件之间电气连接的导电图形,称为印制线路。这样就把印制电路或印制线路的成品板称为印制线路板,亦称为印制板或印制电路板。

1. PCB 的分类

PCB 种类繁多,主要可分为:单面板、双面板、多层板、铝基板、阻抗板、FPC 软板等。

1)单面板(图 4-1-1)

单面板是在绝缘基板的一面有导体图形的印制电路板。单面板就是在最基本的 PCB 上,零件集中在其中一面,而导线集中在另一面。因为导线只出现在其中一面,所以这种 PCB 叫作单面板(Single Sided)。因为单面板在设计线路上有许多严格的限制(因为只有一面,布线间不能交叉而必须绕独自的路径),所以只有早期的电路才使用这类板子。

单面板的布线图以网路印刷(Screen Printing)为主,亦即在铜表面印上阻剂,经蚀刻后再以防焊阻印上记号,最后以冲孔加工方式完成零件导孔及外形。此外,部分少量多样生产的产品,则采用感光阻剂形成图样的照相法。

2)双面板(图 4-1-2)

双面板在绝缘基板的两面都有导体图形,中间利用过孔连接,双面板是单面板的延伸,意思是单面板的线路不够用从而转到反面,双面板还有重要的特征,就是有导通孔。简单来说就是双面走线,正、反两面都有线路。

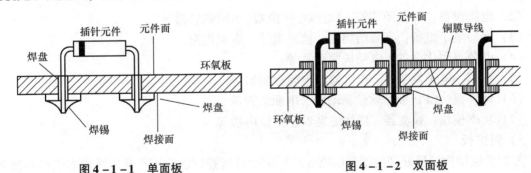

图 4-1-1 单面板　　　　　　　图 4-1-2 双面板

3)多面板(图 4-1-3)

多面板是指有 3 层以上导体图形的印制电路板,在双面板已有的顶层和底层的基础上,增加了内部电源层、内部接地层以及中间布线层。通常层数是偶数,大部分计算机的主板(图 4-1-4)都是 4~8 层的结构,不过技术上可以做到近 100 层。多层手机板如图 4-1-5 所示。

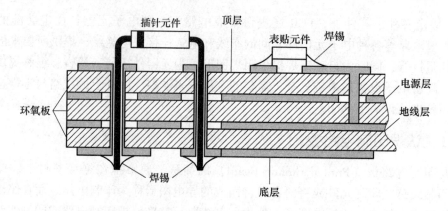

图4–1–3 多面板

图4–1–4 多层计算机主板

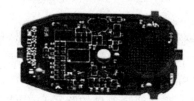

图4–1–5 多层手机板

4)铝基板

PCB 铝基板是一种独特的金属基覆铜板,PCB 铝基板具有良好的导热性、电气绝缘性和机械加工性。

PCB 铝基板用途:

(1)音频设备:输入放大器、输出放大器、平衡放大器、音频放大器、前置放大器、功率放大器等。

(2)电源设备:开关调节器、DC/AC 转换器、SW 调整器等。

(3)通信电子设备:高频增幅器、滤波电器、发报电路。

(4)办公自动化设备:电动机驱动器等。

(5)汽车:电子调节器、点火器、电源控制器等。

(6)计算机:CPU 板、软盘驱动器、电源装置等。

(7)功率模块:换流器、固体继电器、整流电桥等。

5)阻抗板

好的叠层结构能够起到对印制电路板特性阻抗进行控制的作用,其走线可形成易控制和可预测的传输线结构的叫作阻抗板。

6)FPC 柔性板

FPC 柔性板是指用柔性的绝缘基材制成的印制电路板,其可以自由弯曲、卷绕、折叠,可依照空间布局要求任意安排,并在三维空间内任意移动和伸缩。

2. PCB 的构成

设计 PCB 前,有必要弄清楚构成 PCB 的相关元素及专业术语。一块 PCB 主要由元件、铜箔等构成。

1）元件

元件是用于完成电路功能的各种器件。每个元件包含若干个引脚，通过引脚将电信号引入元件内部进行处理，从而完成相应功能，引脚有固定元件的作用。电路板上的元件包括集成电路芯片和分立元件，以及提供电路输入/输出和电路板供电端口的连接器，某些电路板上还有用于指示的器件（如数码管、发光二极管等）。

2）铜箔

其在电路板上可以表现为导线、焊盘、过孔和覆铜等形式，它们各自的作用如下：

（1）导线：用于连接电路板上各种元件的引脚，完成各个元件之间电信号的连接。

（2）过孔：在多层电路板中，为了完成电气连接的建立会出现过孔，它用来连通中间各层需要连通的铜箔，过孔的上、下两面均做成普通的焊盘形状，可直接与上、下两面的线路连通，也可不连。

（3）安装孔：用于固定印制电路板的孔。

（4）焊盘：用于在电路板上固定元件，也是电信号进入元件的通路组成部分。用于安装整个电路板的安装孔，有时候也以焊盘的形式出现。

（5）覆铜：在电路板上的某个区域填充铜箔称为覆铜。覆铜可以改善电路的特性。

（6）接插件：用于电路板之间连接的元件。

（7）填充：用于地线网络的覆铜，可以有效地减小阻抗。

（8）电气边界：用于确定电路板的尺寸，所有电路板上的元器件都不能超过该边界。

（9）印制材料：采用绝缘材料制成，用于支撑整个电路。

3. 印制电路板的制作流程

1）材料的确定

根据电路的工作频率及工作环境来选用不同基材的印制电路板。一般PCB的原料是玻璃纤维，这种材料在日常生活中处处可见，比如，防火布、防火毡的核心就是玻璃纤维，玻璃纤维很容易和树脂相结合，把结构紧密、强度高的玻纤布浸入树脂中，硬化后就得到了隔热绝缘、不易弯曲的PCB基板了。如果把PCB板折断，可发现边缘是发白分层，这足以证明材质为树脂玻纤。

2）覆铜板的表面处理

复印底图前应将覆铜板表面清洗干净，方法：用水磨砂纸（切不可用粗砂纸）蘸水打磨，用去污粉擦洗，直到将板面擦亮为止，然后用水冲洗，用布擦净后即可使用。

3）复印电路图

其指将印制电路板图复印在覆铜板的铜箔面上。

4）描绘

选好合适的覆铜板，用碱水除去铜箔面的油污（也可用细砂纸打光），然后用复写纸把1:1的印制电路图复印在铜箔面器，再把复印图涂上耐腐蚀涂料。涂料可用磁化漆、清漆、煤油稀释的沥青等，也可用打字蜡纸、改正液、指甲油、记号笔等。

5）腐蚀

修整完毕的已描绘好的印制电路板在干燥后即可进行腐蚀。腐蚀剂用三氯化铁溶液。将三氯化铁与水以1:3的比例混合盛于器皿中（不能用金属器皿），溶液温度为30℃~50℃，放入已描绘好的印制电路板，不时搅动，直到未涂漆的铜箔全被腐蚀掉。

6）钻孔

腐蚀好的印制电路板应用清水冲净，再用细砂纸打光铜箔，打冲眼，然后用手摇钻或台钻在焊盘中心钻孔。对于微调电阻等元器件的插孔，可按实际需要钻孔。最后清洗并涂上一层松香酒精层即可。

7）涂保护层

（1）涂松香层：先配制松香酒精溶液，将 2 份松香研碎后放入 1 份纯酒精中（浓度在 90% 以上），盖紧盖子搁置一天，待溶液中的酒精自然挥发后，印制电路板上就会留下一层黄色透明的松香保护层。

（2）涂银层：在盆中倒入硝酸银溶液，将印制电路板浸没在溶液中，10min 后即可在导线铜箔表面均匀地留下银层，用清水冲洗，晾干后就可以使用了。

4.1.2 认识 PCB 设计编辑器

1. 新建 PCB 文件

在进行 PCB 设计时，必须先创建一个新的 PCB 电路板文件。一般 PCB 文件的创建方法有如下两种：

（1）在项目文件 PCB_Project1.PrjPCB 上单击鼠标右键，在弹出的快捷菜单中执行【追加新文件到项目中】-【PCB】命令，如图 4-1-6 所示。

图 4-1-6 新建 PCB 文件（用快捷菜单）

（2）执行【文件】-【创建】-【PCB 文件】命令，如图 4-1-7 所示。

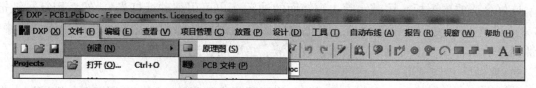

图 4-1-7 新建 PCB 文件（用菜单栏）

利用这两种方法，用户可以非常灵活地生成多种样式的 PCB 文件，特别是通过后一种方式，用户可以生成一些标准和通用的电路板，以节省大量的时间和精力。通过这两种方式建立的 PCB 文件将显示在 PCB_Project1.PrjPCB 项目文件中，被命名为 PCB1.PcbDoc，并自动打开 PCB 设计界面，该 PCB 文件进入编辑状态，如图 4-1-8 所示。

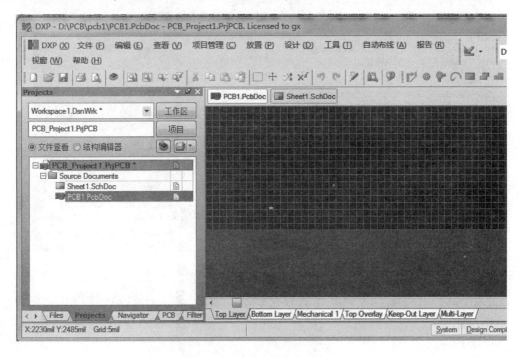

图 4-1-8 PCB 设计界面

此时的激活设计项目仍然是 PCB_Project1.PrjPCB。不过和原理图设计界面不同，在窗口的右下角将显示 PCB 的选项，选择该选项后正式进入 PCB 文件的编辑。

2. 新建 PCB 库文件

PCB 库文件是 PCB 设计时的原材料。如果没有 PCB 库文件，元件将不会出现在 PCB 板上，从原理图转换为 PCB 时只能出现元件名称而没有元件的外形封装。

新建 PCB 库文件的方法有以下两种：

（1）在项目文件 PCB_Project1.PrjPCB 上单击鼠标右键，在弹出的快捷菜单中执行【追加新文件到项目中】-【PCB Library】命令，如图 4-1-9 所示。

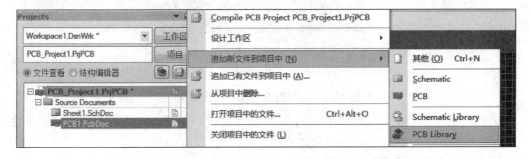

图 4-1-9 PCB 库文件新建菜单（用快捷菜单）

(2) 执行【文件】-【创建】-【库】-【PCB 库】命令，如图 4-1-10 所示。

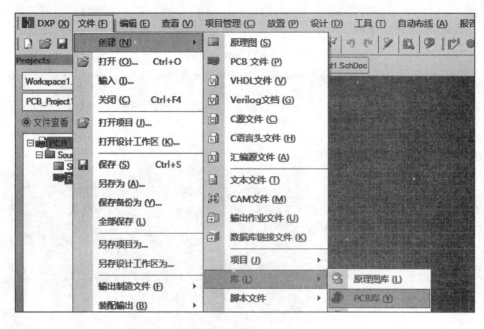

图 4-1-10　PCB 库文件新建菜单（用菜单栏）

通过以上两种方式建立的 PCB 库文件将显示在 PCB_Project1.PrjPCB 项目文件中，被命名为 PcbLib1.PcbLib，并自动打开 PCB 库设计界面，该 PCB 库文件进入编辑状态，如图 4-1-11 所示。

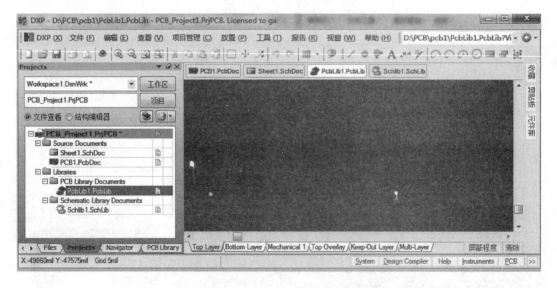

图 4-1-11　PCB 库文件设计界面

至此，Protel DXP 2004 中的 PCB 设计界面介绍完毕，它和原理图设计界面有共同的组成部分：菜单栏、工具栏、工作界面和工作窗口。随着设计任务的不同，其组成部分也不尽相同，具体内容将在后面部分作详细介绍。

4.1.3 认识元器件封装

1. 元器件封装的概念

元器件封装指的是当实际元器件焊接到电路板上时,在电路板上所显示的元器件的外形和焊点位置。图4-1-12所示为电阻的插针式封装。

图4-1-12 电阻的插针式封装

元器件封装只是空间的概念,大小要和实际元器件匹配,引脚的排布以及引脚之间的距离和实际元器件应一致,这样在实际使用的时候,就能将元器件安装到电路板上对应的封装位置。如果尺寸不匹配,则无法安装。

不同的元器件可以使用同一种封装,比如,电阻、电容、二极管都是具有两个引脚的元件,那么它们可以使用同一种封装,只要封装的两个焊盘间距离和实际元器件匹配就可以。

同一种元器件可以使用不同类型的封装,如普通电阻。电阻的功率不同导致不同功率的电阻在外形上有差异,有的电阻较大,有的电阻较小,所以不同功率的电阻对应的封装也有不同的类型。例如,AXIAL-0.3对应的是焊盘间距离为300mil的电阻封装,而AXIAL-0.4对应的是焊盘间距离为400mil的电阻封装,同样有AXIAL-0.5、AXIAL-0.6、AXIAL-0.7等,如图4-1-13所示。

2. 原理图和电路板之间的对应关系

通过比较图4-1-12和图4-1-13可以看出,电路板上的导电图形和电路原理图中元器件及元器件之间连接关系是对应的。原理图上的每个元器件在电路板上都对应一个封装,原理图中的连接关系也一一反映在电路板中的导线连接上。

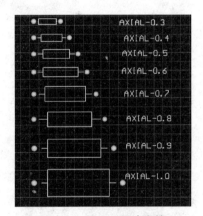

图4-1-13 不同功率的电阻所对应的不同封装

原理图只是表示元器件及元器件之间连接关系的一种逻辑表示,而电路板是反映这种逻辑关系的实际器件。

使用Protel DXP 2004制作电路板的方便在于,当原理图绘制完成后,软件能够根据原理图中的逻辑关系自动生成印制电路板,自动布局,自动布线,如果用户对系统的布局和布线不满意的话,可以进行手工调整。

由此可知,Protel DXP 2004的两个主要功能是:绘制电路原理图和制作印制电路板。

原理图主要由元器件的图形符号、元器件之间的连接、相应的文字标注构成。印制电路板是反映原理图连接关系的实际物理器件,主要由元器件的封装、导线、过孔、安装孔等构成。

4.2 任务2 设计单管放大电路单面板

了解完 PCB 的基础知识及其设计流程后,下面以之前绘制的单管放大电路为例,对 PCB 的设计进行介绍。

4.2.1 规划电路板

1. 新建 PCB 文件

打开前面绘制的单管放大电路的项目,如图 4-2-1 所示。

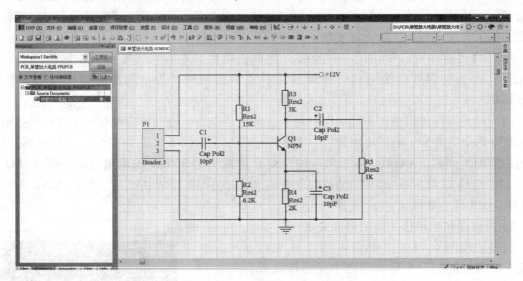

图 4-2-1 单管放大电路的原理图设计界面

在此界面可打开 PCB 编辑器,具体步骤是执行【文件】-【创建】-【PCB 文件】命令,如图 4-2-2 所示,文件命名为 "单管放大电路.PcbDoc"。

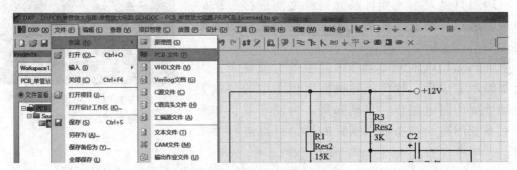

图 4-2-2 新建单管放大电路的 PCB 文件

在完成新建 PCB 文件后即可进入 PCB 的设计界面,如图 4-2-3 所示。

2. 电路板层数设置

根据项目要求,确定板子的层数,布线层数具体要求要考虑电路板的可靠性、信号的工

项目四 设计PCB电路板

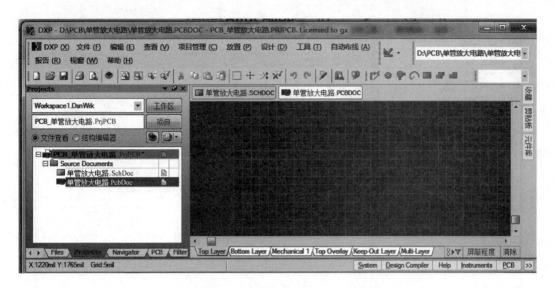

图 4-2-3 单管放大电路的 PCB 设计界面

作速度、制造成本以及设计生产速度等因素。

单管放大电路因为要在实验室加工,并且对电路的尺寸及外形没有太严格的要求,考虑到加工难度及成本,选择单面板。由于 Protel DXP 2004 默认层数是双面板,要设计单面板需作如下设置:

(1) 打开 PCB 规则和约束编辑器。用鼠标左键单击【设计】-【规则】命令,如图 4-2-4 所示。

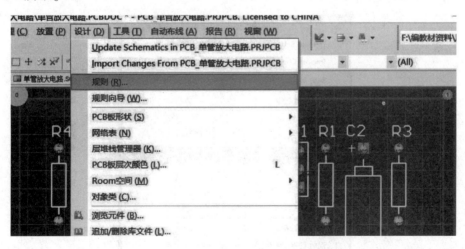

图 4-2-4 打开 PCB 规则和约束编辑器

(2) 选择单击走线(【Routing】)选项,再选中"Routing Layer"并打开。

(3) 在右侧出现的对话框中有【有效的层】选项区,正常 DXP 是默认"Top Layer"和"Bottom Layer"选中(此时顶、底层都可以布线),可以根据需要取消不要布线的一层,比如取消"Top Layer"选项,那么走线就只能走在底层。一般单面板如果是用直插元件,则走线走底层;如果是贴装表贴器件,则直接走在顶层,如图 4-2-5 所示。然后单击【适用】、【确认】按钮,就设置成只能底层走线的单面板了。

189

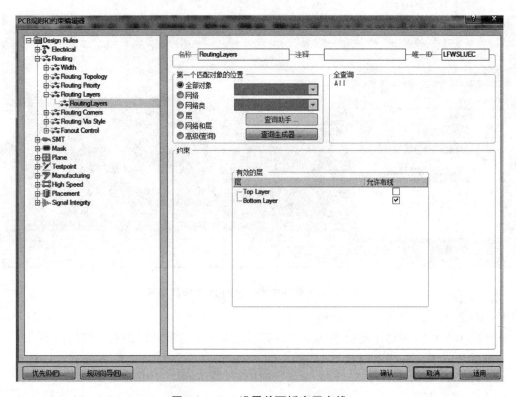

图4-2-5 设置单面板底层布线

（4）执行【设计】-【层堆栈管理器】命令，如图4-2-6、图4-2-7所示。

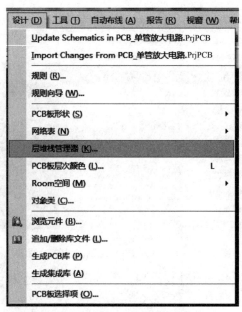

图4-2-6 打开层堆栈管理器

（5）选择所需要的层或者删除不需要的层。

这里单面板的参数和双面板相同，只是单面板的顶层不能走线。也可不设置成单面板，全用双面板，只是布线的时候只在一面布线，也可以成为单面板。

项目四 设计PCB电路板

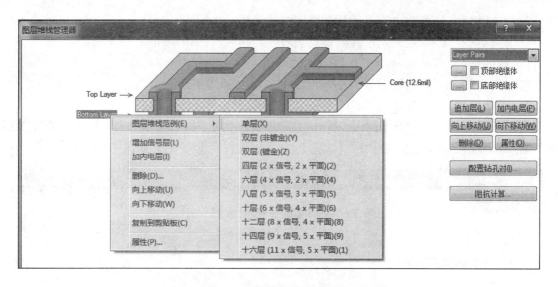

图 4-2-7 【图层堆栈管理器】对话框

3. PCB 设计环境参数的设置

设置完板子层数后,接下来要根据电路板的大小、元件引脚、最小间距和个人操作习惯等因素对 PCB 设计的环境进行设置。

1) PCB 板选择项设置

执行【设计】-【PCB 板选择项】命令,如图 4-2-8 所示。

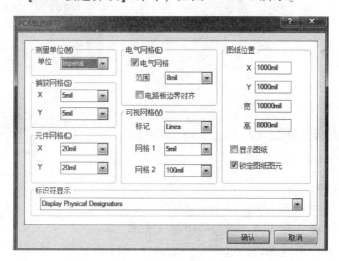

图 4-2-8 【PCB 板选择项】对话框

该对话框中各选项组的含义如下:

【测量单位】:用来选择图纸中尺寸显示单位,有"Imperial"(英制)和"Metric"(公制)两种。英制单位是 mil,公制单位是 mm,它们之间的换算关系是 1mil = 0.0254mm。

【电气网格】:其作用是在绘制具有电气意义的对象时,当光标与其他电气对象,如元器件引脚、焊盘、过孔、导线之间的距离小于该设定值时,光标会自动移动到该对象上去,对于导线是移动到其端点,其他的是移动到对象的中心点上。

191

【捕获网格】：该参数决定了光标在绘图时移动的最小距离。
【元件网格】：该参数决定了元器件封装放置或移动时的最小间隔。
【可视网格】：其是在 PCB 工作区看到的网格，有实线和点阵两种。
【图纸位置】：可以设置图纸的左下角在 X 轴与 Y 轴的坐标。

2）系统参数设置

对于不同行业、不同地区的人，操作习惯也不尽相同，可以根据 Protel 软件的环境参数来设置操作习惯。具体方法是执行【工具】-【优先设定】命令，如图 4-2-9 所示。

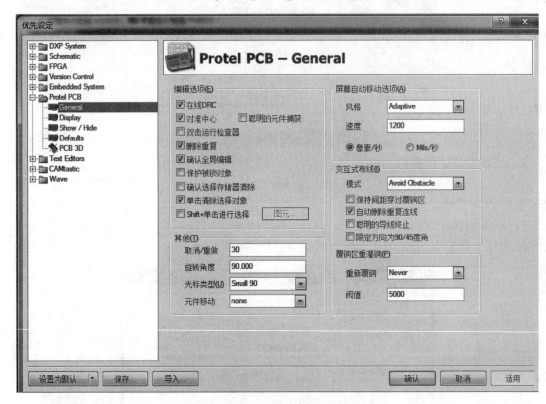

图 4-2-9　PCB 通用参数设置

1）General（常规设置）

【光标类型】：可选择大十字、小十字和 45°的 X 形 3 种。

【交互式布线】：模式有 3 种，推荐使用默认选项。

【对准中心】：其作用是在设计过程中，如果选中移动对象，光标则会自动跳到对象中心。建议不要选中此复选框，会影响使用效果。

2）Display（显示设置）

显示设置如图 4-2-10 所示。

可根据需求进行设置，这里采用系统默认设置。

4. 电路板外形设置

电子产品的外形十分重要，这就要求设计人员规划好电路板的尺寸和形状，该电路板采用最常用的方形。尺寸一般要规划两个，一个是物理边界尺寸，一个是电气边界尺寸，物理边界尺寸一般要比电气边界尺寸大 2~3mm。该电路板的电气边界尺寸规划为 60mm ×

项目四 设计PCB电路板

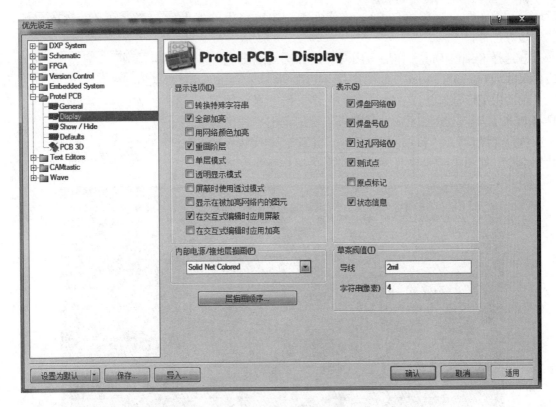

图4-2-10 显示设置

34mm，物理边界尺寸为63mm×37mm，具体操作如下：

（1）打开PCB板文件，单击窗口下方的【Mechanical1】选项卡，选择机械1层作为当前工作层。

（2）单击实用工具栏，选择设定原点如图4-2-11所示，在合适的位置单击，设定参考原点，此点的坐标即（0，0）。

图4-2-11 实用工具栏中的设定原点

①单击实用工具栏中的放置直线按钮。

②利用快捷键【J+L】来定位光标，弹出图4-2-12所示的【跳转到某位置】对话框，输入第1个点的坐标（0，0），然后按回车键确认第1个点；再用快捷键【J+L】，输入第2个点的坐标（0，37mm），然后按回车键确认第2个点；依次确定第3个点（63mm，

193

37mm），第 4 个点（63mm，0），这样便规划出电路板的物理边界尺寸。

③选择 Keep-Out 工作层，用同样的方法规划出电气边界尺寸为 60mm×34mm，如图 4-2-13 所示。

前面用矩形框画出了一个需要的范围，接着要利用工具将 PCB（工作区黑色区域）裁剪成与规划范围一样的大小：执行【设计】-【PCB 板形状】-【重定义 PCB 板形状】命令，如图 4-2-14 所示，此时黑色工作区将变成绿

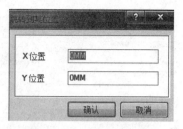

图 4-2-12　【跳转到某位置】对话框

图 4-2-13　电路板外框

色，然后拖动鼠标沿规划外框划一周，即可完成 PCB 形状的重定义，如图 4-2-15 所示。

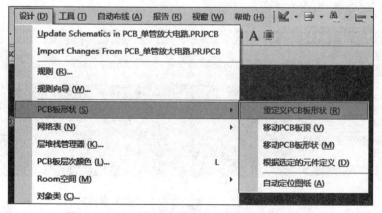

图 4-2-14　执行【重定义 PCB 板形状】命令

5. 放置机械安装孔

绘制好电路板外形后，根据安装要求放置机械安装孔，在相对应的坐标位置放置自由焊盘，直径要根据所选择的螺钉直径进行选择，通常安装孔直径可选 1.3mm，外径选择 2.5mm。方法是先单击配线工具栏上的【放置焊盘】按钮，如图 4-2-16(a) 所示，再按 Tab

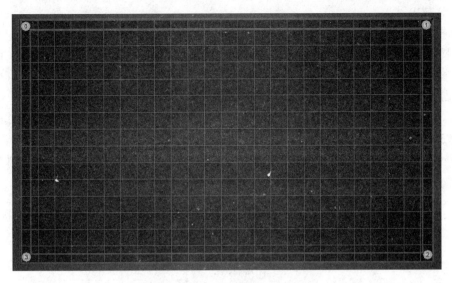

图 4-2-15 重定义 PCB 板形

键,即可打开图 4-2-16(b) 所示的对话框,设置好参数后,用快捷键【J+L】在相应的坐标上放置焊盘即可。

图 4-2-16
(a) 配线工具栏;(b)【焊盘】对话框

4.2.2 同步原理图

设置好环境参数并规划好工作区后,根据前面画好的电路原理图,就可以利用软件的同步功能画出 PCB 了。

1. 选择元器件封装

原理图解决的是元器件参数与逻辑连接的问题，用的是元器件的符号，而 PCB 要对应元器件实物进行安装，所以，要在原理图中为每个元器件指定封装。

单管放大电路中所有电阻 R1～R5 的封装选择"AXIAL－0.4"，电解电容 C1～C3 的封装选择"POLAR0.8"，Head 3 的封装选择"HDR1X3"，NPN 三极管的封装选择"BCY－W3"。

单管放大电路的原理图如图 4－2－17 所示，双击一个元件如电阻 R1（标称值为 15K），就会弹出【元件属性】对话框，如图 4－2－18 所示。

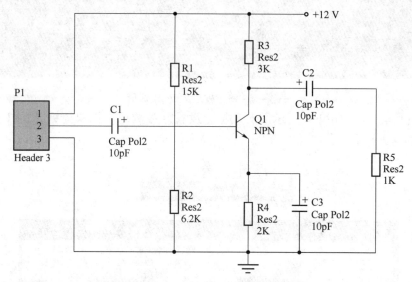

图 4－2－17　单管放大电路的原理图

在【元件属性】对话框中，如果默认封装与用户的设计不一致，可单击【追加】按钮，选择一个新封装。在弹出的对话框中选择【FOOT－print】，单击【确认】按钮，弹出【PCB 模型】对话框，单击【编辑】按钮，可查看该封装的外观，如图 4－2－19 所示。

如果原理图中同类元器件很多，逐个地指定封装就会比较麻烦，这时可以采用批量修改的方法一次性完成相关操作，具体做法如图 4－2－20 所示。

修改完成后，关闭对话框，再选择窗口右下角的【清除】选项卡即可回到正常显示状态。为了避免遗漏或出错，在指定完封装后，可以利用【报告】－【Bill of Material（材料清单）】命令，进行汇总检查。

2. 添加元器件封装库

在原理图中给元器件指定了元器件封装的型号后，接着要按型号导入元器件的封装，一般要为该项目添加含有这些封装的库，如果现成库里没有该封装，则需要按元器件的实际尺寸手动制作。

添加其他元器件封装库的方法是：在 PCB 工作界面执行【设计】－【追加/删除库文件】命令，打开【可用元件库】对话框，如图 4－2－21 所示。

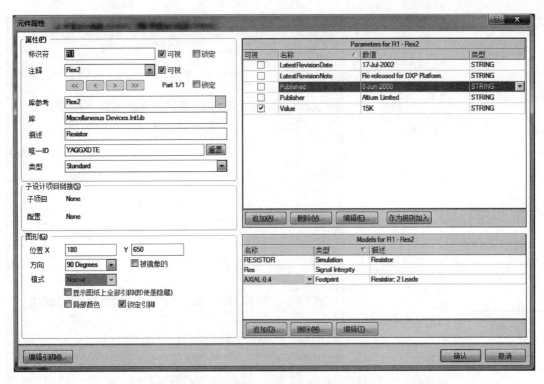

图 4-2-18 【元件属性】对话框

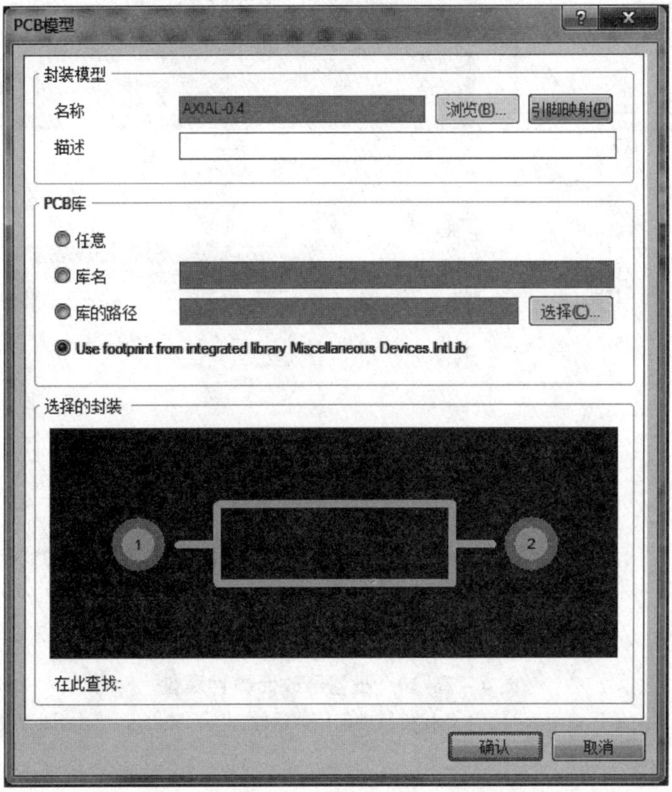

图 4-2-19 【PCB 模型】对话框

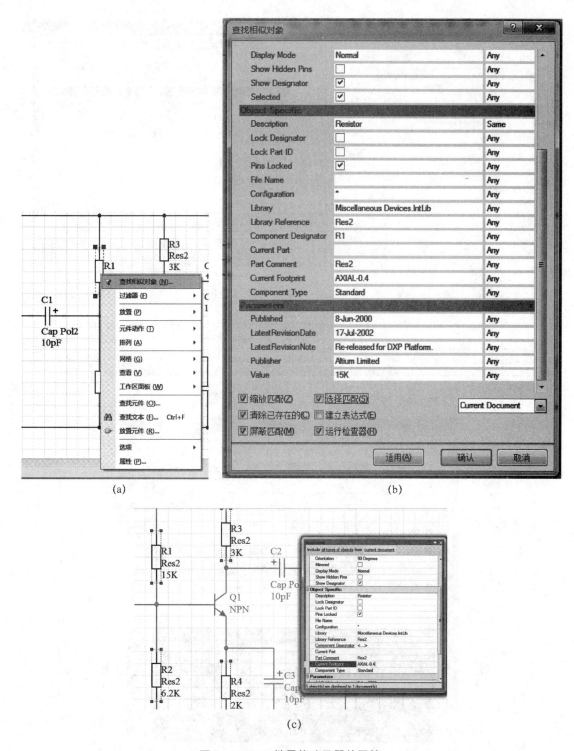

图 4-2-20 批量修改元器件属性

(a)【查找相似对象】命令；(b)【查找相似对象】对话框；(c) 查找相似对象的结果与指定封装

图4-2-21　追加/删除元件库的方法

单管放大电路的原理图中用到的元器件封装见表4-2-1。

表4-2-1　单管放大电路的元器件封装一览表

序号	标识符	元件名	标称值	元器件封装	所在元件库
1	P1	Header 3		HDR1X3	Miscellaneous Connectors.IntLib
2	R1	Res2	15K	AXIAL-0.4	Miscellaneous Devices.IntLib
3	R2	Res2	6.2K	AXIAL-0.4	Miscellaneous Devices.IntLib
4	R3	Res2	3K	AXIAL-0.4	Miscellaneous Devices.IntLib
5	R4	Res2	2K	AXIAL-0.4	Miscellaneous Devices.IntLib
6	R5	Res2	1K	AXIAL-0.4	Miscellaneous Devices.IntLib
7	C1	Cap Pol2	10uF	POLAR0.8	Miscellaneous Devices.IntLib
8	C2	Cap Pol2	10uF	POLAR0.8	Miscellaneous Devices.IntLib
9	C3	Cap Pol2	10uF	POLAR0.8	Miscellaneous Devices.IntLib
10	Q1	NPN		HDR1X3	Miscellaneous Devices.IntLib

3. 原理图到PCB的同步

在单管放大电路项目中，打开"单管放大电路.SchDoc"原理图与前面规划过大小的"单管放大电路.PcbDoc"文件，并确保PCB文件保存后，在项目导航栏中会显示出来。然后在原理图编辑器中，执行【设计】-【UPDATE PCB DOCUMENT 单管放大电路.PcbDoc】命令，弹出图4-2-22所示的【工程变化订单（ECO）】对话框，该对话框用于显示从原理图到PCB的变化过程，即先添加各元器件的封装，再添加封装焊盘之间的网络连接，还可以显示变化过程中的错误。

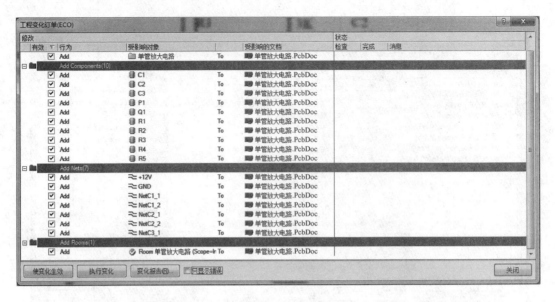

图 4-2-22 【工程变化订单 (ECO)】对话框

单击【使变化生效】按钮，检查所有的更新变化操作是否有效，修改完错误后，单击【执行变化】按钮，即可完成 PCB 和原理图的同步，如图 4-2-23 所示。

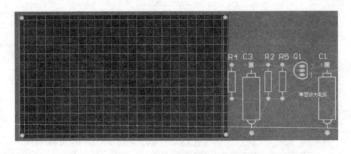

图 4-2-23 与原理图同步的 PCB

4.2.3 元器件布局

原理图同步到 PCB 之后，元器件的位置需要重新布局。Protel DXP 2004 提供自动布局工具。

Protel DXP 2004 软件的自动布局工具可以根据电路元器件的多少及元器件之间的逻辑连线，自动优化元器件的位置，这极大地提高了设计效率。

以图 4-2-23 所示的 PCB 为例，执行【工具】-【放置元件】-【自动布局】命令，如图 4-2-24（a）所示。弹出【自动布局】对话框，有两种方式可以选择，如图 4-2-24（b）和图 4-2-24（c）所示。

【分组布局】：这种方式采取基于组的自动布局方式，根据连接关系将元器件分成组，以几何方式放置，适合元器件较少的 PCB，布局结果如图 4-2-25 所示。

【统计式布局】：这种方式采用基于统计的自动布局方式，以最小的连接长度放置元器件，适合元器件较多的设计，选择该方法布局后的效果如图 4-2-26 所示。

项目四 设计PCB电路板

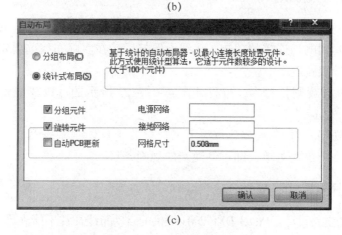

图 4-2-24 【自动布局】对话框

(a) 执行【自动布局】命令；(b) 分组布局；(c) 统计式布局

可以看出，分组布局紧凑；统计布局分散，但元器件的放置更加规律且连线最短，更实用些。但需要注意的是，无论哪种布局，最后结果总不会令人满意，大多数的时候还需根据实际情况进行手工调整。

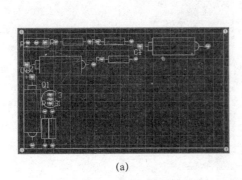 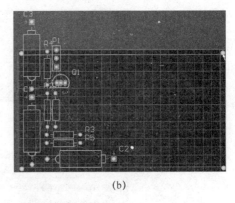

(a) (b)

图 4-2-25 分组布局后的效果

(a) 快速元器件布局；(b) 非快速元器件布局

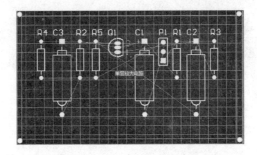

图 4-2-26 统计式布局后的效果

4.2.4 设置布线规则

原理图同步到 PCB 后，元器件之间由一条白色的线连接，该线叫作飞线，还需要用户进行实际布线才能起到电气连接的功能。飞线设置好后，在实际布线前要定义布线的各种规则，如安全距离、导线宽度等。

执行【设计】-【规则】命令，可打开图 4-2-27 所示的【PCB 规则约束编辑器】对话框。

由对话框可见规则分为 10 大类，每类下又包含若干具体规则条目。在某个子类上单击鼠标右键，会弹出一个快捷菜单，即可创建新的规则条目。

4.2.5 手工布线

对于不同用途的电路设计，Protel DXP 2004 提供的自动布线往往不能满足实际需求，需要用户手工布线。手工布线操作主要包括导线的放置及删除、焊盘放置、过孔放置、填充放置等操作，以及补泪滴、覆铜等 PCB 编辑技巧。这些技巧对实际电路板的设计性能的提高十分重要。

1. 导线的放置

对于以飞线形式表示的连接，可以通过放置导线完成连接。单击工具栏中交互式布线按钮，如图 4-2-28 所示，即可进入绘制导线命令的状态，出现"十"字光标，然后单击要连接的焊盘，如图 4-2-29 所示。

项目四 设计PCB电路板

图 4-2-27 【PCB 规则约束编辑器】对话框

图 4-2-28 交互式布线按钮

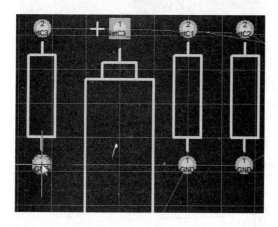

图 4-2-29 导线的放置

如果想自己选择线的宽度,可以按下 Tab 键,打开【交互式布线】对话框,就可以修改线宽和过孔尺寸,如图 4-2-30 所示。

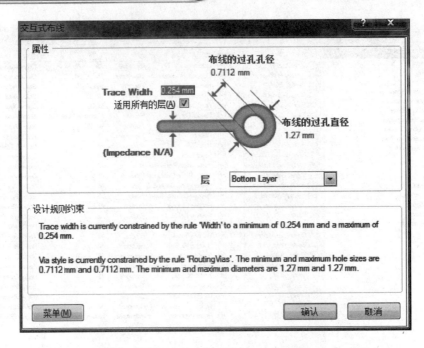

图 4-2-30 【交互式布线】对话框

采用以上方法手工布线后的 PCB 如图 4-2-31 所示。

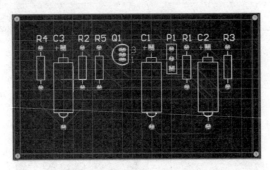

图 4-2-31 单管放大电路手工布线后的 PCB

2. 导线的删除

如果布线过程中,导线放置错误,或者不太理想需要删除,可以单击该导线,然后按下键盘上的 Delete 键即可删除。

3. 导线编辑

导线布置完毕后,若需要调整,则可以直接对导线进行编辑操作。单击要编辑的导线,在导线的起点、中点、末端会出现 3 个编辑点,只要将光标移动到这些编辑点上按住鼠标左键即可拖动编辑。

4.2.6 放置定位孔

在绘制 PCB 板的时候,常常要在框上绘制一些定位孔,以给 PCB 板锁螺丝,放置定位孔的具体步骤为:执行【放置】-【焊盘】命令,放置一个焊盘到 PCB 上,如图 4-2-32 所示。

接下来修改焊盘的属性,就能把焊盘作定位孔使用。首先是设置大小,如果打算作 3mm

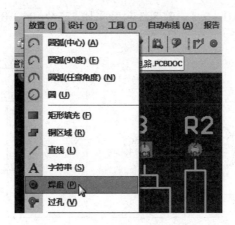

图4-2-32 放置焊盘的步骤

的螺丝用,把定位孔的孔径、X-尺寸和Y-尺寸,这3个值都设为3.2mm,要比螺丝大0.2mm,如果是多层板,还要把【镀金】复选框取消勾选,这样定位孔里就不会像过孔一样有铜。接着就是调整过孔的位置,设定位置的X值和Y值,把定位孔精准地定位到想要的地方。这样,PCB电路板的定位孔就放置成功了,如图4-2-33所示。

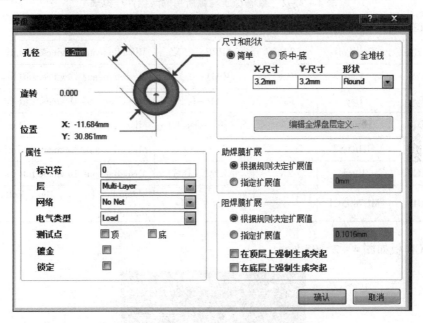

图4-2-33 设置焊盘属性作为定位孔

4.2.7 技能训练

(1) 设计图4-2-34所示的直流稳压电源的PCB板图。

具体设计要求如下:

①单面板。

②电路板尺寸为长1 500mil,宽700mil。

③整流桥封装采用E-BIP-P4/D10、JP1封装采用HDR1X2H,C1封装采用CAPPR5-

5X5，C2 和 C3 封装采用 RAD-0.3，W7805 封装采用 221A-04，R1 封装采用 AXIAL-0.3。

④手动布线。

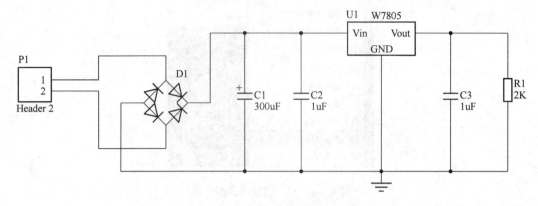

图 4-2-34　直流稳压电源电路原理图

操作提示：

直流稳压电源的电路原理图中用到的元器件见表 4-2-2。

表 4-2-2　直流稳压电源所用的元器件一览表

序号	标识符	元件名	标称值	元器件封装	所在元件库
1	C1	Cap Pol1	300uF	CAPPR5-5X5	Miscellaneous Devices.IntLib
2	C2	Cap	1uF	RAD-0.3	Miscellaneous Devices.IntLib
3	C3	Cap	1uF	RAD-0.3	Miscellaneous Devices.IntLib
4	D1	Bridge1		E-BIP-P4/D10	Miscellaneous Devices.IntLib
5	JP1	HDR1X2		HDR1X2	Miscellaneous Connectors.IntLib
6	R1	Res2	2K	AXIAL-0.3	Miscellaneous Devices.IntLib
7	U1	MC7805CT		221A-04	Motorola Power Mgt Voltage Regulator.IntLib

参考 PCB 板如图 4-2-35 所示。

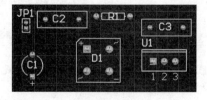

图 4-2-35　直流稳压电源的参考 PCB 板

（2）绘制两级放大电路的 PCB 板，参考电路如图 4-2-36 所示。

具体设计要求如下：

①双面板。

②电路板尺寸为长 1 800mil、宽 800mil。

③电阻封装为 AXIAL-0.3，三极管封装为 BCY-W3/E4，电容封装采用 RAD-0.3。

④手动布线。

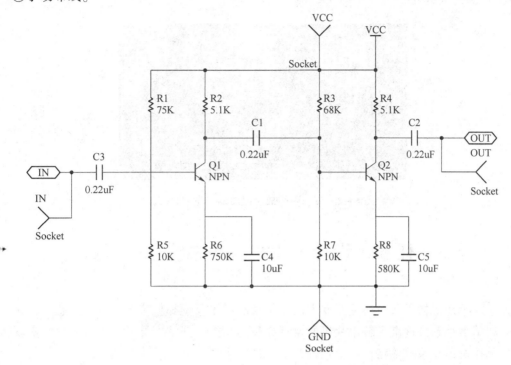

图4-2-36 两级放大电路原理图

操作提示：

两级放大电路原理图中用到的元器件见表4-2-3。

表4-2-3 元器件一览表

序号	标识符	元件名	标称值	元器件封装	所在元件库
1	Q1	NPN		BCY-W3/E4	Miscellaneous Devices.IntLib
2	Q2	NPN		BCY-W3/E4	Miscellaneous Devices.IntLib
3	R1	Res2	75K	AXIAL-0.3	Miscellaneous Devices.IntLib
4	R2	Res2	5.1K	AXIAL-0.3	Miscellaneous Devices.IntLib
5	R3	Res2	68K	AXIAL-0.3	Miscellaneous Devices.IntLib
6	R4	Res2	5.1K	AXIAL-0.3	Miscellaneous Devices.IntLib
7	R5	Res2	10K	AXIAL-0.3	Miscellaneous Devices.IntLib
8	R6	Res2	750	AXIAL-0.3	Miscellaneous Devices.IntLib
9	R7	Res2	10K	AXIAL-0.3	Miscellaneous Devices.IntLib
10	R8	Res2	580	AXIAL-0.3	Miscellaneous Devices.IntLib
11	C1	Cap	0.22uF	RAD-0.3	Miscellaneous Devices.IntLib
12	C2	Cap	0.22uF	RAD-0.3	Miscellaneous Devices.IntLib
13	C3	Cap	0.22uF	RAD-0.3	Miscellaneous Devices.IntLib
14	C4	Cap	10uF	RAD-0.3	Miscellaneous Devices.IntLib
15	C5	Cap	10uF	RAD-0.3	Miscellaneous Devices.IntLib

参考 PCB 板如图 4-2-37 所示。

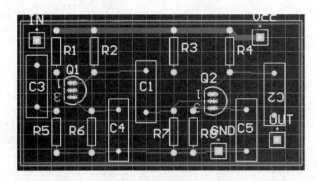

图 4-2-37　两级放大电路的参考 PCB 板

4.3　任务 3 设计单片机最小系统电路双面板

无论对单片机初学人员还是开发人员，单片机最小系统都具有十分重要的意义，初学人员可以利用最小系统逐渐了解单片机的设计原理与功能，开发人员可以进行编程，实现工业控制。单片机最小系统电路板在单片机开发市场和大学生电子设计竞赛方面十分流行，设计单片机最小系统电路板，能够让设计者迅速掌握单片机应用的技术特点与实际要求。下面就以单片机最小系统电路为例，讲解双面板的设计。

PCB 设计的一般流程如图 4-3-1 所示，下面根据流程来画出单片机最小系统的 PCB。

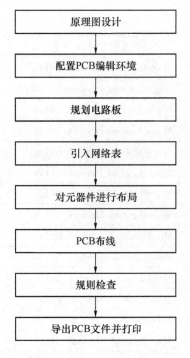

图 4-3-1　PCB 设计流程

4.3.1　规划电路板

PCB 设计首先要根据电路进行整体规划，主要是大概确定电路板的物理尺寸，一般出于成本和设计要求的考虑需要电路板尽量小，但尺寸过小又会导致走线困难等问题，所以需要综合考虑。电路板尺寸可以在进行元器件布局时进一步调整，但一般要在布线之前确定最终尺寸。

1. 新建 PCB 文件

运用前面章节的知识新建单片机最小系统电路项目，单片机最小系统电路原理图如图 4-3-2 所示。

按照图 4-3-2 画出原理图，在此界面可打开 PCB 编辑器，具体步骤是单击【文件】-【创建】-【PCB 文件】，将文件命名为"单片机最小系统电路.PcbDoc"，在完成新建 PCB 文件后，即可进入 PCB 的设计界面，如图 4-3-3 所示。

项目四 设计PCB电路板

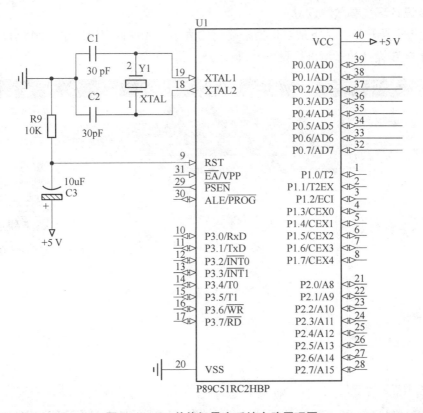

图 4-3-2 单片机最小系统电路原理图

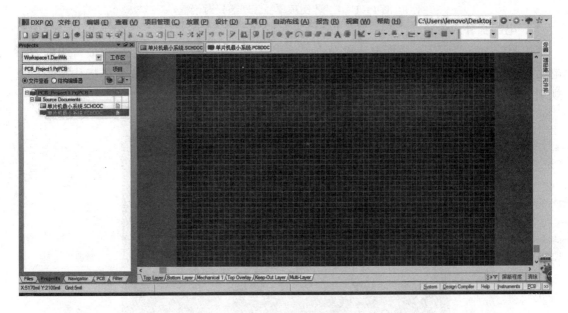

图 4-3-3 单片机最小系统电路 PCB 设计界面

2. 电路板层数设置

该项目选择 Protel DXP 2004 默认的双面板，执行【设计】-【层堆栈管理器】命令，如图 4-3-4 所示。

3. PCB 设计环境参数的设置

设置完板子层数后,接下来要根据电路板的大小、元器件引脚、最小间距和个人操作习惯等因素对 PCB 设计的环境进行设置。具体方法见 4.2 节。

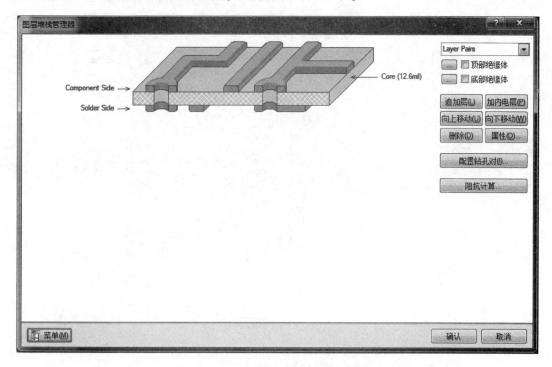

图 4-3-4 【图层堆栈管理器】对话框

4. 电路板外形设置

按照前面章节所述,规划单片机最小系统电路板的外形,该电路板采用最常用的方形,电路板电气尺寸规划为 67mm×47mm,物理尺寸规划为 70mm×50mm,具体操作见 4.2 节。规划好的 PCB 如图 4-3-5 所示。

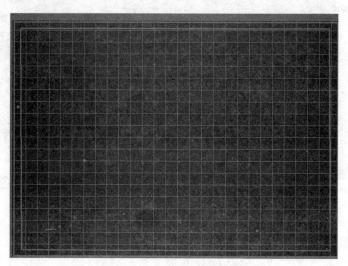

图 4-3-5 规划好的 PCB

5. 放置机械安装孔

绘制好电路板外形后，根据安装要求放置机械安装孔，在对应的坐标位置放置自由焊盘，直径要根据所选择的螺钉直径进行选择，通常安装孔直径可选 1.3mm，外径选择 2.5mm。

4.3.2 同步原理图

设置好环境参数并规划好电路板外形后，根据前面画好的电路原理图，就可以利用软件的同步功能画出 PCB 了。

1. 选择元器件封装

原理图解决的是元器件参数与逻辑连接的问题，用的是元器件的符号。而 PCB 要对应元器件实物进行安装，所以要在原理图中为每个元器件指定封装。

单片机最小系统电路中电阻 R9 的封装选择"AXIAL – 0.4"，电解电容 C3 的封装选择"POLAR0.8"，瓷片电容 C1 和 C2 的封装选择"RAD – 0.3"，晶振 XTAL 的封装选择"BCY – W2/D3.1"，单片机 U1 的封装选择"SOT129 – 1"。需要注意的是 Protel DXP 2004 并没有封装"50T129 – 1"，这就需要到库里面找出，具体方法是：

（1）在原理图中双击单片机 U1，在出现的【元件属性】对话框里单击【追加】按钮，如图 4 – 3 – 6 所示。

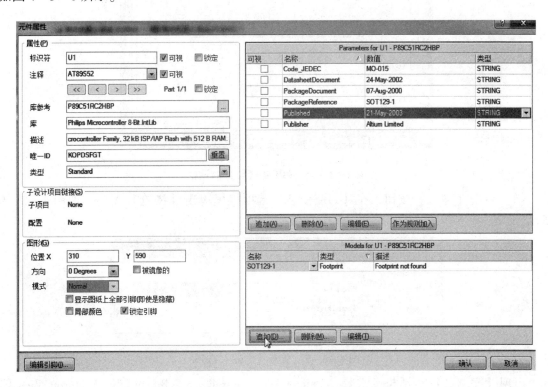

图 4 – 3 – 6　单击追加按钮

（2）出现【加新的模型】对话框，如图 4 – 3 – 7 所示，然后单击【确认】按钮，出现【PCB 模型】对话框，如图 4 – 3 – 8 所示。

图4-3-7 【加新的模型】对话框

图4-3-8 【PCB模型】对话框

(3) 单击【确认】按钮,在【封装模型】选项组里单击【浏览】按钮,如图4-3-9所示。

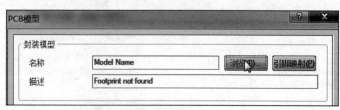

图4-3-9 单击【浏览】按钮

出现【库浏览】对话框,选择"Philips Microcontroller 8-Bit.IntLib [Footprint View]"库,如图4-3-10所示。

(4) 单击左下方的任一名称的封装,右边会显示该名称的封装外形图,浏览后发现,只有SOT129-1的外观和U1的引脚一致,如图4-3-11所示。

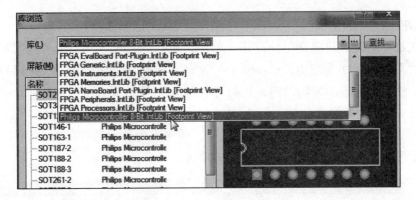

图 4-3-10　选择"Philips Microcontroller 8-Bit.IntLib [Footprint View]"库

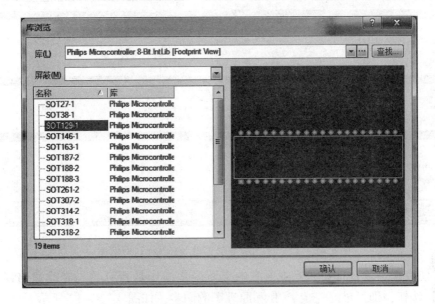

图 4-3-11　SOT129-1 的引脚图

单击【确认】按钮后，单片机的封装就添加好了。

单片机最小系统电路原理图中用到的元器件封装见表 4-3-1。

表 4-3-1　单片机最小系统所用的元器件一览表

序号	标识符	元件名	标称值	元器件封装	所在元件库
1	BT1	Battery		BAT-2	Miscellaneous Devices.IntLib
2	C1	Cap	30pF	RAD-0.3	Miscellaneous Devices.IntLib
3	C2	Cap	30pF	RAD-0.3	Miscellaneous Devices.IntLib
4	C3	Cap Pol2	10pF	POLAR0.8	Miscellaneous Devices.IntLib
5	R1	Res2	10K	AXIAL-0.4	Miscellaneous Devices.IntLib
6	U1	P89C51RC2HB		SOT129-1	Philips Microcontroller 8-Bit.IntLib
7	Y1	XTAL		BCY-W2/D3.1	Miscellaneous Devices.IntLib

2. 原理图到 PCB 的同步

在单片机最小系统电路项目中,打开"单片机最小系统电路.SchDoc"原理图与前面规划过大小的"单片机最小系统电路.PcbDoc"文件,并确保 PCB 文件保存过后在项目导航栏中会显示。然后在原理图编辑器内,执行【设计】-【UPDATE PCB DOCUMENT 单片机最小系统电路.PcbDoc】命令,弹出图 4-3-12 所示的【工程变化订单(ECO)】对话框,该对话框用于显示从原理图到 PCB 的变化过程,即先添加各元器件的封装,再添加封装焊盘之间的网络连接,还可以显示变化过程中的错误。

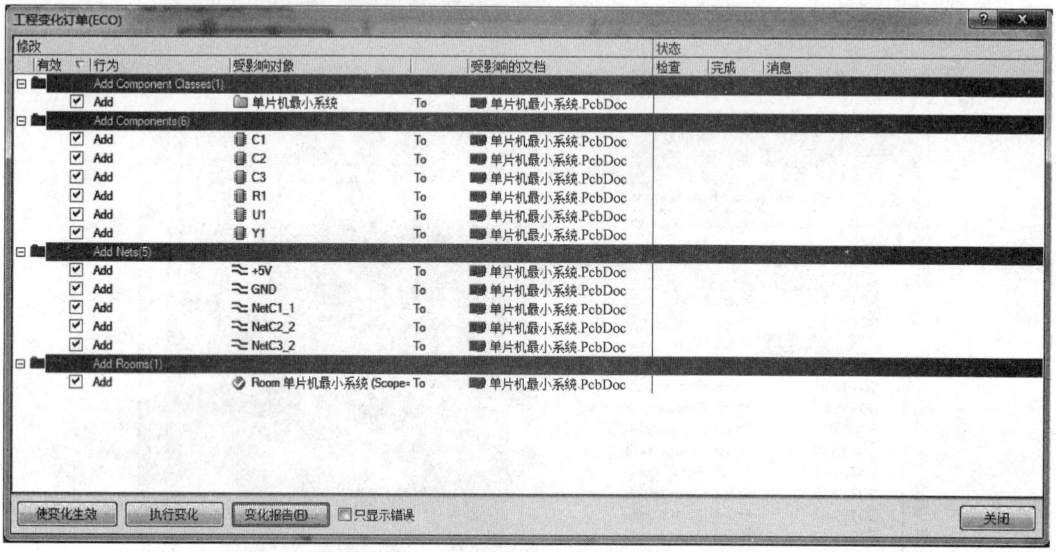

图 4-3-12 【工程变化订单(ECO)】对话框

单击【使变化生效】按钮,检查所有的更新变化操作是否有效,修改完错误后,单击【执行变化】按钮,即可最终完成 PCB 和原理图的同步,如图 4-3-13 所示。

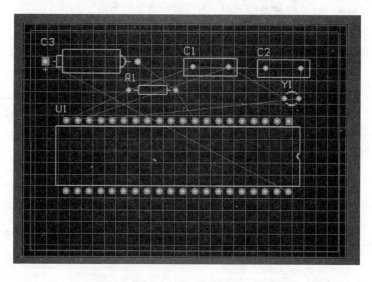

图 4-3-13 与原理图同步的 PCB

4.3.3 元器件布局

由于单片机最小系统中元器件较少，故采用"统计式自动布局"，如图 4-3-14 和图 4-3-15 所示。

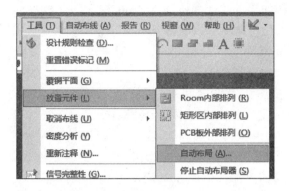

图 4-3-14　执行【自动布局】命令

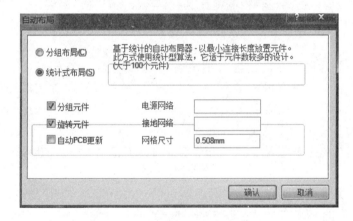

图 4-3-15　选择【统计式布局】

采用统计式布局后的 PCB 如图 4-3-16 所示。

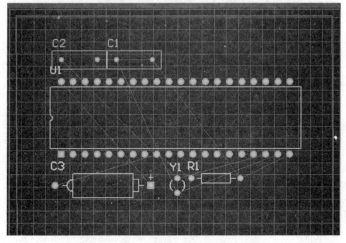

图 4-3-16　统计式布局后的效果

由图4-3-16可见，统计式布局的元器件排列不整齐，有的元器件离得过近，这就需要手动调节。元器件的排列应遵循以下原则：

(1) 元器件最好单面放置。如果双面放置元器件，则在底层（Bottom Layer）放置插针式元器件时，就有可能造成电路板不易安放，也不利于焊接，所以在底层（Bottom Layer）最好只放置贴片元器，例如常见的计算机显卡 PCB 板上的元器件的布置方法。单面放置时只需在电路板的一个面上做丝印层，以便降低成本。

(2) 合理安排接口元器件的位置和方向。一般来说，其通常布置在电路板的边缘，以便与外界（电源、信号线）连通，如串口和并口。

(3) 高压元器件和低压元器件之间最好要有较宽的电气隔离带。不要将电压等级相差很大的元器件摆放在一起，这样既有利于电气绝缘，对信号的隔离和抗干扰也有很大好处。

(4) 电气连接关系密切的元器件最好放置在一起，这就是模块化的布局思想。

(5) 对于易产生噪声的元器件，例如时钟发生器和晶振等高频器件，在放置的时候应当尽量把它们分开。对于易产生噪声的元器件，例如大电流电路和开关电路，在布局的时候这些元器件或模块也应该远离逻辑控制电路和存储电路等高速信号电路，如果可能的话，尽量采用控制板结合功率板的方式，利用接口来连接，以提高电路板整体的抗干扰能力和工作可靠性。

(6) 在电源和芯片周围尽量放置去耦电容和滤波电容。在实际应用中，印制电路板的走线、引脚连线和接线都有可能带来较大的寄生电感，导致电源波形和信号波形中出现高频纹波和毛刺，而在电源和地之间放置一个去耦电容，可以有效地滤除这些高频纹波和毛刺。如果电路板上使用的是贴片电容，则应将贴片电容紧靠元器件的电源引脚。对于电源转换芯片，或者电源输入端，最好布置一个 $10\mu F$ 或者更大的电容，以进一步改善电源质量。

(7) 元器件的编号应该紧靠元器件的边框布置，大小统一、方向整齐。

经过手工调整后的 PCB 如图4-3-17所示。

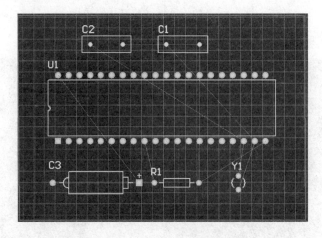

图4-3-17　经过手工调整后的 PCB

最后，注意调整并锁定特殊位置的零件，常见特殊位置的零件如下：

(1) 接口类：如电源接口，扬声器，视频，音频接口，键盘，鼠标，USB 等。

（2）显示类：如发光二极管、数码显示管等。
（3）旋钮类：如音量控制、调谐、波段等。
（4）其他类：必须放置在特定位置的零件，如电视机高压包等。

4.3.4 设置布线规则

1. 设置设计规则（DRC）

DRC 是 PCB 设计的基本原则，分为 10 个类别。

1）布局原则

（1）元器件的布局要求均衡、疏密有序、避免头重脚轻。
（2）元器件布局应按照元器件的关键性来进行，先布置关键元器件，如微处理器、DSP、FPGA、存储器等，按照数据线和地址线的走向，按照就近原则布置元器件。
（3）存储器模块尽量并排放置，以缩短走线长度。
（4）尽可能按照信号流向进行布局。

注意：零件布局，应当从机械结构散热、电磁干扰、将来布线的方便性等方面综合考虑。先布置与机械尺寸有关的器件，并锁定这些器件，然后是占位较大的器件和电路的核心元件，再是外围的小元件。

2）布线原则

（1）一定要确保导线的宽度达到导线的载流要求，并尽可能宽些，留出余量。电源和地的导线要更宽，具体数值视实际情况而定，一般为地线＞电源线＞导线。
（2）导线间的最小间距是由线的绝缘电阻和击穿电阻决定的，在可能的情况下应尽量定得大一些，一般不能小于 12mil。
（3）设计布线时，走线尽量少拐弯，力求线条简单明了。
（4）微处理器芯片的数据线和地址线应尽量平行布置。
（5）输入端与输入端边线应避免相邻平行，以免产生反射干扰，必要时应加线隔离。两条相邻的布线要相互垂直，若平行则容易产生寄生耦合。
（6）利用包地、覆铜等工艺提高 PCB 的稳定性和抗干扰性。

2. 重点规则

（1）零件（元器件）之间的最小距离。
（2）零件方向。
（3）零件放置所在层。
（4）导线的宽度。
（5）导线所在层。

3. 设置规则

进入设置：执行【设计】-【规则】命令，弹出【PCB 规则和约束编辑器】对话框，如图 4-3-18 和图 4-3-19 所示。下面就一些重点设置进行介绍。

1）电气规则设置

（1）安全间距设置：用于设置 PCB 上不同网络的导线、过孔、焊盘等导线之间相隔的最小距离。
（2）短路设置：用于设定 PCB 上的导线是否允许短路。

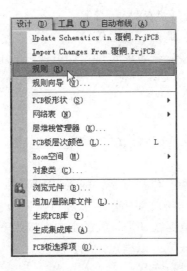

图4-3-18 执行【设计】-【规则】命令

图4-3-19 【PCB规则和约束编辑器】对话框

(3) 布线网络节点设置:用来检查指定范围内的网络是否布线完毕。

(4) 未连接引脚设置:用来检查指定范围内的未连接引脚的情况。

注意:安全间距(最小间隙)设置最重要。

具体设置如图4-3-20所示。

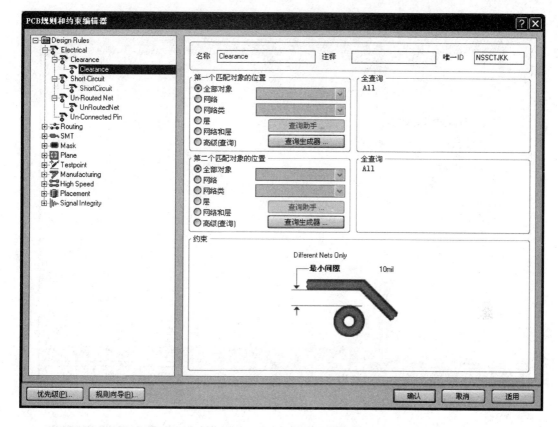

图4-3-20 电气规则设置

2) 放置（布局）规则设置

(1) 空间定义设置：限定元器件与布线的空间区域（禁止布线区）。

(2) 元器件间距设置：元器件与元器件之间的间距设置。

(3) 元器件的方向设置：元器件放置的方向定位。

(4) 允许元器件放置的层设置：设置允许元器件放置层（顶层、底层）。

(5) 可忽略网络设置：布局时可忽略的网络。

(6) 元器件的高度设置：设置元器件允许的高度。

具体设置如图4-3-21所示。

3) 布线规则设置

(1) 导线宽度设置：设定不同范围导线的宽度。

(2) 布线拓扑结构设置：布线方向的设置。

(3) 布线优先设置：设定哪类导线进行优先布线。

(4) 布线层设置：允许导线布在哪一层（如顶层、底层）。

(5) 导线转角设置：设定导线转角的模式（90°、45°、圆脚）。

(6) 导线过孔类型设置：过孔的大小、内径设置。

(7) 扇出式布线设置：设置布线时扇出模式类型。

具体设置如图4-3-22所示。

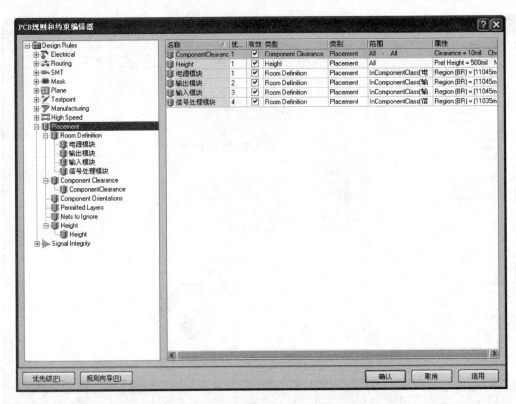

图 4-3-21 放置（布局）规则设置

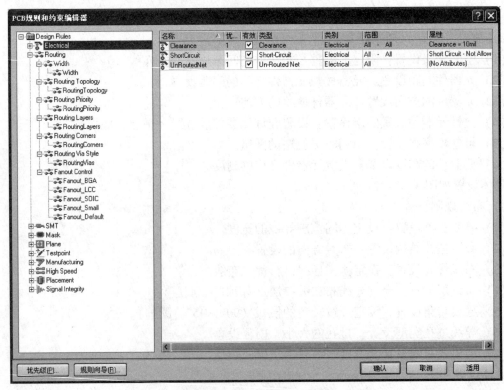

图 4-3-22 布线规则设置

4）设置方法

（1）添加新规则：在设计规则中，如需要添加新规则，则在 PCB 规则和约束编辑器中对应的规则目录下单击鼠标右键选择【新建规则】命令，如图 4-3-23 所示。

图 4-3-23　添加新规则

在右侧详细设置窗口中进行设置。

（2）修改规则：选中已有的规则，对话框右侧将出现其详细设置，进行设置的更改。

（3）说明：一个项目中可以有多个规则，各有侧重，并且具有优先级，个别规则优于全部规则。

"Width"设置如图 4-3-24 所示：

在规则"Width"中，设置全部线宽为 10mil。

在规则"Width_1"中，设置 GND 网络线宽为 30mil。

图 4-3-24　"Width"设置

局部优先于全局。说明接地网络（GND）线宽为 30mil，其余线宽为 10mil。

4. 设置规则实例讲解

以单片机最小系统项目为例，要求：

（1）安全间距设置："VCC"网络导线与其他导线的间距为 30mil（优先），其他的为 10mil。

（2）导线的宽度设置："GND"网络线宽为 50mil（优先），"VCC"网络线宽为 30mil（其次），其余线宽为 10mil。

（3）零件放置层设置：零件放置在顶层（Top Layer）。

（4）零件方向设置为 0°。

（5）零件（元器件）之间的最小距离为 30mil。

操作步骤如下：

（1）安全间距设置。

①新建规则，如图 4-3-25 所示。

②设置规则，如图 4-3-26 所示。

（2）导线的宽度设置。

设置"GND"和"VCC"的网络线宽，如图 4-3-27 和图 4-3-28 所示。

（3）零件放置层设置，如图 4-3-29 所示。

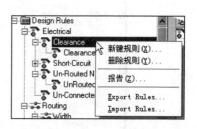

图 4-3-25　新建规则

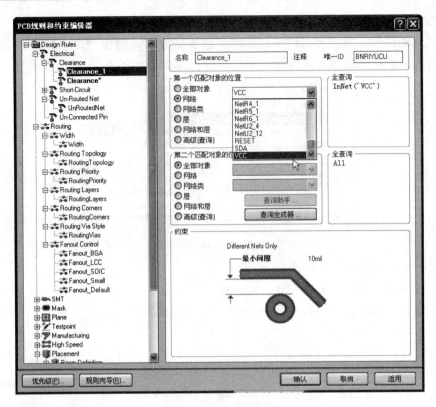

图 4-3-26 设置规则

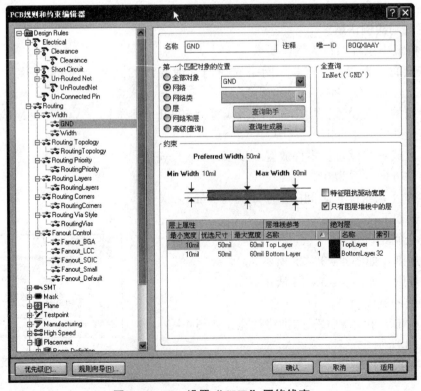

图 4-3-27 设置 "GND" 网络线宽

项目四 设计PCB电路板

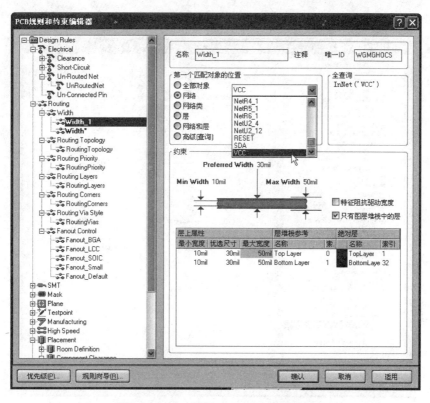

图4-3-28 设置"VCC"网络线宽

图4-3-29 零件放置层设置

223

(4) 零件方向设置,如图 4-3-30 所示。

图 4-3-30　零件方向设置

(5) 零件(元器件)之间的最小距离设置,如图 4-3-31 所示。

图 4-3-31　零件(元器件)之间的最小距离设置

注意：在设置规则的过程中，对还没有规则选项的规则或要增加新规则，即先"新建规则"，然后进行规则设置。

4.3.5 自动布线和手工调整

1. 自动布线

完成元器件布局和布线规则后，就可以用 Protel DXP 2004 进行自动布线了，使用 Protel DXP 进行自动布线需要完成以下步骤：

首先，从菜单【自动布线】中选择【全部对象】命令，进行自动布线，如图 4-3-32 所示。

之后出现图 4-3-33 所示的【Situs 布线策略】对话框。

自动布线完成后，按 End 键重绘画面。Protel DXP 的自动布线器将自动完成布线，且效果很好，这是因为 Protel DXP 在 PCB 窗口中对 PCB 板进行直接布线，而不需要导出和导入布线文件。

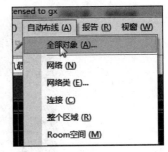

图 4-3-32 【全部对象】命令

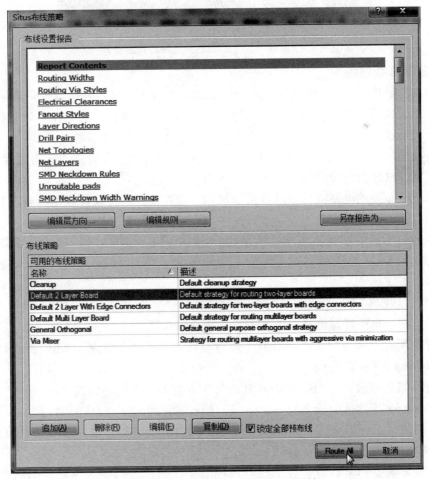

图 4-3-33 【Situs 布线策略】对话框

最后，执行【文件】-【保存】命令（快捷键为【F-S】），保存 PCB 板。

注意：自动布线器所放置的导线有两种颜色：红色表示导线在板的顶层信号层，而蓝色表示导线在板的底层信号层。自动布线器所使用的层是由 Routing Layers 设计规则所指明的。连接到连接器的两条电源网络导线要粗一些，这是由之前所设置的两条新的 Width 设计规则指明的。布线效果如图 4-3-34 所示。

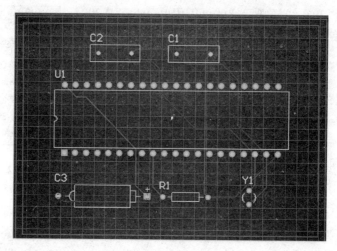

图 4-3-34　单片机最小系统自动布线效果

2. 验证 PCB 板设计

Protel DXP 提供一个规则驱动环境来设计 PCB，并允许定义各种设计规则来保证 PCB 板的完整性。比较典型的是，在设计进程的开始就设置好设计规则，然后在设计进程的最后用这些规则来验证设计。

在教程前面的内容中，就介绍了如何检验布线设计规则并添加一个新的宽度约束规则。同时也注意到，PCB 板向导已经创建了许多规则。

为了验证所布线的电路板是否符合设计规则，现在需要运行设计规则检查（Design Rule Check，DRC）：

（1）执行【设计】-【PCB 板层次颜色】命令（快捷键为 L），确认【系统颜色】选项组内的【DRC Error Markers】选项旁的【表示】复选框被勾选，这样设计规则检查的错误才会显示出来。

（2）执行【工具】-【设计规则检查的错误】命令（快捷键为【T+D】）。在【设计规则检查器】对话框中可以选择一个类查看其所有原规则。

（3）保留所有设置为默认值，单击【运行设计规则检查】按钮。DRC 将运行，其结果将显示在 Messages 工作区面板。

（4）查看错误列表。它列出了在 PCB 设计中存在的所有规则错误。

双击 Messages 工作区面板中的一个错误，即可跳转到它在 PCB 中的位置。

修改好错误后，可以从【设计规则检查器】对话框中单击【运行设计规则检查】按钮，重新运行 DRC，此时应不会有"违反"。

到此已经完成了 PCB 设计，如果还有不满意的，可再进行手工调整，然后准备生成输出文档。

3. 手工调整

自动生产的 PCB 图往往不能满足实际需求,这就需要用户动手调整布线,主要包括删除及放置导线、放置焊盘、放置过孔和放置填充等操作,以及补泪滴、覆铜等 PCB 编辑技巧。

1)删除导线

对已经布过线的 PCB,如果其中的走线不合要求,可以手动将其删除,操作方法为:单击欲删除的导线,按 Delete 键即可删除。导线被删除后,将以飞线表示原连接信息,单片机最小系统项目中删除一条导线后的效果如图 4-3-35 所示。

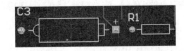

图 4-3-35 删除一条导线后的效果

2)导线的放置

对于以飞线形式表示的连接,可以通过放置导线完成。单击工具栏中的【交互式布线】按钮,即可进入绘制导线命令的状态,出现"十"字光标,然后单击要连接的焊盘。将 1)中删除的导线重新连接,如图 4-3-36 所示。

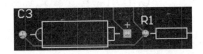

图 4-3-36 导线连接效果

3)信号走线原则

自动布线往往不能满足实际要求,需要对某些线进行手工调整,手工调整时要遵循以下走线原则:

(1)信号走线中,易产生噪声的信号线和易受干扰的信号线尽量远离。如无法避免,则要用中性信号线隔离。

(2)数字信号走线尽量放置在数字信号布线区域内;模拟信号走线尽量放置在模拟信号布线区域内;数字信号走线和模拟信号走线应垂直,以减小交叉耦合。

(3)使用隔离走线(通常为地)将模拟信号走线限定在模拟信号布线区域内。

①模拟区隔离走线环绕模拟信号布线区域布在 PCB 板的两面,线宽为 50~100mil。

②数字区隔离走线环绕数字信号布线区域布在 PCB 板的两面,线宽为 50~100mil,其中,一面 PCB 板边应布 200mil 的宽度。

③并行总线接口信号走线线宽大于 10mil(一般为 12~15mil)。

④模拟信号走线线宽大于 10mil(一般为 12~15mil)。

⑤所有其他信号走线应尽量宽,线宽大于 5mil(一般为 10mil),元器件间走线应尽量短(放置器件时应预先考虑)。

⑥旁路电容到相应集成电路的走线线宽应大于 25mil,并尽量避免使用过孔。

⑦通过不同区域的信号线(如典型的低速控制/状态信号)应在一点(首选)或两点通过隔离走线。如果走线只位于一面,隔离走线可走到 PCB 的另一面以跳过信号走线而保持连续。

⑧高频信号走线避免使用90°角弯转，应使用平滑圆弧或45°角。
⑨高频信号走线应减少使用过孔连接的情况。
⑩所有信号走线应远离晶振电路。
⑪对高频信号走线应采用单一连续走线，避免出现从一点延伸出几段走线的情况。
⑫DAA 电路中，穿孔周围（所有层面）应留出至少60mil 的空间。
⑬清除地线环路，以防意外电流回馈从而影响电源。

4）电源线

（1）确定电源连接关系。

（2）在数字信号布线区域中，用10μF 电解电容或钽电容与0.1μF 瓷片电容并联后接在电源/地之间，各放在PCB 板电源入口端和最远端，以防电源尖峰脉冲引发噪声干扰。

（3）对双面板来说，在用电电路相同层面中，用两边线宽为200mil 的电源走线环绕该电路，另一面需用数字地作相同的处理。

（4）一般先布电源走线，再布信号走线。

5）地线

在双面板中，数字和模拟元器件周围及下方未使用的区域，要用数字地或模拟地进行区域填充，各层面的同类地区域应连接在一起，不同层面的同类地区域应通过多个过孔相连：Modem DGND 引脚接至数字地区域，AGND 引脚接至模拟地区域；数字地区域和模拟地区域用一条直的空隙隔开。

手工调整后的 PCB 版图如图 4-3-37 所示。

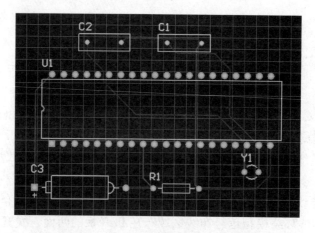

图 4-3-37　手工调整后的 PCB 版图

4.3.6　双向更新

前文的 PCB 文件是由原理图文件更新而来的，其实 Protel 软件还提供了双向更新的功能，即可将原理图的新变化更新到 PCB，也可将 PCB 的新变化更新到原理图。现以单片机最小系统原理图为例，来进行双向更新的介绍。

（1）打开原理图，从 Miscellaneous Device 元件库中调出 Battery 元件，并与电源正极和地相连，如图 4-3-38 所示。

（2）执行【设计】-【Update PCB】命令，将弹出图 4-3-39 所示的对话框。

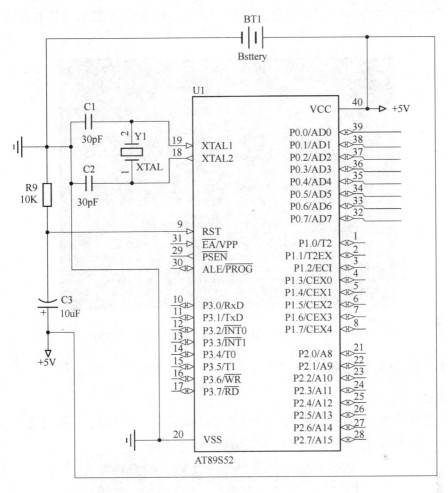

图 4-3-38 新增 Battery 元件

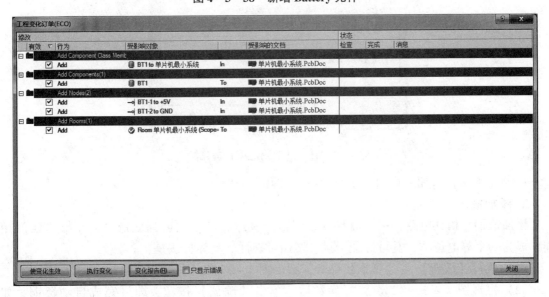

图 4-3-39 【工程变化订单(ECO)】对话框

单击【使变化生效】和【执行变化】命令，即可完成更新，更新后的 PCB 如图 4-3-40 所示。

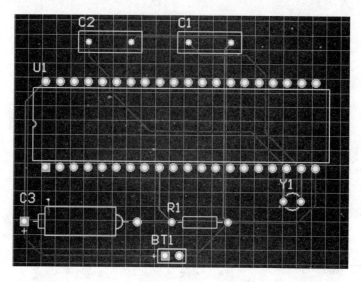

图 4-3-40　更新后的 PCB 板（增加元件 Battery）

4.3.7　补泪滴与覆铜

1. 补泪滴

补泪滴是为了增加焊盘或过孔与导线的连接机械强度，方法是：执行【工具】-【泪滴焊盘】命令，弹出图 4-3-41 所示的对话框。

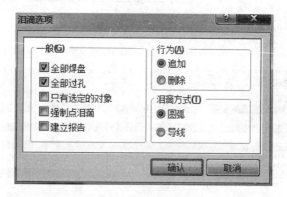

图 4-3-41　【泪滴选项】对话框

单击【确认】按钮，即可对所有焊盘与过孔全部增加泪滴。

2. 添加覆铜

添加覆铜是指在电路板中没有导线、焊盘以及过孔的空白区铺放铜箔，并与"地"相连，成为一个等电位体，其可屏蔽干扰、增加可靠性。具体方法是：

（1）执行【放置】-【覆铜】命令，弹出图 4-3-42 所示的对话框。

（2）根据图 4-3-42 设置好参数后，单击【确认】按钮，即可完成自动覆铜，如图 4-3-43 所示。

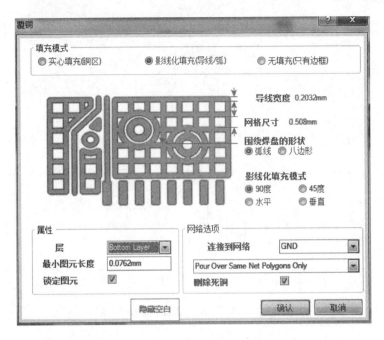

图4-3-42 【覆铜】对话框

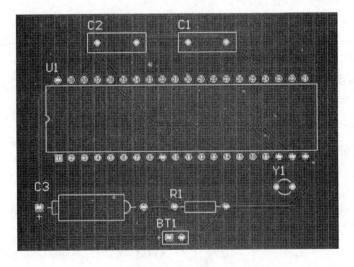

图4-3-43 覆铜后的单片机最小系统的PCB板

4.3.8 技能训练

(1) 根据图4-3-44所示电路,设计出三路抢答器的PCB板。
具体设计要求如下:
①双面布线;
②电路板为方形,机械尺寸为长70mm,宽45mm;
③补泪滴;
④覆铜。

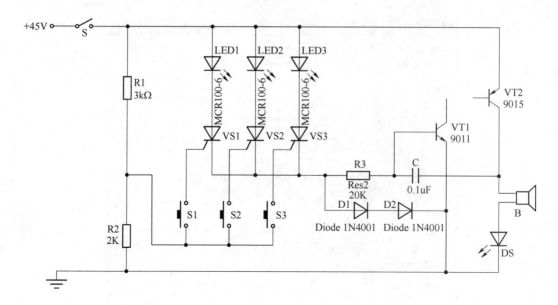

图 4-3-44 三路抢答器电路原理图

操作提示：

三路抢答器原理图中用到的元器件见表 4-3-2。

表 4-3-2 三路抢答器电路所用元器件一览表

序号	标识符	元件名	标称值	元器件封装	所在元件库
1	D1	Diode 1N4001		DIO10.46-5.3x2.8	Miscellaneous Devices.IntLib
2	D2	Diode 1N4001		DIO10.46-5.3x2.8	Miscellaneous Devices.IntLib
3	B	Speaker		PIN2	Miscellaneous Devices.IntLib
4	C	Cap	0.1uF	RAD-0.3	Miscellaneous Devices.IntLib
5	DS	LED0		LED-0	Miscellaneous Devices.IntLib
6	LED1~LED3	LED0		LED-0	Miscellaneous Devices.IntLib
7	R1	Res2	3K	AXIAL-0.4	Miscellaneous Devices.IntLib
8	R2	Res2	2K	AXIAL-0.4	Miscellaneous Devices.IntLib
9	R3	Res2	20K	AXIAL-0.4	Miscellaneous Devices.IntLib
10	S	SW-SPST		SPST-2	Miscellaneous Devices.IntLib
11	S1~S3	SW-PB		SPST-2	Miscellaneous Devices.IntLib
12	VS1~VS3	MCR100-6		29-11	Motorola Discrete SCR.IntLib
13	VT1	NPN		BCY-W3	Miscellaneous Devices.IntLib
14	VT2	PNP		SO-G3/C2.5	Miscellaneous Devices.IntLib

①单击【工具】-【泪滴焊盘】-【确认】,进行补泪滴的操作。
②单击【放置】-【覆铜】-【连接网络到】("GND")-【确认】,进行覆铜。
(2) 根据图4-3-45所示电路,设计循环彩灯电路的PCB板。
具体设计要求如下:
①双面布线;
②补泪滴;
③覆铜。

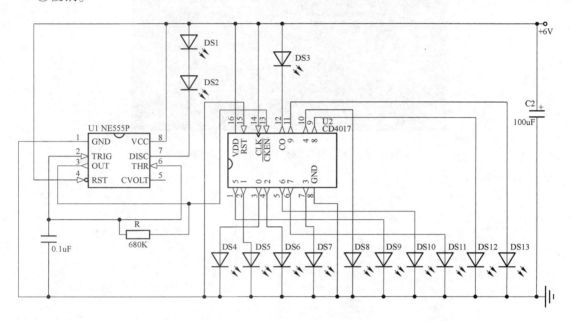

图4-3-45 循环彩灯电路原理图

操作提示:

循环彩灯电路原理图中用到的元器件见表4-3-3。

表4-3-3 循环彩灯电路所用元器件一览表

序号	标识符	元件名	标称值	元器件封装	所在元件库
1	C1	Cap Pol1	100uF	RB7.6-15	Miscellaneous Devices.IntLib
2	C2	Cap	0.1uF	RAD-0.3	Miscellaneous Devices.IntLib
3	DS1~DS13	LED0		LED-0	Miscellaneous Devices.IntLib
4	R1	Res2	680K	AXIAL-0.4	Miscellaneous Devices.IntLib
5	U1	NE555P		P008	TI Analog Timer Circuit.IntLib
6	U2	CD4017BMJ		J16A	NSC Logic Counter.IntLib

参考 PCB 板如图 4-3-46 所示。

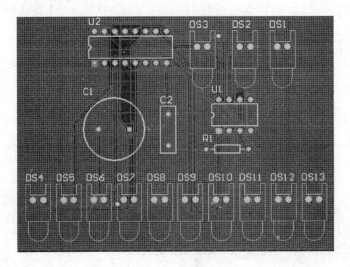

图 4-3-46 循环彩灯电路的参考 PCB 板

项目五

制作元器件封装

【学习目标】

1. 熟悉元器件封装编辑器的界面。
2. 会制作元器件封装。
3. 会利用绘图工具绘制元器件的轮廓。
4. 会放置焊盘。
5. 会修改已有的封装。
6. 会放置丝印。

在生成 PCB 之前，首先要加载原理图电路中各个元器件的封装。大部分元器件的封装都能从系统提供的元件封装库中找到，通过添加元件封装库，可以直接将封装添加到原理图中。Protel DXP 2004 为设计人员提供了非常丰富的元件封装库。尽管 Protel DXP 2004 中的元器件封装已经十分丰富，但是在电子技术日新月异的今天，新的元器件不断涌现，在实际的设计过程中，总有一些元器件的封装是无法找到的，需要设计人员根据实际需要新建符合要求的元器件封装。

Protel DXP 2004 为设计人员提供了强大的元器件封装编辑功能，设计人员可以根据自己的需要创建一个新的元器件封装，也可以修改系统提供的元器件封装。

本项目通过 3 个任务详细介绍了元器件封装编辑器的界面、如何编辑和新建元器件封装。

5.1　任务 1　制作元器件封装的基础知识

元器件封装是指实际的电子元器件或集成电路的外型尺寸、引脚的直径及引脚的距离等，它是使元器件的引脚和印制电路板上的焊盘一致的保证。元器件的封装可以分成针脚式封装和表面粘着式（SMT）封装两大类。

元器件引脚封装一般指在 PCB 编辑器中，为了将元器件固定并安装于电路板而绘制的与元器件引脚距离、大小相对应的焊盘，以及元器件的外形边框等。由于它的主要作用是将元器件固定、焊接在电路板上，因此，它在焊盘的大小、焊盘间距、焊盘孔径大小、引脚的次序等参数上都有非常严格的要求，元器件的封装和元器件实物、电路原理图中元器件引脚序号三者之间必须保持严格的对应关系。为了制作正确的封装，必须参考元器件的实际形状，测量元器件引脚距离、引脚粗细等参数。

元器件封装编号的含义：元器件类型 + 焊盘距离（焊盘数）+ 元器件外型尺寸。例如，电阻的封装为 AXIAL - 0.4，表示此元器件封装为轴状，两焊盘间的距离为 400mil（100mil = 0.254mm）；RB7.6 - 15 表示极性电容类元器件封装，引脚间距为 7.6mm，元器件直径为 15mm；DIP - 4 表示双列直插式元器件封装，有 4 个焊盘引脚，两焊盘间的距离为 100mil。

对于一种新的元器件，可能在 PCB 文件中找不到合适的封装，这就需要设计相应的封装图形。有两种方法创建元器件封装：一种采用手工绘制的方法，操作较为复杂，但能制作外形和引脚排列较为复杂的元器件封装；另一种利用向导的方法，该方法操作较为简单，适用于外形和引脚排列比较规范的元器件。

5.1.1 认识 PCB 库工作区面板

PCB 库工作区面板如图 5 - 1 - 1 所示，共有 3 个区域：元件排列区域、元件图元区域和封装模型区域。

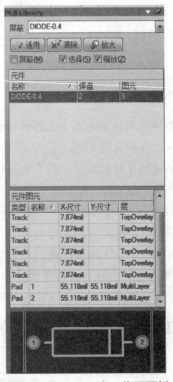

图 5 - 1 - 1　PCB 库工作区面板

5.1.2 认识 PCB 元件编辑器

Protel DXP 2004 的封装库在软件安装路径下的 Autium2004/Library/Pcb 目录中。单击【文件】-【打开】，打开其中的 Miscellaneous Devices PCB. PcbLib 库，这是常用的电子元器件封装库，如图 5 – 1 – 2 所示。

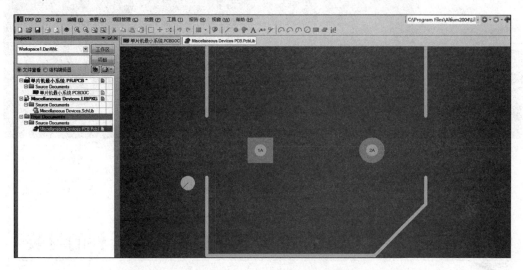

图 5 – 1 – 2　Miscellaneous Devices PCB. PcbLib 库

单击窗口左下脚的【PCB Library】标签，可切换到封装方式编辑器界面，如图 5 – 1 – 3 所示。

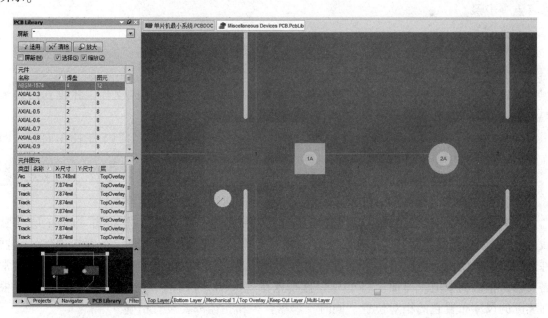

图 5 – 1 – 3　封装方式编辑器

在【屏蔽】文本框中输入"DIODE – 0.4"，然后在工作区单击，即可显示该封装图形，如图 5 – 1 – 4 所示。

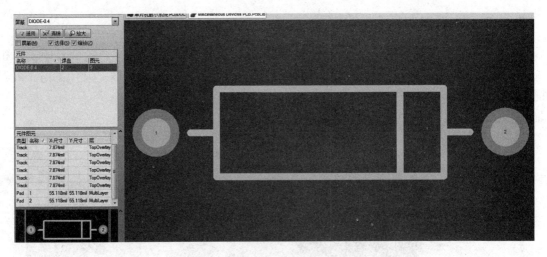

图 5-1-4 DIODE-0.4 图形

PCB 库元件编辑器的许多其他功能将在后面的实例中进行讲解。

5.2 任务 2 手工制作 10 脚双列直插式元器件的封装

双列直插式元器件是经常遇到的一类元器件，下面以 10 脚双列直插式元器件为例，来讲解如何制作此类封装。手工制作封装一般包括放置焊盘、绘制外形轮廓、设置元器件封装参考点等步骤。

5.2.1 放置焊盘

（1）新建 PCB Library 文件。

同原理图元器件库一样，要在元器件工程文件内增加一个 PCB 库文件，并将其命名为"My. PcbLib"。

（2）执行【工具】-【新元件】命令，建立一个新元器件封装，但不是使用向导，即在弹出的对话框中单击【取消】按钮，进入手动创建元器件封装。

（3）在绘制前必须保证顶层丝印层（Top Overlay）为当前层。

（4）按快捷键【Ctrl + End】，使编辑区中的光标回到系统的坐标原点。

（5）放置焊盘（Place Pad），注意焊盘的距离和属性，焊盘属性选 Multi - Layer 层（默认的）。在创建元器件封装时，组件之间的相对距离及其形状非常重要，否则新创建的元器件封装将无法使用，所以【组件属性设置】对话框中的【Location X/Y】、【Shape】等项常需要输入精确的数值。习惯上将 1 号焊盘布置在（0，0）位置，形状为方形，其他组件根据实际的尺寸布置它的相对位置。同时，焊盘直径和孔径都要设置精确。

图 5-2-1 所示为焊盘属性编辑对话框，其用于设置各种数值。10 脚双列直插式元件的水平引脚间距为 100mil，则对应间距为 100mil，放置时按该间距直接放置即可，对于垂直引脚间距为 600mil，则需要通过设置焊盘属性进行修改。

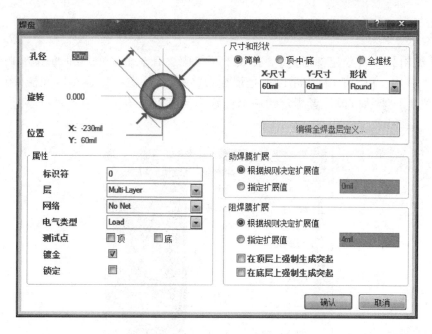

图 5-2-1 焊盘属性编辑对话框

5.2.2 绘制外形轮廓

在顶层丝印层（Top Overlay），使用放置导线工具，绘制元器件封装的外形轮廓，封装的外形轮廓要和实物的大小尽量相同，但不用像焊盘距离那样高度精确，外形轮廓与其将来在电路板中所占的位置有关，轮廓太小将来可能出现多个器件重叠放不下的情况；如果太大，则浪费空间和板子。可增加一些图示增强易读性。10 脚双列直插式元器件的实物大小约为：长 500mil，宽 430mil。结果如图 5-2-2 所示。

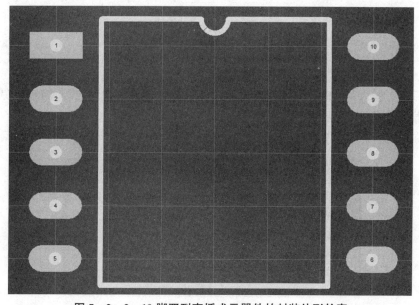

图 5-2-2　10 脚双列直插式元器件的封装外形轮廓

5.2.3 设置元件封装参考点

单击【编辑】-【设定参考点】。在其子菜单中，有3个命令，即【引脚1】、【中心】和【位置】。其中，【引脚1】表示以1号焊盘为参考点，【中心】表示以元器件封装中心为参考点，【位置】表示以设计者指定的一个位置为参考点。图5-2-3表示以1号焊盘为参考点。

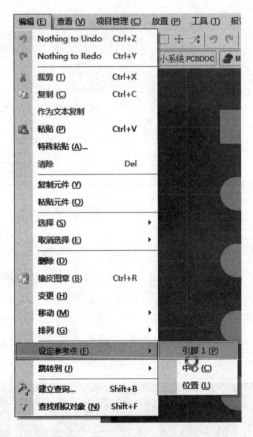

图5-2-3 设置封装参考点

在创建新的元器件封装时，系统将自动给出默认的元器件的封装名称"PCBCOMPONENT-1"，并在元器件管理器中显示出来。执行【工具】-【元件属性】命令后，出现图5-2-4所示的对话框，在【名称】文本框中输入元器件封装的名称，单击【确认】按钮关闭对话框。

图5-2-4 重命名封装

5.2.4 技能训练

(1) 手工制作电阻 AXIAL-0.3 的封装,如图 5-2-5 所示。
具体设计要求如下:
①电阻体长为 200mil,宽为 60mil;
②焊盘孔径为 33mil,外径为 55mil。

图 5-2-5 AXIAL-0.3 的封装

操作提示:
①使用放置导线工具,按照尺寸要求绘制电阻封装的外形轮廓。
②放置焊盘时应注意焊盘的距离和属性,在焊盘属性中,【层】选"Multi-Layer"层(默认的)。

(2) 手工制作二极管 DIODE-0.7 的封装,如图 5-2-6 所示。
具体设计要求如下:
①二极管长为 500mil,宽为 200mil;
②焊盘孔径为 40mil,外径为 65mil;
③焊盘中心距离为 700mil。

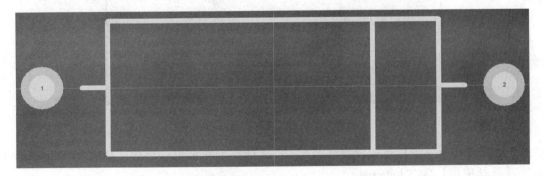

图 5-2-6 DIODE-0.7 的封装

操作提示:
①使用放置导线工具,按照尺寸要求绘制电阻封装的外形轮廓。
②放置焊盘时应注意焊盘的距离和属性,在焊盘属性中,【层】选"Multi-Layer"层(默认的)。
③利用距离测量工具测量焊盘之间的距离,并按照要求调整为 700mil。

5.3 任务3 利用向导制作10脚双列直插式元器件的封装

5.3.1 制作10脚双列直插式元器件的封装

利用向导制作10脚双列直插式元器件的封装，步骤如下：

（1）单击【工具】-【新元件】，如图5-3-1所示，打开向导如图5-3-2所示。

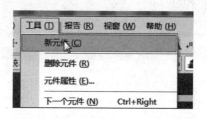

图 5-3-1 创建新元件封装

图 5-3-2 元件封装向导

（2）单击【下一步】按钮，出现图5-3-3所示的对话框，选择"Dual in-Line Package"，【选择单位】为"Imperial"。

（3）单击【下一步】按钮，出现图5-3-4所示的对话框，设置焊盘安装孔大小为35.433mil，焊盘X和Y方向尺寸均为59.055mil。

（4）单击【下一步】按钮，出现图5-3-5所示的对话框，在该对话框中可设置两列焊盘之间的距离为300mil，同列中焊盘之间的间距为100mil。

（5）单击【下一步】按钮，设置轮廓线的宽度，此处采用默认值，如图5-3-6所示。

（6）单击【下一步】按钮，在图5-3-7中设置引脚总数，此处改为10。

（7）单击【下一步】按钮，为该封装命名，此处命名为"DIP10"，如图5-3-8所示。

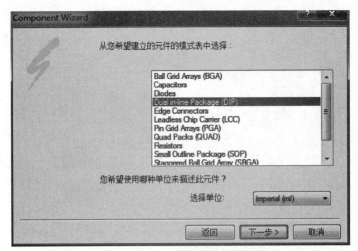

图 5-3-3 选择模板和单位

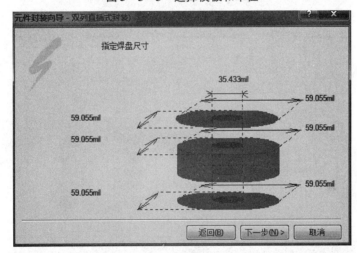

图 5-3-4 设置焊盘尺寸

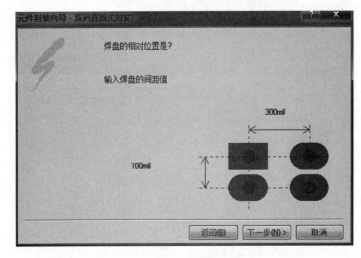

图 5-3-5 设置焊盘间距

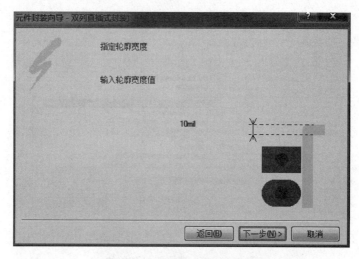

图 5-3-6 设置轮廓线的宽度

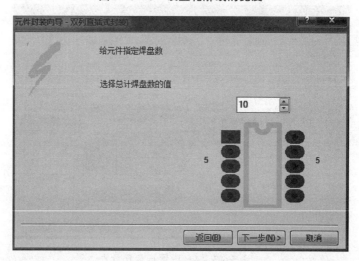

图 5-3-7 设置引脚总数

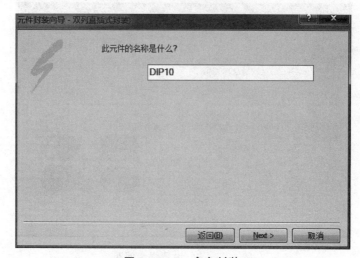

图 5-3-8 命名封装

（8）单击【Next】按钮，如图 5-3-9 所示；单击【Finish】按钮完成制作，结果如图 5-3-10 所示。

图 5-3-9　结束向导

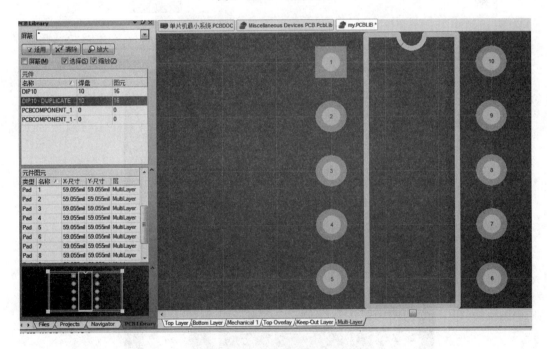

图 5-3-10　制作好的 DIP10

5.3.2　修改封装

利用向导制作好封装后，若有的地方与实际元器件尺寸不符，则需要手动修改封装。比如，要将 DIP10 的所有焊盘都修改为方形，其具体步骤如下：

双击 DIP10 的焊盘，进入图 5-3-11 所示的对话框，修改焊盘的形状，在【尺寸和形状】中修改焊盘为"Rectangle"，单击【确认】按钮结束修改，结果如图 5-3-12 所示。

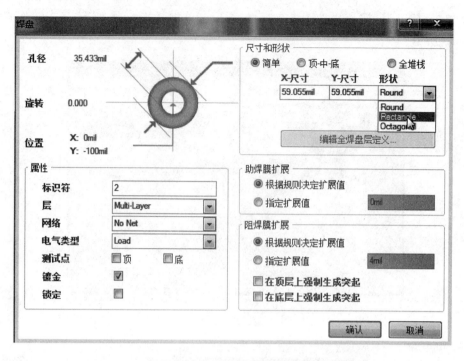

图 5-3-11　修改焊盘的形状

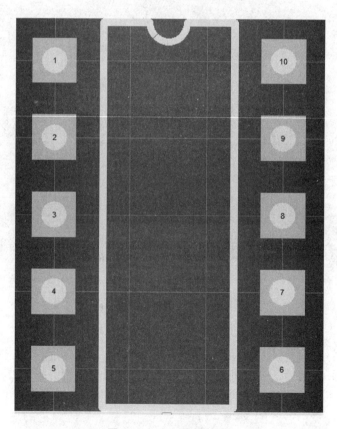

图 5-3-12　修改结果

5.3.3 放置丝印

放置丝印是指在 Top Overlay 层放置文字、符号、距离等信息，其具体步骤如下：

（1）单击 PCB 编辑器窗口下方的【Top Overlay】标签选择顶部丝印层，如图 5-3-13 所示。

图 5-3-13 选择顶部丝印层

（2）单击【放置】-【字符串】，如图 5-3-14 所示，出现一个"十"字形光标。

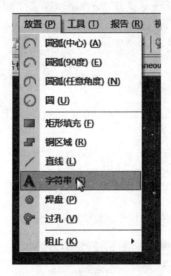

图 5-3-14 执行【放置】-【字符串】命令

（3）按下 Tab 键，出现图 5-3-15 所示的对话框，在此对话框中可设置字符串的属性。

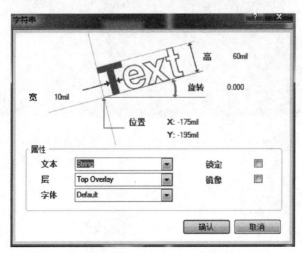

图 5-3-15 【字符串】对话框

（4）将【文本】修改为"DIP10"，再把光标放到合适的地方，按空格键即可旋转字符串，调整后的效果如图 5-3-16 所示。

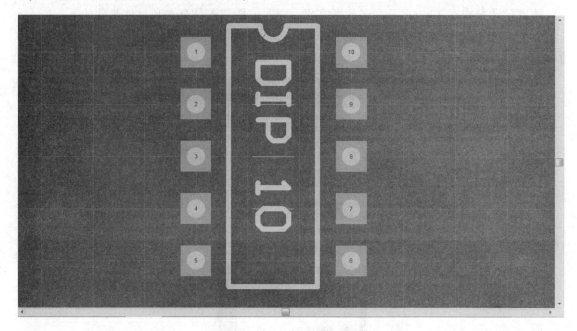

图 5-3-16 放置丝印后的效果

5.3.4 技能训练

（1）利用向导制作 AT89S52 单片机的双列直插式封装，如图 5-3-17 所示。

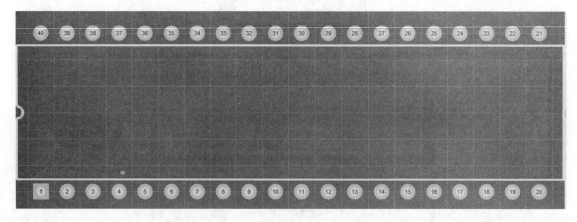

图 5-3-17 AT89S52 单片机的双列直插式封装

操作提示：
①单击【工具】-【新元件】，打开向导。
②按照要求设置封装的属性。

（2）查阅资料，了解 LM324 的封装，并利用向导画出该封装，如图 5-3-18 所示。

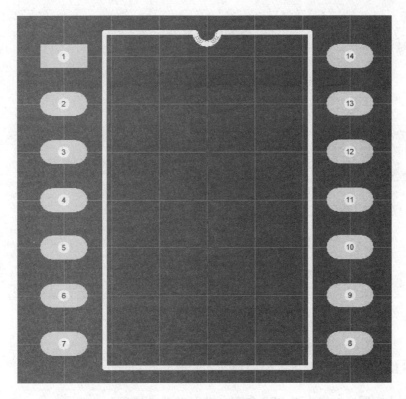

图 5-3-18 LM324 的封装

操作提示：
①在元件库中查找 LM324，观察其使用的封装。
②单击【工具】-【新元件】，打开向导。
③按照观察结果设置封装的属性。
④添加丝印"LM324"。

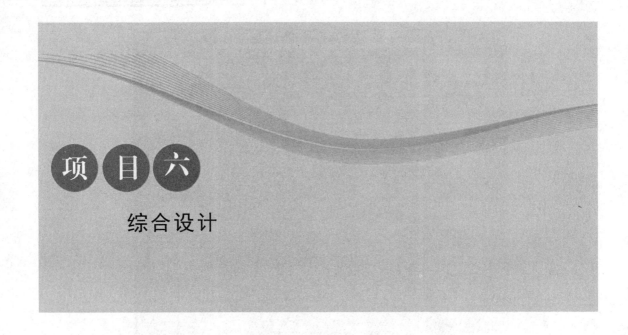

项目六 综合设计

【学习目标】

1. 掌握从原理图绘制到生成 PCB 印制电路板的基本流程和技巧。
2. 掌握绘制电路原理图的方法。
3. 掌握制作原理图元器件符号的方法。
4. 掌握 PCB 设计中元器件布局的方法。
5. 掌握合理的布线方法。
6. 熟悉设计印制电路板的总体思想。

本项目以时钟电路 PCB 电路板的设计和八路抢答器 PCB 电路板的设计为例,介绍电路的完整设计过程,进一步熟悉 PCB 电路板设计的整个流程和操作步骤,熟练掌握原理图设计和 PCB 电路板设计的基本知识。

实际印制电路板的设计一般遵循的流程如图 6-0-1 所示。根据实际设计的需要,可以对具体的步骤进行删减或者调整步骤的顺序。

6.1 任务1 时钟电路的 PCB 设计

本任务以时钟电路的综合设计和制作流程为例,使读者系统地认识 PCB 设计。

时钟电路原理图如图 6-1-1 所示。

PCB 电路板的具体设计要求如下:

(1) 单面板。

(2) 电路板大小为 2 900mil × 2 300mil。

项目六 综合设计

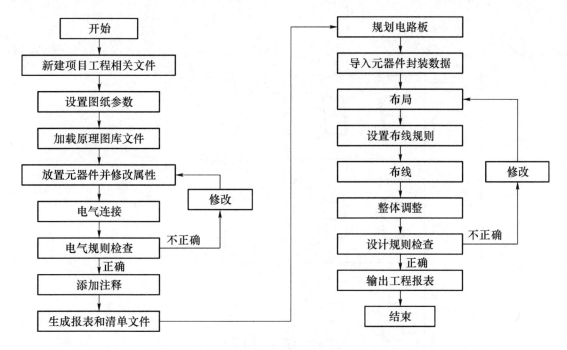

图 6-0-1 印制电路板的设计流程

（3）导线宽度为 12mil，电源线宽度为 20mil，地线宽度为 30mil。

（4）放置 4 个直径为 100mil 的定位圆孔。

时钟电路原理图中用到的元器件见表 6-1-1。

表 6-1-1 时钟电路中用到的元器件一览表

序号	标识符	元件名	标称值	元器件封装	所在元件库
1	P1	Header 2		HDR1X2	Miscellaneous Connectors.IntLib
2	C1、C2	Cap	30pF	RAD-0.3	Miscellaneous Devices.IntLib
3	C3	Cap Pol1	10uF	CAPPR2-5x6.8	Miscellaneous Devices.IntLib
4	R1~R7	Res2	1K	AXIAL-0.4	Miscellaneous Devices.IntLib
5	R8~R14	Res2	4.7K	AXIAL-0.4	Miscellaneous Devices.IntLib
6	Y1	XTAL		BCY-W2/D3.1	Miscellaneous Devices.IntLib
7	U3~U5	共阳极数码管		LEDDIP-10（14）	时钟电路.SchLib
8	U2	MAX813L		DIP-8	时钟电路.SchLib
9	S1	SW-PB		SPST-2	Miscellaneous Devices.IntLib
10	U1	P89C51R		SOT129-1	Philips Microcontroller

251

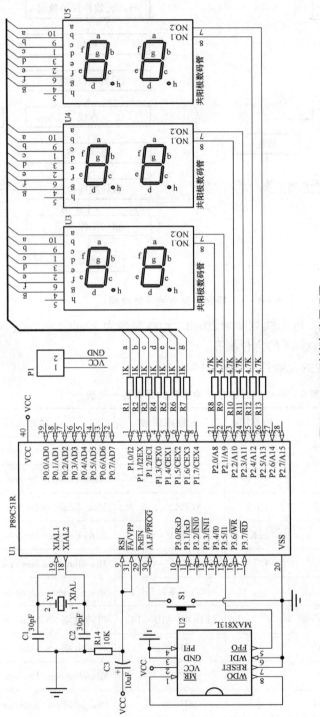

图6-1-1 时钟电路原理图

6.1.1 新建项目文件

在设计时钟电路 PCB 电路板之前,先进行准备工作:创建项目工程及相关的文件。
(1) 新建一个名为"时钟电路"的文件夹,用来保存与项目工程相关的文档。
(2) 新建一个名为"时钟电路.PrjPCB"的项目工程文件。
(3) 在"时钟电路.PrjPCB"项目工程中添加一个名为"时钟电路.SchDoc"的原理图设计文件、一个名为"时钟电路.PcbDoc"的 PCB 设计文件和一个名为"时钟电路.SchLib"的原理图库文件。

创建结果如图 6-1-2 所示。

图 6-1-2 时钟电路相关文件创建结果

6.1.2 自制元器件符号

时钟电路中所用到的元器件信息见表 6-1-1,本任务中需要自制的元器件符号是两位一体的共阳极数码管和看门狗 MAX813L,其他的元器件都可以在系统自带的元件库中找到。

两位一体的共阳极数码管的引脚排列如图 6-1-3(a)所示,它共有 10 个引脚,上、下各 5 个。第 8 脚和第 7 脚分别为第一位和第二位数码的公共接地端。

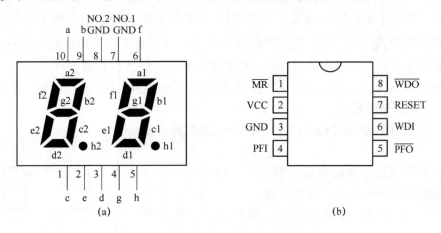

图 6-1-3 自制元器件符号的引脚排列
(a) 两位一体的共阳极数码管的引脚排列;(b) MAX813L 的引脚排列

看门狗 MAX813L 的引脚排列如图 6-1-2（b）所示，它共有 8 个引脚，左、右各 4 个。

具体操作步骤如下：

步骤 1：打开名为"时钟电路.SchLib"的原理图库文件，库文件中已经包含了一个名为"COMPONENT_1"的空白元器件符号。

步骤 2：单击【工具】-【文档选项】，打开【图纸设置】对话框。这里使用默认值即可，设置完毕单击【确认】按钮保存。

步骤 3：单击【编辑】-【跳转到】-【原点】，将编辑器工作窗口定位到以原点为中心的界面。

步骤 4：单击【工具】-【重新命名元件】，打开【重命名】对话框，修改元器件符号的名称。此处要制作的元器件符号是共阳极数码管，在文本框中输入"共阳极数码管"，单击【确认】按钮保存。窗口左侧 SCH Library（元件库工作区面板）中的元器件列表中的元器件名称由"COMPONENT_1"变为"共阳极数码管"。

步骤 5：单击【放置】-【矩形】，或者单击工具栏中的实用工具 下的放置矩形按钮，在第四象限的坐标原点附近放置一个矩形。矩形的属性设置：【边缘宽】设置为 Smallest，勾选【画实心】复选框，其他使用默认值即可。设置完毕单击【确认】按钮保存。

步骤 6：按 G 键，将捕获网格设置为 1，以便精确定位。

步骤 7：单击【放置】-【直线】，或者单击工具栏中的实用工具 下的放置直线按钮，在矩形内放置 7 条直线，组成" "形状，直线的属性设置：【颜色】设置为 229 号蓝色，【线宽】设置为 Medium，其他使用默认值即可。设置完毕单击【确认】按钮保存。

步骤 8：单击【放置】-【椭圆】，或者单击工具栏中的实用工具 下的放置椭圆按钮，在矩形内" "的右下角放置一个圆形，圆形的属性设置：【填充色】设置为 229 号蓝色，【边缘色】设置为 3 号黑色，【X 半径】和【Y 半径】都设置为 2，其他使用默认值即可。设置完毕单击【确认】按钮保存。

步骤 9：单击【放置】-【文本字符串】，或者单击工具栏中的实用工具 下的放置文本字符串按钮，在" "周围依次放置字符 a~h。文本字符串的属性设置：【颜色】设置为 5 号红色，其他使用默认值即可。设置完毕单击【确认】按钮保存。

步骤 10：按住鼠标左键，选中并拖动步骤 7~步骤 9 中所画的图形，利用快捷键【Ctrl+C】复制所选图形。

步骤 11：利用快捷键【Ctrl+V】粘贴所选图形到合适的位置。

至此，共阳极数码管的轮廓绘制完毕，如图 6-1-4 所示。接下来放置共阳极数码管的引脚。

步骤 12：按 G 键，将捕获网格设置为 10，以便放置引脚。

步骤 13：单击【放置】-【引脚】，或者单击工具栏

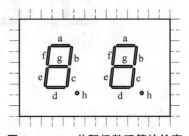

图 6-1-4　共阳极数码管的轮廓

中的实用工具 下的放置引脚按钮 。按照表6-1-2列出的引脚设置逐一修改引脚属性，长度为20。

表6-1-2 共阳极数码管的引脚设置

标识符	可视	显示名称	可视	电气类型
1	√	c	√	Passive
2	√	e	√	Passive
3	√	d	√	Passive
4	√	g	√	Passive
5	√	h	√	Passive
6	√	f	√	Passive
7	√	NO.2	√	Passive
8	√	NO.1	√	Passive
9	√	b	√	Passive
10	√	a	√	Passive

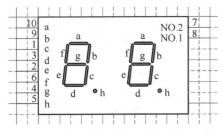

图6-1-5 放置完所有引脚的共阳极数码管符号

放置完所有引脚的共阳极数码管符号如图6-1-5所示。

步骤14：在左侧SCH Library（元件库工作区面板）的元器件列表中双击元器件名称"共阳极数码管"，或者单击【工具】-【元件属性】，弹出【元件属性】对话框。将【Default Designator】设置为"U?"，将【注释】设置为"共阳极数码管"。

步骤15：在【元件属性】对话框的【Models for 共阳极数码管】面板中，单击【追加】按钮，添加一个"Footprint"类型的模型。在弹出的【PCB模型】对话框中，单击【浏览】按钮，在弹出的【库浏览】对话框中，单击【…】按钮，在弹出的【可用元件库】对话框中添加DIP-LED Display.PcbLib封装库。路径为C:\\Program Files\\Altium2004\\Library\\Pcb，根据用户安装软件路径的不同会有所不同。添加完成后单击【关闭】按钮返回【库浏览】对话框。

步骤16：在【库浏览】对话框中找到封装LEDDIP-10/D19.3，如图6-1-6所示。单击【确认】按钮返回【元件属性】对话框。

步骤17：可见在【元件属性】对话框中，已经为共阳极数码管符号添加了一个封装，如图6-1-7所示。

步骤18：利用快捷键【Ctrl+S】保存库文件。共阳极数码管的元器件符号制作完成。

步骤19：单击【工具】-【新元件】，弹出新元件命名对话框，将默认名称由"Component_1"修改为"MAX813L"。

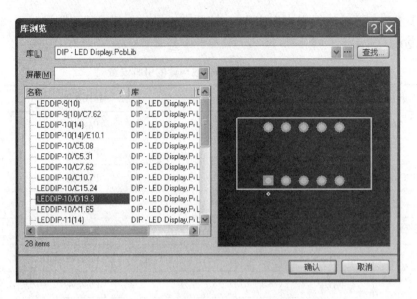

图 6-1-6 封装 LEDDIP-10/D19.3

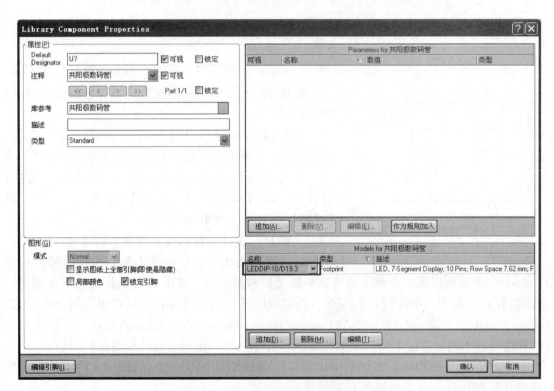

图 6-1-7 已经添加封装的共阳极数码管

步骤 20：单击【放置】-【矩形】，或者单击工具栏中的实用工具 下的放置矩形按钮 ，在第四象限的坐标原点附近放置一个矩形。矩形的属性设置：【边缘宽】设置为 Smallest，勾选【画实心】复选框，其他的使用默认值。设置完毕单击【确认】按钮保存。

步骤 21：单击【放置】-【椭圆弧】，或者单击工具栏中的实用工具下的放置矩形按钮，在紧贴矩形的上边沿内部放置一个半圆。椭圆弧的属性设置：【边缘宽】设置为 Smallest，其他的使用默认值。设置完毕单击【确认】按钮保存。

至此，MAX813L 的轮廓制作完毕，如图 6-1-8 所示。接下来放置 MAX813L 的引脚。

步骤 22：按照图 6-1-2 所示的 MAX813L 的引脚排列，依次放置引脚，并按照表 6-1-3 列出的引脚设置逐一修改引脚属性，长度为 20。

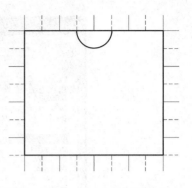

图 6-1-8 MAX813L 的轮廓

表 6-1-3 MAX813L 的引脚设置

标识符	可视	显示名称	可视	电气类型
1	√	\\MR	√	Input
2	√	VCC	√	Power
3	√	GND	√	Power
4	√	PFI	√	Input
5	√	\\PFO	√	Output
6	√	WDI	√	Input
7	√	RESET	√	Output
8	√	\\WDO	√	Output

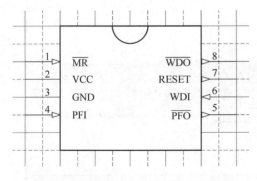

图 6-1-9 放置完所有引脚的 MAX813L 符号

放置完所有引脚的 MAX813L 符号如图 6-1-9 所示。

步骤 23：在左侧 SCH Library（元件库工作区面板）的元器件列表中双击元器件名称"MAX813L"，或者单击【工具】-【元件属性】，弹出【元件属性】对话框。将【Default Designator】设置为"U?"，将【注释】设置为"MAX813L"。

步骤 24：在【元件属性】对话框的"Models for MAX813L"面板中，单击【追加】按钮，添加一个"Footprint"类型的模型。在弹出的【PCB 模型】对话框中，单击【浏览】按钮，在弹出的【库浏览】对话框中，单击【…】按钮，在弹出的【可用元件库】对话框中选中 Miscellaneous Devices.PcbLib 封装库，单击【关闭】按钮返回【库浏览】对话框。

步骤 25：在【库浏览】对话框中找到封装 DIP-8，如图 6-1-10 所示。单击【确认】按钮返回【元件属性】对话框。

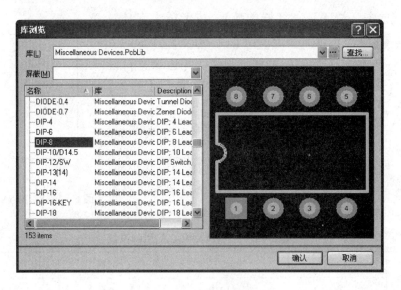

图 6-1-10　封装 DIP-8

步骤 26：可见在【元件属性】对话框中，已经为 MAX813L 符号添加了一个封装，如图 6-1-11 所示。

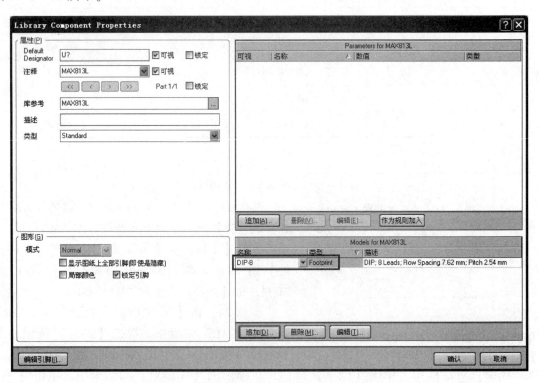

图 6-1-11　已经添加了封装的 MAX813L

步骤 27：利用快捷键【Ctrl+S】保存库文件。MAX813L 的元器件符号制作完成。

6.1.3 绘制时钟电路原理图

步骤1：打开名为"时钟电路.SchDoc"的原理图设计文件。

步骤2：单击【设计】-【文档选项】，在【文档选项】对话框中设置图纸的参数。使用默认值即可。

步骤3：单击【DXP】-【优先设定】，单击左边"Schematic"（原理图）前面的"+"号，展开下拉列表，选中"General"，勾选其中的【转换交叉节点】和【显示横跨】复选框。

步骤4：将表6-1-1中列出的元器件，依次放置到原理图中，并设置好属性及封装。适当调整元器件的引脚位置，放置结果如图6-1-12所示。

步骤5：放置导线，放置结果如图6-1-13所示。

步骤6：放置电源和接地符号，放置结果如图6-1-14所示。

步骤7：单击【项目管理】-【Compile Document 时钟电路.SchDoc】（或者【Compile PCB Project 时钟电路.PrjPCB】），对单个原理图或者整个项目工程进行电气规则检查。

步骤8：单击【设计】-【设计项目的网络表】-【Protel】，生成网络表。

步骤9：单击【报告】-【Bill of Materials】，生成元器件清单。

6.1.4 PCB 单面板的设计

时钟电路所用元器件的信息见表6-1-1，本任务中所需要的元器件封装都能在系统自带的封装库中找到，不需要自制。

步骤1：打开名为"时钟电路.PcbDoc"的PCB设计文件。

步骤2：单击【设计】-【PCB板选择项】，设置PCB板的各项参数。将【捕获网格】的【X】和【Y】都设置为50mil，将【电气网格】的【范围】设置为10mil，将【可视网格】的【网格1】设置为50mil。设置完毕单击【确认】按钮保存。

步骤3：单击【工作层】标签中的机械层"Mechanical1"，使机械层作为当前的工作层。

步骤4：单击【放置】-【直线】，或者单击工具栏中的实用工具下的放置直线按钮，在机械层中绘制大小为2 900mil×2 300mil的物理边界。

步骤5：单击【工作层】标签中的禁止布线层"Keep-Out Layer"，使禁止布线层作为当前的工作层。

步骤6：单击菜单【放置】-【直线】，或者单击工具栏中的实用工具下的放置直线按钮，在禁止布线层中绘制大小为2 800mil × 2 200mil的电气边界。绘制结果如图6-1-15所示。

步骤7：在PCB编辑器窗口中单击【设计】-【Import Changes From 时钟电路.PrjPcb】，或者在原理图编辑器窗口中单击【设计】-【Update PCB Document 时钟电路.PcbDoc】，导入元器件封装的数据。

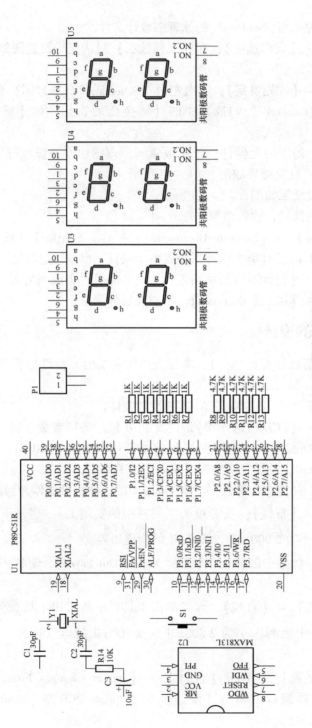

图 6-1-12 元器件放置结果

项目六 综合设计

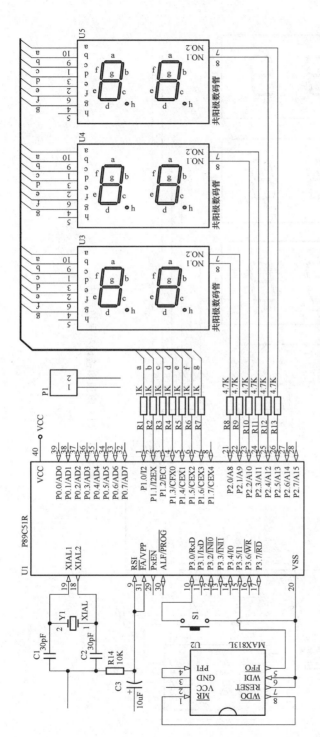

图 6-1-13 导线放置结果

261

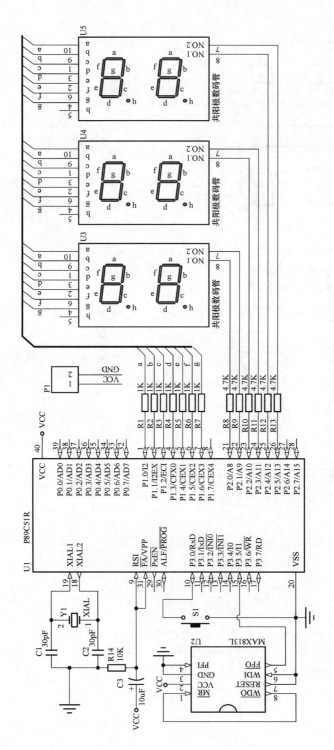

图 6-1-14 电源和接地符号放置结果

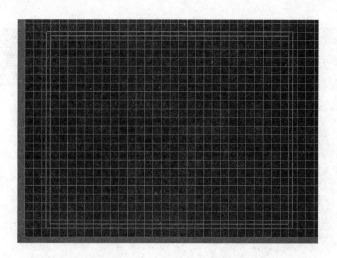

图 6-1-15　物理边界与电气边界绘制结果

步骤8：单击【工具】-【放置元件】-【自动布局】，在【自动布局】对话框中选择"分组布局"，取消"快速元件布局"，单击【确认】按钮，系统开始自动布局，自动布局结果如图 6-1-16 所示。

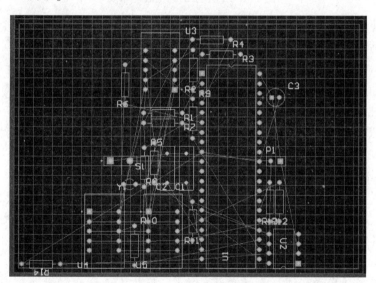

图 6-1-16　自动布局结果

步骤9：手工对布局进行调整，如图 6-1-17 所示。

步骤10：单击【设计】-【规则】，打开【PCB 规则和约束编辑器】对话框。

（1）单击【Design Rules】-【Electrical】-【Clearance】，将不同网络的间距由默认的 10mil 修改为 8mil。单击【适用】按钮保存设置。

（2）用鼠标右键单击【Clearance】，新建一条间距规则：电源网络与接地网络之间的间距为 15mil。将【名称】设置为 Power，【第一个匹配对象的位置】选择"网络"中的"VCC"，【第二个匹配对象的位置】选择"网络"中的"GND"，设置【最小间距】为 15mil。单击【适用】按钮保存设置。

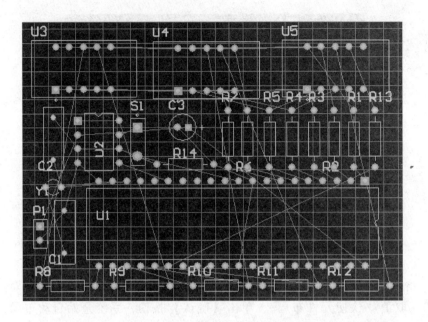

图 6-1-17 手工调整后的布局

(3) 单击【Design Rules】-【Routing】-【Width】,将普通导线的 3 个宽度都修改为 12mil。单击【适用】按钮保存设置。

(4) 用鼠标右键单击【Width】,新建一条导线宽度规则:电源线的宽度为 20mil。设置【名称】为"VCC",【第一个匹配对象的位置】选择"网络"中的"VCC",3 个宽度都修改为 20mil。单击【适用】按钮保存设置。

(5) 用鼠标右键单击【Width】,新建一条导线宽度规则:地线的宽度为 30mil。设置【名称】为"GND",【第一个匹配对象的位置】选择"网络"中的"GND",3 个宽度都修改为 30mil。单击【适用】按钮保存设置。

(6) 单击【Design Rules】-【Routing】-【Routing Layers】,在【有效的层】中取消勾选【Top Layer】复选框,表示只在底层上布线。单击【适用】按钮保存设置。

(7) 单击【Design Rules】-【Routing】-【Routing Corners】,将导线的转角【风格】修改为"Rounded"(圆形)。单击【适用】按钮保存设置。

步骤 11:单击【自动布线】-【全部对象】,弹出【Situs 布线策略】对话框,确认布线策略。单击【Route All】按钮开始自动布线。

步骤 12:自动布线完毕,关闭【Messages(消息)】工作区面板。自动布线结果如图 6-1-18 所示。

步骤 13:单击【设计】-【PCB 板选择项】,设置 PCB 板各项参数。将【捕获网格】的【X】和【Y】都设置为 20mil。设置完毕单击【确认】按钮保存。

步骤 14:单击【放置】-【焊盘】,或者单击工具栏中的放置焊盘按钮,在坐标为(1320mil,3320mil)、(4080mil,3320mil)、(4080mil,1180mil)和(1320mil,1180mil)的 4 个位置放置 4 个焊盘。将【X-尺寸】、【Y-尺寸】和【孔径】都设置为 100mil,【形状】选择"Round"。

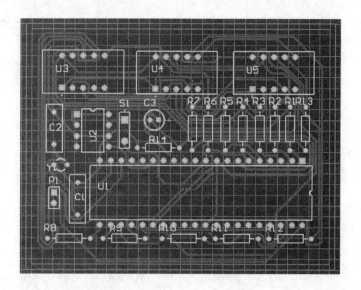

图 6-1-18 自动布线结果

步骤15：单击【放置】-【覆铜】，或者单击工具栏中的放置覆铜按钮 ▦ ，在弹出的【覆铜】对话框中设置【填充模式】为"实心填充（铜区）"，【层】选择"Bottom Layer"，【连接到网络】选择"GND"，【处理方式】选择"Pour Over All Same Net Objects"，勾选【锁定图元】和【删除死铜】复选框。覆铜结果如图6-1-19所示。

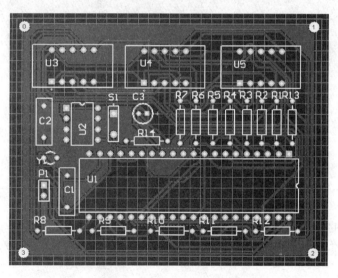

图 6-1-19 覆铜结果

步骤16：单击【工具】-【泪滴焊盘】，对所有焊盘进行补泪滴的操作。
步骤17：单击【查看】-【显示三维PCB板】，生产3D仿真效果图，如图6-1-20所示。
步骤18：单击【文件】-【输出制造文件】-【Gerber Files】，生成光绘文件。
步骤19：单击【文件】-【输出制造文件】-【NC Drill Files】，生成钻孔文件。
步骤20：单击【文件】-【装配输出】-【Assembly Drawings】，生成装配文件。

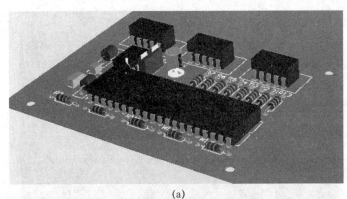

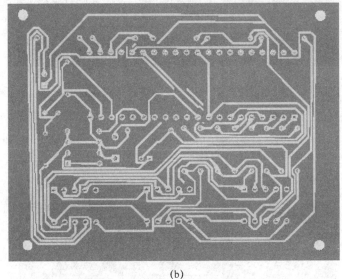

图 6-1-20　3D 仿真效果图

(a) 顶层；(b) 底层

6.2　任务 2 八路抢答器电路的 PCB 设计

当今社会竞争日益激烈，选拔人才、评选优胜、知识竞赛之类的活动愈加频繁，比赛中为了准确、公正、直观地判断出第一抢答者，就需要一种抢答设备作为裁判员，于是抢答器应运而生。

抢答器是一种应用非常广泛的设备，在各种竞赛、抢答场合中，它能迅速、客观地分辨出最先获得发言权的选手。抢答器通常由数码显示、灯光、音响等多种设备来指示第一抢答者。抢答器就是依靠电子产品的高准确性来保障抢答的公平性的。本任务主要完成八路抢答器 PCB 项目的建立、原理图的绘制、NE555N 封装的绘制，以及 PCB 板的完成。

八路抢答器的电路原理图如图 6-2-1 所示。

项目六 综合设计

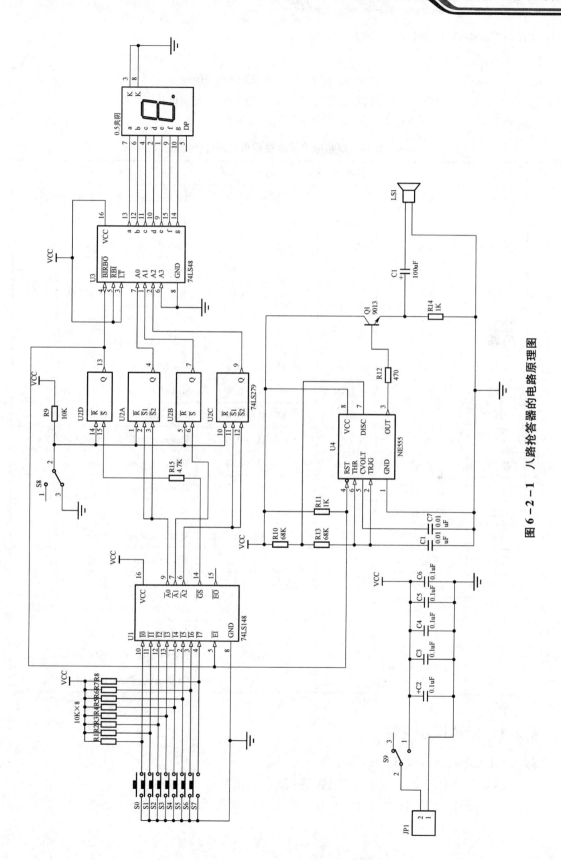

图 6-2-1 八路抢答器的电路原理图

267

PCB 电路板的具体设计要求如下：
(1) 双面板。
(2) 电路板大小为 80mm×58mm，电气边界为 78mm×56mm。
(3) 导线宽度为 10mil，电源线宽度为 20mil，地线宽度为 20mil。

八路抢答器电路原理图中用到的元器件见表 6-2-1。

表 6-2-1 双路抢答器电路所用元器件一览表

序号	标识符	元件名	标称值	元器件封装	所在元件库
1	JP1	Header 2		HDR1X2	Miscellaneous Connectors.IntLib
2	C1~C2	Cap Pol1	100uF	RB7.6-15	Miscellaneous Devices.IntLib
3	C3~C6	Cap	0.1uF	RAD-0.3	Miscellaneous Devices.IntLib
4	C7~C8	Cap	0.01uF	RAD-0.3	Miscellaneous Devices.IntLib
5	Q1	NPN		BCY-W3	Miscellaneous Devices.IntLib
6	R1~R9	Res2	10K	AXIAL-0.4	Miscellaneous Devices.IntLib
7	R10	Res2	15K	AXIAL-0.4	Miscellaneous Devices.IntLib
8	R11	Res2	1K	AXIAL-0.4	Miscellaneous Devices.IntLib
9	R12	Res2	470	AXIAL-0.4	Miscellaneous Devices.IntLib
10	R13	Res2	68K	AXIAL-0.4	Miscellaneous Devices.IntLib
11	R14	Res2	1K	AXIAL-0.4	Miscellaneous Devices.IntLib
12	R15	Res2	4.7K	AXIAL-0.4	Miscellaneous Devices.IntLib
13	S0~S7	SW-PB		SPST-2	Miscellaneous Devices.IntLib
14	S8	SW-SPDT		TL36WW15050	Miscellaneous Devices.IntLib
15	S9	SW-SPDT		TL36WW15050	Miscellaneous Devices.IntLib
16	LS1	Speaker		PIN2	Miscellaneous Devices.IntLib
17	0.5 共阴	Dpy		LEDDIP-10/C1	Miscellaneous Devices.IntLib
18	U1	74LS148		648-08	ON Semi Logic Multiplexer.IntLib
19	U2	74LS279		N16E	NSC Logic Latch.IntLib
20	U3	74LS48		N16E	NSC Interface Display Driver.IntLib
21	U4	NE555		自制	ST Analog Timer Circuit.IntLib

6.2.1 新建项目文件

新建八路抢答器项目的具体步骤如下：
(1) 建立项目文件，命名为"八路抢答器.PrjPCB"。
(2) 在该项目中建立新的原理图文件，命名为"抢答器.SchDoc"，如图 6-2-2 所示。

项目六 综合设计

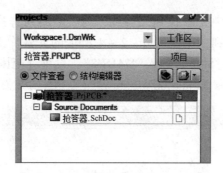

图 6-2-2 建立新的原理图文件

6.2.2 绘制八路抢答器电路原理图

准备工作做好后，开始绘制电路原理图，具体步骤如下。

1. 设置图纸

设置【标准风格】为 A4，水平方向，如图 6-2-3 所示。

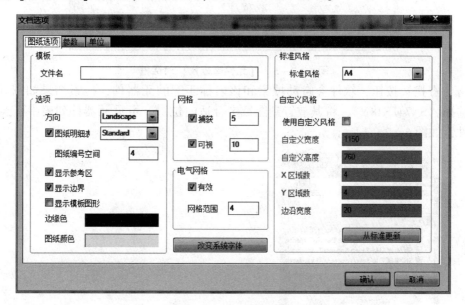

图 6-2-3 设置图纸

2. 放置元器件

在元件库工作区面板中需找所需的元器件，如图 6-2-4 所示。

图 6-2-4 在元件库工作区面板查找元器件

269

若在已经安装的元件库中无法找到元器件,则需要用到查找功能。例如,74LS48 这个元器件在现有的库中无法找到,单击图 6-2-4 所示的元件库工作区面板中的【查找】按钮,出现图 6-2-5 所示的对话框。输入"74LS48",设置【范围】为【路径中的库】,设置【路径】为"C:\Program Files\Altium2004\Library"(默认库存放路径),如图 6-2-5 所示。

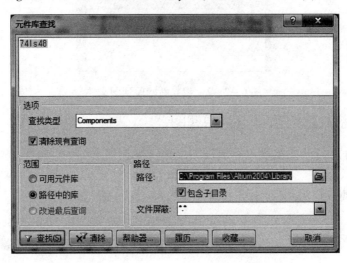

图 6-2-5 【元件库查找】对话框

单击【查找】按钮,软件会自动搜索和该名称匹配的元器件,搜索结果如图 6-2-6 所示。选择"SN74LS48N",将其放置到图纸中合适的位置。可见元器件列表中已经添加了此元器件,如图 6-2-7 所示。

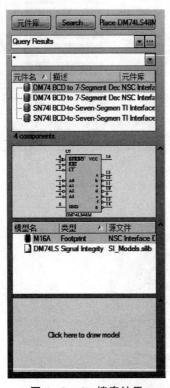

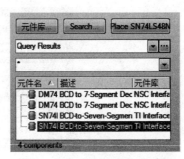

图 6-2-6 搜索结果　　　　图 6-2-7 元器件已被添加

按下 Tab 键可设置元件属性，如图 6-2-8 所示。

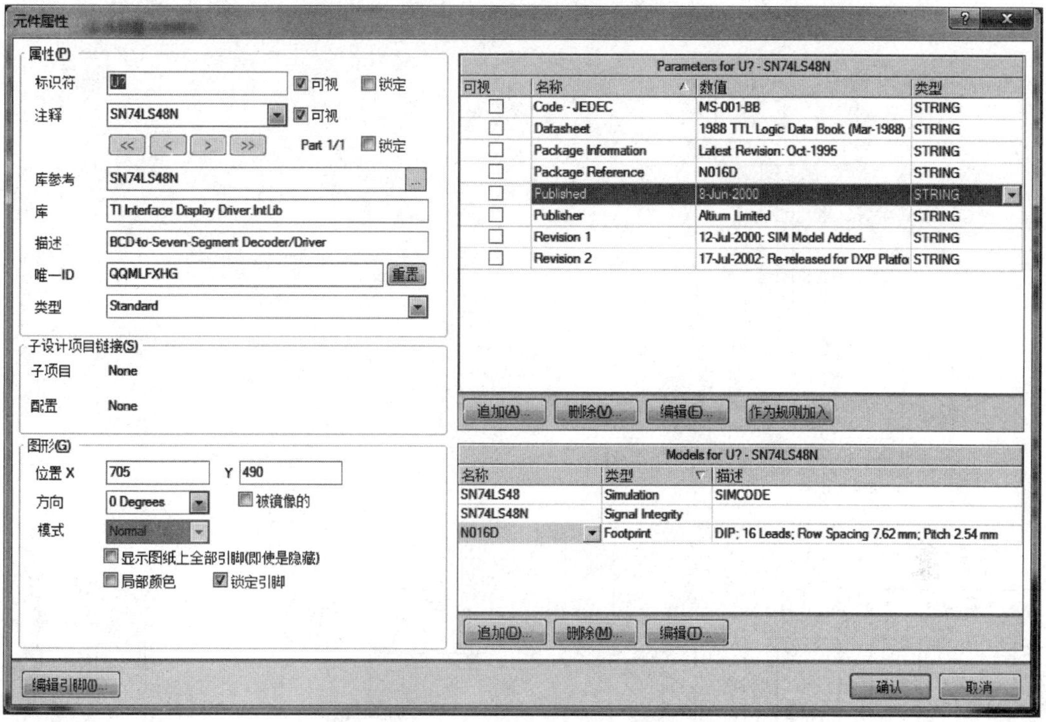

图 6-2-8 【元件属性】对话框

修改【元件属性】对话框里的【注释】，将"SN74LS48N"改为"74LS48"，将修改之后的元器件放到原理图中，如图 6-2-9 所示。用同样的方法可以放置"74LS148""Dpy"等元器件。

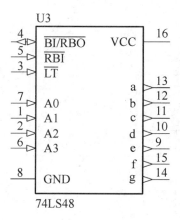

图 6-2-9 放置 74LS48

3. 连接导线

元器件放置完毕，并将其位置排列好，就可以连接导线了，具体方法是单击工具栏中的放置导线按钮，光标会变成"十"字形，将光标移动到元器件的端点即可连接导线。绘制好的电路原理图如图 6-2-10 所示。

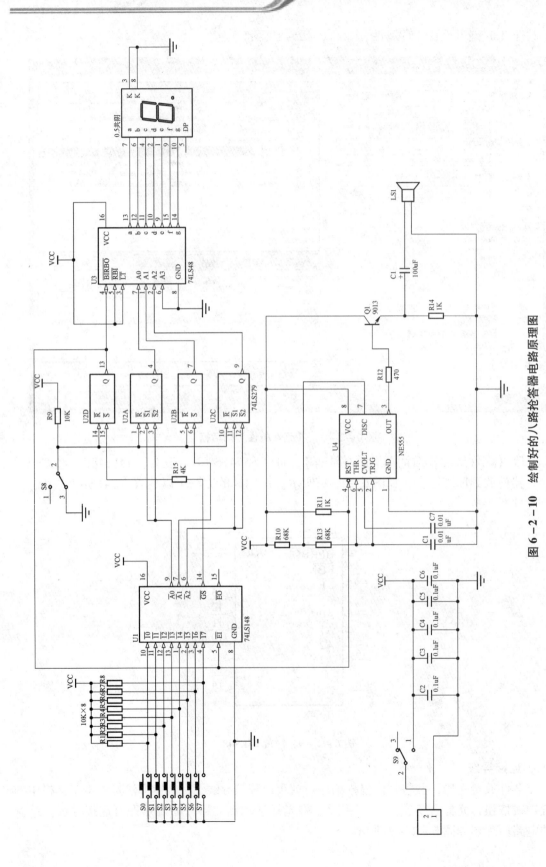

图 6-2-10 绘制好的八路抢答器电路原理图

需要注意的是，一些引脚线较长的元器件，如电阻、按钮等，它们之间的连接可不用导线，直接用鼠标移动元器件，使引脚相对，"十"字光标由灰色变成红色，即可完成连接，如图6-2-11所示。

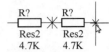

图6-2-11 两个元器件无导线的连接

如果感觉两个元器件无导线连接的距离太近，可按住Ctrl键，将光标移动到其中一个元器件上，按住鼠标左键拖动元器件，元器件之间的导线就可自由伸缩，待其伸缩到合理长度后松开鼠标即可，如图6-2-12所示。

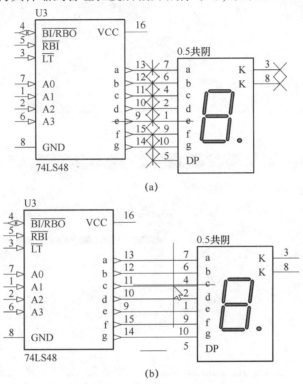

图6-2-12 移动元器件伸长引线
(a) 元器件引脚相对；(b) 按Ctrl键移动鼠标

6.2.3 自制元器件封装

NE555是一个较常用的元器件，下面来制作它的封装。步骤如下：

(1) 执行【工具】-【新元件】命令，如图6-2-13所示。打开向导，如图6-2-14所示。

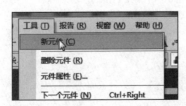

图6-2-13 创建新元件封装

(2) 单击【下一步】按钮，出现图6-2-15所示的对话框，选择"Dual in-line Package (DIP)"，选择单位为"Imperial"。

图6-2-14 元件封装向导

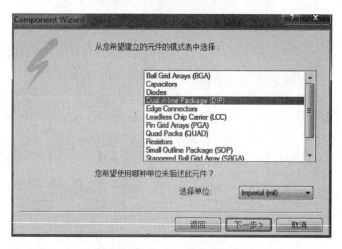

图6-2-15 选择模板和单位

(3) 单击【下一步】按钮，出现图6-2-16所示的对话框，设置焊盘安装孔的大小为35.433mil，设置焊盘X和Y方向的尺寸均为59.055mil。

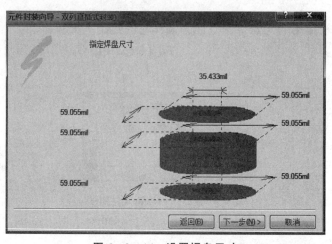

图6-2-16 设置焊盘尺寸

(4) 单击【下一步】按钮，出现图 6-2-17 所示的对话框，在该对话框内可设置两列焊盘之间的距离为 300mil，同列中焊盘之间的距离为 100mil。

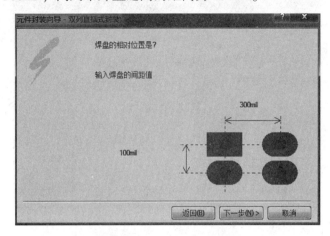

图 6-2-17 设置焊盘间距

(5) 单击【下一步】按钮，设置轮廓线的宽度，此处采用默认值，如图 6-2-18 所示。

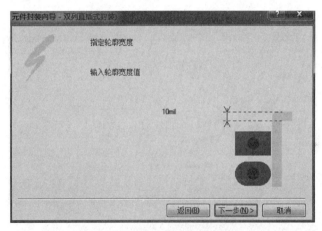

图 6-2-18 设置轮廓线的宽度

(6) 单击【下一步】按钮，在图 6-2-19 所示的对话框中设置引脚总数，此处改为 8。

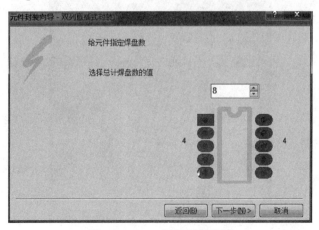

图 6-2-19 设置引脚总数

(7) 单击【下一步】按钮，为该封装命名，此处命名为"DIP8"，如图 6-2-20 所示。

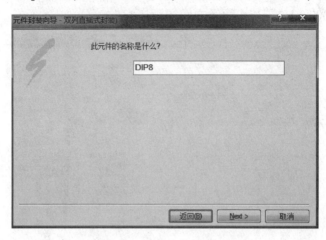

图 6-2-20　命名封装

(8) 单击【Next】按钮，如图 6-2-21 所示，单击【Finish】按钮完成制作，结果如图 6-2-22 所示。

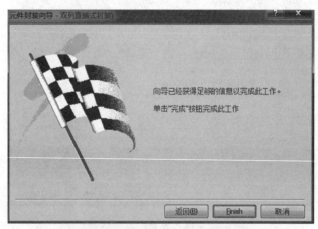

图 6-2-21　结束向导

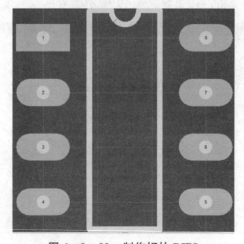

图 6-2-22　制作好的 DIP8

6.2.4 PCB 双面板的设计

步骤 1：创建 PCB 文件。

打开前面绘制的八路抢答器电路项目，在此界面可打开 PCB 编辑器，具体步骤是：执行【文件】-【创建】-【PCB 文件】命令，如图 6-2-23 所示，命名文件为"八路抢答器电路.PcbDoc"。

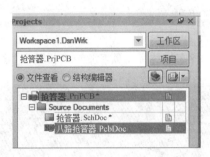

图 6-2-23 "八路抢答器电路.PcbDoc"的建立

步骤 2：PCB 板层选择与环境设置均为默认，不作修改。

步骤 3：电路板外形设置。

选择"Keep-Out"工作层，规划出电气边界为 78mm×56mm，再规划出机械层边界为 80mm×58mm，如图 6-2-24 所示。

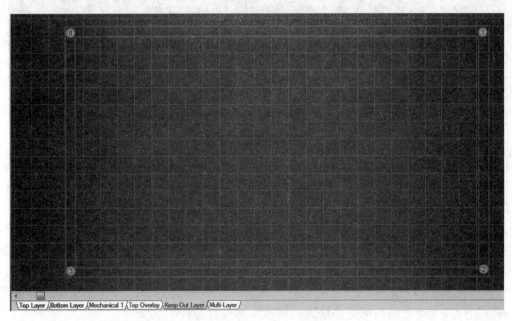

图 6-2-24 PCB 板外框

前面用矩形框画出了一个需要的范围，接着要利用工具将 PCB（工作区黑色区域）裁剪成与规划范围一样的大小：执行【设计】-【PCB 板形状】-【重定义 PCB 板形状】命令，如图 6-2-25 所示，此时黑色工作区将变成绿色，然后拖动鼠标沿规划外框划一周，即可完成 PCB 形状的重定义，如图 6-2-26 所示。

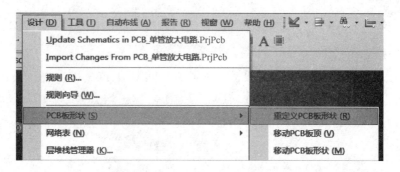

图6-2-25 执行【重定义PCB板形状】命令

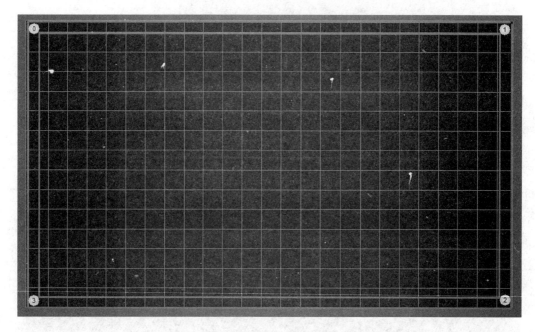

图6-2-26 重定义后的PCB板形

步骤4：同步原理图。

设置好环境参数，并规划好工作区后，根据前面画好的电路原理图，就可以利用软件的同步功能画出PCB板了。在八路抢答器电路项目中，打开"八路抢答器电路.SchDoc"原理图文件与前面规划过大小的"八路抢答器电路.PcbDoc"文件，并确保PCB文件保存过后在项目导航栏中会显示出来。然后在原理图编辑器窗口，执行【设计】-【UPDATE PCB DOCUMENT 八路抢答器电路.PcbDoc】命令，系统弹出图6-2-27所示的【工程变化订单（ECO）】对话框，该对话框用于显示从原理图到PCB的变化过程，即先添加各元器件的封装，再添加封装焊盘之间的网络连接，还可以显示变化过程中的错误。

单击【使变化生效】按钮，检查所有的更新变化操作是否有效，修改完错误后，单击【执行变化】按钮，即可完成PCB和原理图的同步，如图6-2-28所示。

步骤5：元器件布局。自动布局难以满足要求，所以要使用手动布局进行调整，按照信号流从左到右的原则进行调整，完成布局后要将ROM删除，完成手动布局后的PCB板如图6-2-29所示。

项目六 综合设计

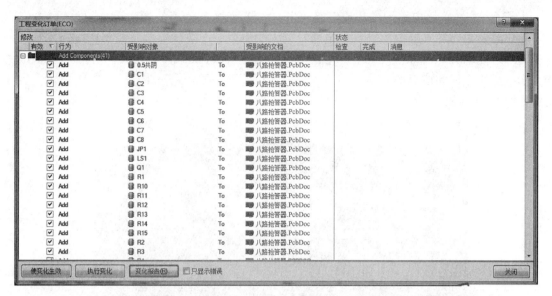

图6-2-27 【工程变化订单（ECO）】对话框

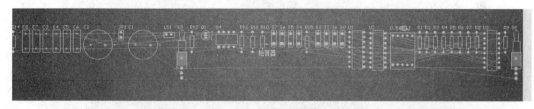

图6-2-28 与原理图同步的PCB

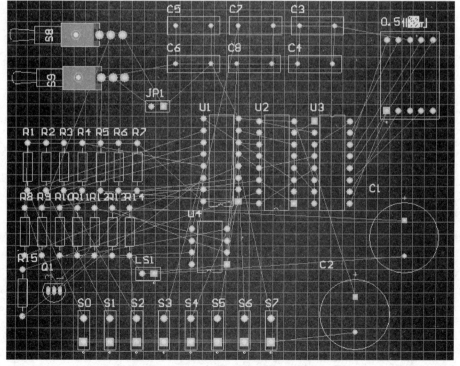

图6-2-29 手动布局后的PCB板

279

步骤6：布线。该电路中的集成电路较多、线路复杂，应尽量采用交互式布线。

布线时要对布局不断调整，甚至电路板的大小也得有所改变，为了增加机械强度和可焊性，要尽可能增大焊盘外径尺寸，一般应大于2mm，有时根据需要可将部分圆形焊盘改为椭圆形。最终布线完成后的PCB板如图6-2-30所示，顶层线路如图6-2-31所示，底层线路如图6-2-32所示，丝印层装配图如图6-2-33所示，3D效果图如图6-2-34所示。

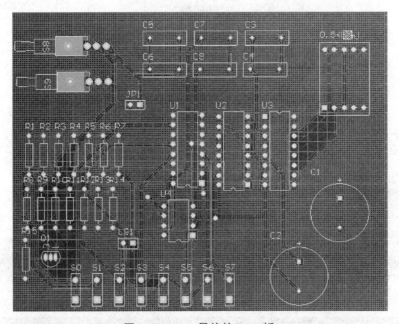

图6-2-30　最终的PCB板

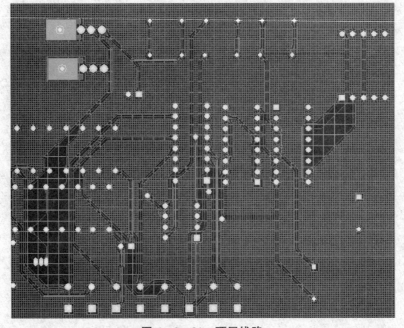

图6-2-31　顶层线路

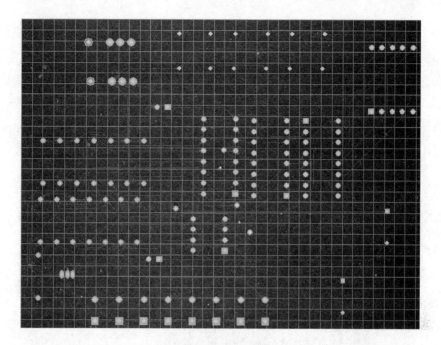

图 6-2-32 底层线路

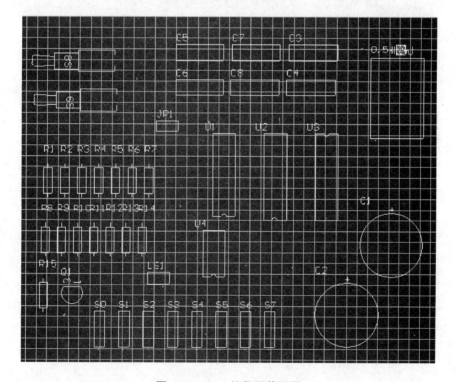

图 6-2-33 丝印层装配图

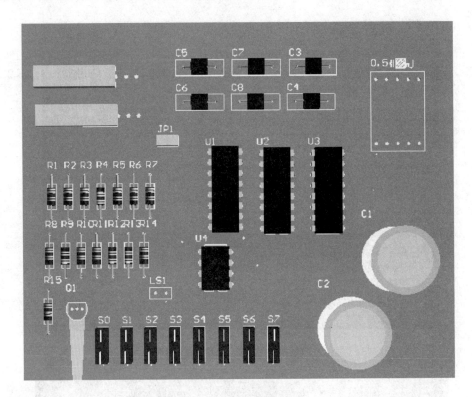

图 6-2-34　3D 效果图

附录1 常用的元器件原理图的图形符号及其封装

本附录列出了一些常用的元器件及其封装，包括元器件的名称、库名称、符号、封装名称以及封装形式。

附表1-1 Miscellaneous Devices.IntLib 中的常用元器件

序号	元器件名称	库名称	符号	封装名称	封装形式
1	NPN型三极管	2N3904	Q? 2N3904	BCY-W3/E4	
2	PNP型三极管	2N3906	Q? 2N3906	BCY-W3/E4	
3	模数转换器	ADC-8	ADC-8	TSSO5x6-G16	
4	天线	Antenna	E? Anterma	PIN1	
5	电池	Battery	BT? Battery	BAT-2	
6	铃	Bell	LS? Bell	PIN2	
7	整流桥（二极管）	Bridge1	D? Bridgcl	E-BIP-P4/D10	

283

续表

序号	元器件名称	库名称	符号	封装名称	封装形式
8	整流桥（集成电路）	Bridge2	Bridge2	E – BIP – P4/X2.1	
9	蜂鸣器	Buzzer	Buzzer	ABSM – 1574	
10	非极性电容	Cap	Cap 100pF	RAD – 0.3	
11	极性电容	Cap Pol1	Cap Pol1 100pF	RB7.6 – 15	
12	极性电容	Cap Pol2	Cap Pol2 100pF	POLAR0.8	
13	极性电容	Cap Pol3	Cap Pol3 100pF	CC2012 – 0805	
14	非极性电容	Cap2	Cap2 100pF	CAPR5 – 4X5	
15	肖特基二极管	D Schottky	D Scholtky	DSO – C2/X2.3	
16	稳压二极管	D Zener	D Zener	DIODE – 0.7	
17	数模转换器	DAC – 8	DAC-8	TSSO5x6 – G14/X.3	

续表

序号	元器件名称	库名称	符号	封装名称	封装形式
18	二极管	Diode	D? ▷|— Diode	DSO–C2/X3.3	
19	1N4001型号二极管	Diode 1N4001	D? ▷|— Diode 1N4001	DIO10.46–5.3x2.8	
20	共阳极七段数码管	Dpy Blue–CA	(七段数码管符号) Dpy Bhic-CA	LEDDIP–10/C15.24RHD	
21	共阴极七段数码管	Dpy Blue–CC	(七段数码管符号) Dpy Bhic-CA	LEDDIP–10/C15.24RHD	
22	保险丝	Fuse 1	F? —▭— Fuse 1	PIN–W2/E2.8	
23	电感	Inductor	L? Inductor 10mH	INDC1005–0402	
24	带铁芯的电感	Inductor Iron	L? Inductor Iren 10mH	AXIAL–0.9	
25	N沟道结型场效应管	JFET–N	Q2 JFET-N	SFM–T3/A6.6V	
26	P沟道结型场效应管	JFET–P	Q2 JFET-P	SO–F3/Y.75R	

续表

序号	元器件名称	库名称	符号	封装名称	封装形式
27	跳线	Jumper	W? Jumper	RAD-0.2	
28	灯	Lamp	DS? Lamp	PIN2	
29	起辉器	Lamp Neon	DS? Lamp Neon	PIN2	
30	发光二极管	LED0	DS? LED0	LED-0	
31	发光二极管	LED1	DS? LED1	LED-1	
32	发光二极管	LED2	DS? LED2	DSO-F2/D6.1	
33	仪表	Meter	M? Meter	RAD-0.1	
34	N沟道增强型场效应管	MOSFET-N	Q? MOSFET-N	BCY-W3/B.8	
35	P沟道增强型场效应管	MOSFET-P	Q? MOSFET-P	BCY-W3/B.8	
36	麦克风	Mic1	MK? Mic1	PIN2	

续表

序号	元器件名称	库名称	符号	封装名称	封装形式
37	麦克风	Mic2	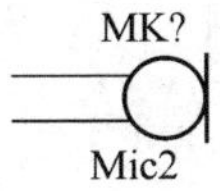 MK? Mic2	PIN2	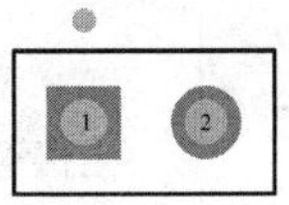
38	直流电机	Motor	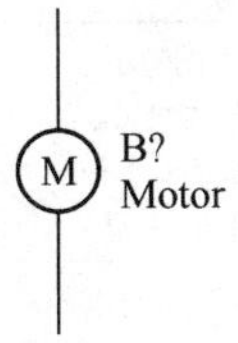 B? Motor	RB5-10.5	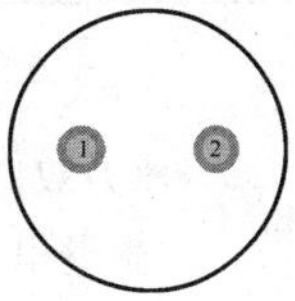
39	伺服电机	Motor Servo	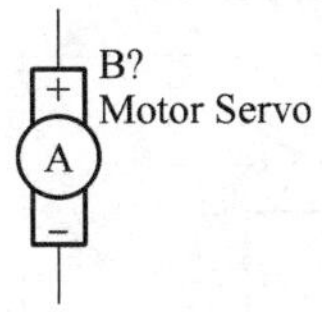 B? Motor Servo	RAD-0.4	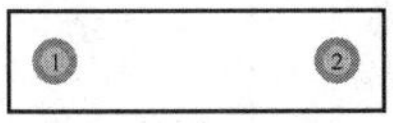
40	步进电机	Motor Step	 B? Motor Step	DIP-6	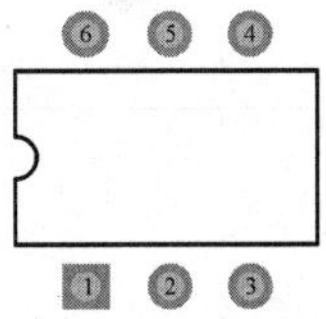
41	NPN型三极管	NPN	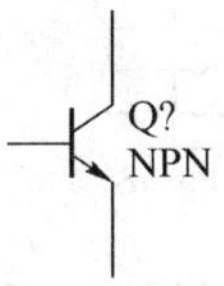 Q? NPN	BCY-W3	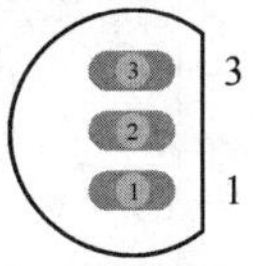
42	光电耦合器	Optoisolator1	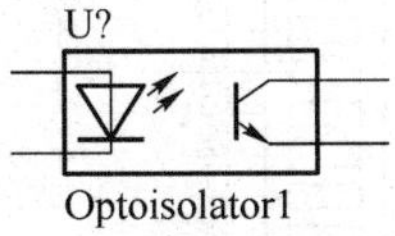 U? Optoisolator1	DIP-4	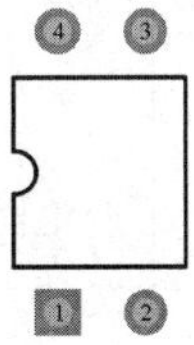
43	NPN型光敏三极管	Photo NPN	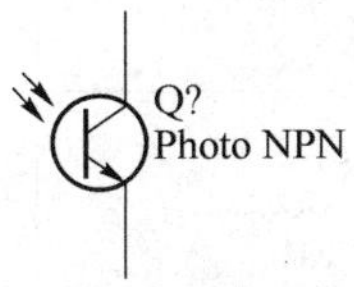 Q? Photo NPN	SFM-T2（3）/ X1.6V	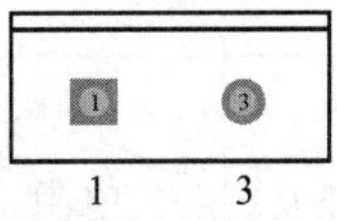
44	PNP型光敏三极管	Photo PNP	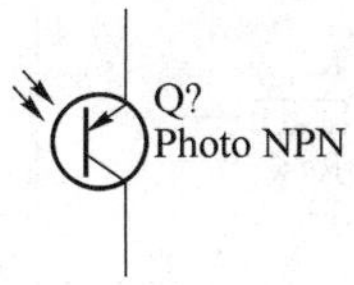 Q? Photo NPN	SFM-T2（3）/ X1.6V	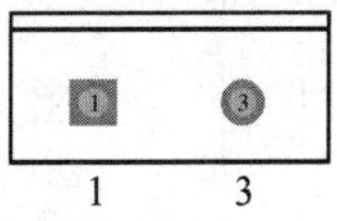

287

续表

序号	元器件名称	库名称	符号	封装名称	封装形式
45	PNP 型三极管	PNP	Q? PNP	SO – G3/C2.5	
46	单刀双掷电磁继电器	Relay – SPDT	K? Relay-SPDT	DIP – P5/X1.65	
47	单刀单掷电磁继电器	Relay – SPST	K? Relay-SPST	DIP – P4	
48	八电阻排阻	Res Pack3	R? Res Pack3 1K	SO – G16/Z8.5	
49	八电阻排阻	Res Pack4	R? Res Pack4 1K	SSO – G16/X.4	
50	电阻	Res1	R? Res1 1K	AXIAL – 0.3	
51	电阻	Res2	R? Res2 1K	AXIAL – 0.4	

附录1　常用的元器件原理图的图形符号及其封装

续表

序号	元器件名称	库名称	符号	封装名称	封装形式
52	电阻	Res3	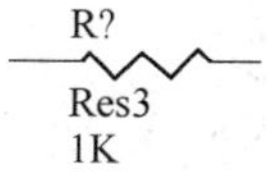 R? Res3 1K	C1608-0603	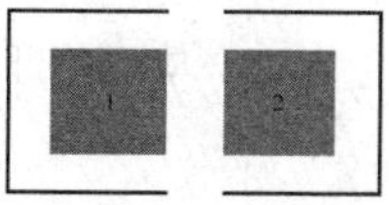
53	电位器	RPot	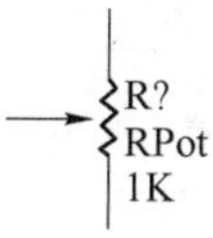 R? RPot 1K	VR5	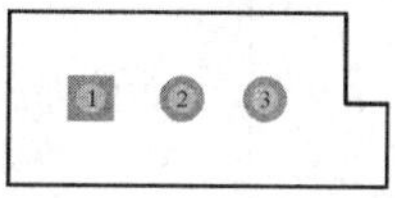
54	可控硅	SCR	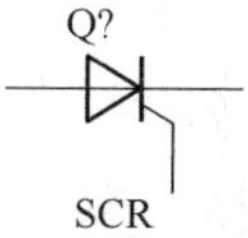 Q? SCR	SFM-T3/E10.7V	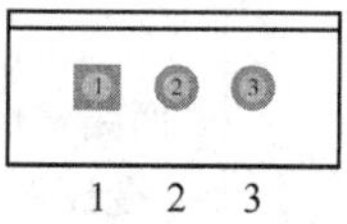
55	喇叭	Speaker	 LS? Speaker	PIN2	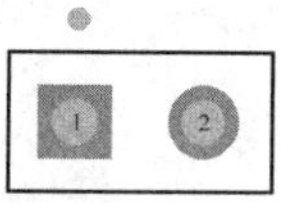
56	四位开关	SW DIP-4	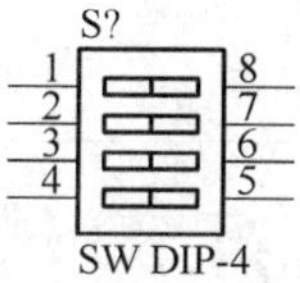 S? SW DIP-4	SO-G8	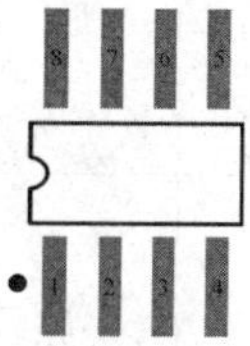
57	双列直插式封装四路开关	SW-DIP4	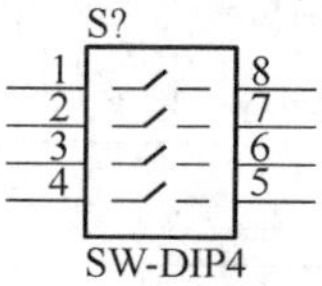 S? SW-DIP4	DIP-8	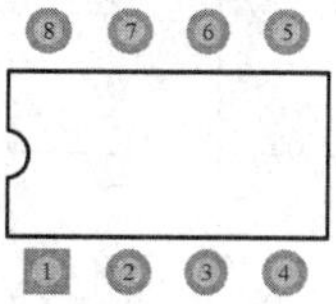
58	六路旋钮转换开关	SW-6WAY	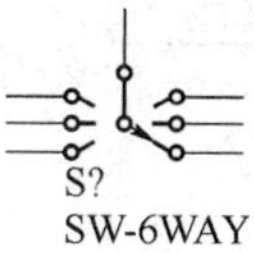 S? SW-6WAY	SW-7	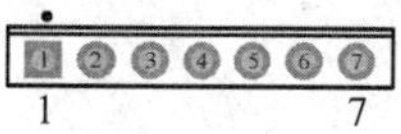
59	双刀单掷开关	SW-DPST	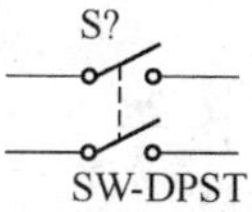 S? SW-DPST	DPST-4	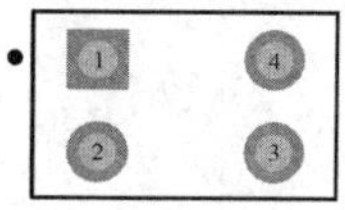
60	按键开关	SW-PB	 S? SW-PB	SPST-2	
61	单刀双掷开关	SW-SPDT	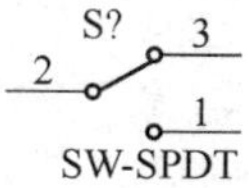 S? SW-SPDT	TL36WW15050	

续表

序号	元器件名称	库名称	符号	封装名称	封装形式
62	单刀单掷开关	SW – SPST	SW-SPST	SPST – 2	
63	变压器	Trans	Trans	TRANS	
64	两路输出变压器	Trans CT	Trans CT	TRF_5	
65	电感耦合变压器	Trans Cupl	Trans Cupl	TRF_4	
66	一路输出变压器	Trans Ideal	Trans Ideal	TRF_4	
67	三端稳压器	Volt Reg	Volt Reg	SIP – G3/Y2	
68	晶振	XTAL	XTAL	BCY – W2/D3.1	

附表 1-2　Miscellaneous Connectors. IntLib 中的常用元器件

序号	元器件名称	库名称	符号	封装名称	封装形式
1	14 针插座头组件	Connector 14		CHAMP1.27-2H14A	
2	9 针串并口插座头组件	D Connector 9		DSUB1.385-2H9	
3	同轴电缆接插件	BNC		BNC_RA CON	
4	单排直针接插件	Header 2		HDR1X2	
5	单排弯针接插件	Header 2H		HDR1X2H	
6	双排直针接插件	Header 2X2		HDR2X2	
7	双排弯针接插件	Header 2X2H		HDR2X2H	
8	小号单排直针接插件	MHDR 1X2		MHDR1X2	

续表

序号	元器件名称	库名称	符号	封装名称	封装形式
9	小号双排直针接插件	MHDR 2X2	P? 1 2 3 4 MDDR 2X2	MHD R2X2	
10	插头	Plug	P? Plug	PIN1	
11	插座	Socket	J? Socket	PIN1	

附录 2 电气规则检查中英文对照

本附录列出了原理图编辑时，进行电气检查规则设置选项的中英文对照。

一、Error Reporting 错误报告

1. Violations Associated with Buses 有关总线电气错误的类型

1）Bus indices out of range 总线分支索引超出范围
2）Bus range syntax errors 总线范围的语法错误
3）Illegal bus range values 非法的总线范围值
4）Illegal bus definitions 非法的总线定义
5）Mismatched bus label ordering 总线分支网络标号排序错误
6）Mismatched bus/wire object on wire/bus 总线与导线连接错误
7）Mismatched bus widths 总线宽度错误
8）Mismatched bus – section index ordering 总线索引错误排序
9）Mismatched electrical types on bus 总线上有错误的电气类型
10）Mismatched generics on bus（first index）总线范围值首位错误
11）Mismatched generics on bus（second index） 总线范围值末位错误
12）Mixed generics and numeric bus labeling 总线网络标号错误

2. Violations Associated Components 有关元器件的电气错误

1）Component Implementations with duplicate pins usage 元器件引脚在原理图中被重复使用
2）Component Implementations with invalid pin mappings 出现了非法的元器件引脚封装
3）Component Implementations with missing pins in sequence 元器件引脚序号丢失
4）Component containing duplicate sub – parts 元器件中包含了重复的子部分
5）Component with duplicate Implementations 元器件被重复使用
6）Component with duplicate pins 元器件中有重复的引脚
7）Duplicate component models 一个元器件被定义多种重复模型
8）Duplicate part designators 存在重复的元器件标号
9）Errors in component model parameters 元器件模型中出现错误的参数
10）Extra pin found in component display mode 元器件上出现多余的引脚
11）Mismatched hidden pin component 隐藏引脚的电气连接不匹配
12）Mismatched pin visibility 引脚的显示与用户的设置不匹配
13）Missing component model parameters 元器件模型参数丢失
14）Missing component models 元器件模型丢失
15）Missing component models in model files 元器件模型在模型文件中丢失
16）Missing pin found in component display mode 缺少的引脚在元器件上显示
17）Models found in different model locations 元器件模型在非指定的路径中找到

18）Sheet symbol with duplicate entries 层次原理图的方块电路图符号中出现重复的进出端口

19）Un-designated parts requiring annotation 未标号的部分需要自动标号

20）Unused sub-part in component 集成元器件中某个部分未被使用

3. Violations associated with document 相关的文档电气错误

1）Conflicting constraints 相互矛盾的约束

2）Duplicate sheet numbers 重复的原理图图纸编号

3）Duplicate sheet symbol name 层次原理图中使用了重复的方块电路图符号

4）Missing child sheet for sheet symbol 方块电路图中缺少对应的子原理图

5）Missing configuration target 缺少任务配置

6）Missing sub-project sheet for component 元器件丢失子项目

7）Multiple configuration targets 多重任务配置

8）Multiple top-level document 多重一级文档

9）Port not linked to parent sheet symbol 子原理图中的进出端口没有对应到主原理图上的进出端口

10）Sheet enter not linked to child sheet 方块电路图符号中的进出端口在子原理图中没有对应端口

11）Unique Identifiers Errors 唯一标识错误

4. Violations associated with nets 有关网络电气错误

1）Adding hidden net to sheet 原理图中出现隐藏网络

2）Adding items from hidden net to net 从隐藏网络中添加对象到已有网络中

3）Auto-assigned ports to device pins 自动分配端口到设备引脚

4）Duplicate nets 原理图中出现重名的网络

5）Floating net labels 原理图中有悬空的网络标号

6）Floating power objects 原理图中出现了悬空的电源符号

7）Global power-objects scope changes 全局的电源符号错误

8）Net parameters with no name 网络属性中缺少名称

9）Net parameters with no value 网络属性中缺少赋值

10）Nets containing floating input pins 网络中有悬空的输入引脚

11）Nets containing multiple similar objects 网络中包含多个相同的对象

12）Nets with multiple names 同一个网络被附加多个网络名

13）Nets with no driving source 网络中没有驱动源

14）Nets with only one pin 网络只连接一个引脚

15）Nets with possible connection problems 网络中有连接错误

16）Signals with multiple drivers 重复的驱动信号

17）Sheets containing duplicate ports 原理图中包含重复的端口

18）Signals with load 信号无负载

19）Signals with drivers 信号无驱动

20）Unconnected objects in net 网络中的元器件出现未连接对象

21）Unconnected wires 原理图中有未连接的导线

5. Violations associated with others 有关原理图的各种类型的错误

1）No Error 无错误

2）Object not completely within sheet boundaries 原理图中的对象超出了图纸边框

3）Off-grid object 原理图中的对象不在格点位置上

6. Violations associated with parameters 有关参数错误的各种类型

1）Same parameter containing different types 相同的参数出现在不同的模型中

2）Same parameter containing different values 相同的参数出现了不同的取值

二、Comparator 规则比较

1. Differences associated with components 原理图和 PCB 上有不同

1）Changed channel class name 通道类名称变化

2）Changed component class name 元件类名称变化

3）Changed net class name 网络类名称变化

4）Changed room definitions 区域定义变化

5）Changed rule 设计规则变化

6）Channel classes with extra members 通道类出现了多余的成员

7）Component classes with extra members 元件类出现了多余的成员

8）Difference component 元件出现不同的描述

9）Different designators 元件标示改变

10）Different library references 出现不同的元件参考库

11）Different types 出现不同的标准

12）Different footprints 元件封装改变

13）Extra channel classes 多余的通道类

14）Extra component classes 多余的元件类

15）Extra component 多余的元件

16）Extra room definitions 多余的区域定义

2. Differences associated with nets 原理图和 PCB 上有关网络不同

1）Changed net name 网络名称出现改变

2）Extra net classes 出现多余的网络类

3）Extra nets 出现多余的网络

4）Extra pins in nets 网络中出现多余的引脚

5）Extra rules 网络中出现多余的设计规则

6）Net class with Extra members 网络中出现多余的成员

3. Differences associated with parameters 原理图和 PCB 上有关的参数不同

1）Changed parameter types 改变参数类型

2）Changed parameter value 改变参数的取值

3）Object with extra parameter 对象出现多余的参数

4. Differences associated with Physical 检查中有关的参数不同

1) Changed PCB objects 改变 PCB 中的对象
2) Changed schematic objects 改变原理图中的对象
3) Extra PCB objects 多余的 PCB 对象
4) Extra schematic objects 多余的原理图对象

附录3　常用快捷键

Protel DXP 2004 为设计人员提供了一系列的快捷键，本附录列出了一些常用的快捷键及相关操作。

附表 3–1　原理图和 PCB 编辑通用快捷键

快捷键	相关操作
PgDn	以光标为中心缩小
PgUp	以光标为中心放大
Delete	删除选中的元器件
Tab	打开悬浮对象的属性设置对话框
Esc	退出当前命令
Space	将悬浮的对象旋转 90°
X	将悬浮的对象左、右翻转
Y	将悬浮的对象上、下翻转
End	更新
F1	打开在线帮助
Ctrl + A	选中全部对象
Ctrl + C	复制
Ctrl + F4	关闭当前文档
Ctrl + R	复制并重复粘贴选中的对象
Ctrl + S	保存当前文档
Ctrl + Tab	循环切换打开的所有文档
Ctrl + V	粘贴
Ctrl + X	剪切
Ctrl + Y	撤销
Ctrl + Z	取消撤销
↑↓	以一个捕获网格为增量，上、下移动光标
Shift + ↑↓	以 10 个捕获网格为增量，上、下移动光标
←→	以一个捕获网格为增量，左、右移动光标
Shift + ←→	以 10 个捕获网格为增量，左、右移动光标
Alt + F4	关闭软件
Alt + F5	全屏显示

续表

快捷键	相关操作
A	打开【编辑】-【排列】子菜单
B	打开【查看】-【工具栏】子菜单
C	打开【项目管理】菜单
D	打开【设计】菜单
E	打开【编辑】菜单
F	打开【文件】菜单
H	打开【帮助】菜单
J	打开【编辑】-【跳转到】子菜单
M	打开【编辑】-【移动】子菜单
P	打开【放置】菜单
R	打开【报告】菜单
S	打开【编辑】-【选择】子菜单
T	打开【工具】菜单
V	打开【查看】菜单
W	打开【视窗】菜单
X	打开【编辑】-【取消选择】子菜单
E－D	删除
E－E－A	取消选中的对象
E－S－A	选中全部对象
Shift + F4	将打开的所有文档平铺显示
X－A	取消选中的对象

附表 3－2　原理图编辑快捷键

快捷键	相关操作
G	在 1mil、5mil 和 10mil 之间循环切换捕捉网格
P－W	放置导线
P－P	放置元器件
P－N	放置网络标号
P－J	放置节点
P－T	放置文本字符串
P－O	放置电源端口

续表

快捷键	相关操作
Ctrl + PgDn	缩放窗口以显示所有对象
V – F	缩放窗口以显示所有对象
V – D	缩放窗口以显示整个文档
Home	中心定位显示
Ctrl + F	查找文本字符
Ctrl + G	查找替换文本字符
Shift + Space	在放置导线、总线、多边形时切换到拐角模式
Backpace	在放置导线、总线、多边形时删除最后一个拐角

附表 3 – 3　PCB 编辑快捷键

快捷键	相关操作
Ctrl + PgDn	缩放窗口以显示所有对象
L	打开板层和颜色对话框，如果选中了元器件则进行板层切换
P – L	放置直线
P – P	放置焊盘
P – V	放置过孔
P – S	放置文本字符串
P – C	放置元器件
Shift + R	切换 3 种布线模式
Shift + E	打开或关闭电气网格
Ctrl + G	弹出【捕获网格】对话框
J – C	跳到元器件
J – N	跳到网络
J – P	跳到焊盘
J – S	跳到文本字符串
Backpace	在布线时删除最后一个拐角
Ctrl + M	测量距离
R – M	测量距离
Home	摇镜头
Shift + Space	在布线时切换到拐角模式
Alt + A	打开【自动布线】菜单

续表

快捷键	相关操作
G	打开【捕获网格设置】子菜单
I	打开【工具】-【放置元件】子菜单
K	打开【查看】-【工作区面板】子菜单
Q	在 mm 和 mil 之间进行单位切换
U	打开【工具】-【取消布线】子菜单

参考文献

［1］刘益标．Protel DXP 2004 SP2 实用教程［M］．北京：清华大学出版社，2012.
［2］李秀霞，郑春厚．Protel DXP 2004 电路设计与仿真教程［M］．北京：北京航空航天大学出版社，2008.
［3］高明远．Protel DXP 电路设计与应用［M］．北京：化学工业出版社，2010.
［4］李雪梅，白炽贵．Protel DXP 2004 基础与实训［M］．北京：电子工业出版社，2014.
［5］孙卫锋．Protel 应用技术［M］．北京：人民邮电出版社，2009.
［6］陈雅萍．Protel 2004 项目实训［M］．北京：高等教育出版社，2009.
［7］夏淑丽，张江伟．PCB 板的设计与制作［M］．北京：北京大学出版社，2011.
［8］陈兆梅．Protel DXP 2004 SP2 印刷电路板实用教程［M］．北京：机械工业出版社，2009.